NOUVELLE CHASSE

AUX

PAPILLONS

PAR M. CASTILLON

Professeur à Sainte-Barbe

ILLUSTRÉE DE DOUZE SUPERBES PLANCHES COLORIÉES

IMPRIMÉES EN CHROMO-LITHOGRAPHIE

PARIS

LIBRAIRIE DE A. COURCIER, ÉDITEUR,

RUE HAUTEFEUILLE, 9.

NOUVELLE CHASSE

aux

PAPILLONS

SAINT-DENIS. — TYPOGRAPHIE DE DROUARD

NOUVELLE CHASSE

AUX

PAPILLONS

PAR M. CASTILLON

Professeur à Sainte-Barbe

⁕

ILLUSTRÉE DE DOUZE SUPERBES PLANCHES COLORIÉES

IMPRIMÉES EN CHROMO-LITHOGRAPHIE

PARIS

LIBRAIRIE DE A. COURCIER, ÉDITEUR,

RUE HAUTEFEUILLE, 9.

INTRODUCTION

Le plus beau, le plus attrayant des livres que l'homme puisse avoir sous les yeux, n'est-ce pas cette grandiose et sublime encyclopédie qu'on nomme la Nature! Admirable assemblage de merveilles devant lesquelles, dans tous les lieux et dans tous les âges, le monde entier s'est incliné avec amour et conviction.

Faut-il, en effet, autre chose que des yeux pour admirer et un cœur pour sentir et pour épeler chacun de ces feuillets éparpillés : ici, sur l'aile d'un moucheron, là, dans la corolle d'une fleur, ailleurs, dans l'azur des cieux ?

La tâche que nous osons entreprendre en relevant une de ces pages, pour la transcrire ici, nous sera facile, car notre plume, courant d'une merveille à l'autre, n'aura qu'à s'inspirer de la simplicité même de son sujet.

Est-il besoin, en effet, de chercher d'autre ornement, d'autre interprète aux chefs-d'œuvre de la création que la vérité seule?

Cette page ne sera certes ni la moins intéressante, ni la moins gracieuse; nous choisirons celle des *Papillons*.

Si donc, mes jeunes amis, cette causerie intime que je viens

"

vous proposer vous agrée, je mets avec bonheur tout mon bon vouloir, tous mes efforts et mon affection à votre disposition.

Nous le savons tous ; au travail doivent succéder les heures de loisir, qui permettent d'aller demander aux prairies, aux fleurs, aux oiseaux, un peu d'air, de parfums et de chants. Eh bien donc ! je viens vous proposer, moi, qui ai toujours tant aimé l'enfance, d'aller courir ensemble dans ces prés, sur ces coteaux tout roses de bruyères, par ces ravins, par ces sentiers perdus tout bordés de marguerites et de violettes, enfin, d'entreprendre avec vous cette chasse que j'ai toujours affectionnée : *La chasse aux Papillons.*

Ainsi, mes jeunes amis, chaque matin, nous nous mettrons en route ; vous, avec vos filets, votre ardeur juvénile et votre gaieté d'enfant ; moi, avec ma vieille expérience dans la matière et mon désir incessant de vous voir heureux, en vous procurant cette jouissance de plus. Soyez sûrs alors que nous ne rentrerons jamais au logis sans y rapporter une ample provision d'or, de pourpre et d'azur, de contentement du cœur... et d'appétit.

Puis, qui nous empêchera de décorer notre cabinet d'étude de toutes ces dépouilles aériennes, éblouissantes collections des chefs-d'œuvre de la nature? Nos papillons, ces fleurs ailées, soigneusement encadrés et appendus de chaque côté de notre bibliothèque, sembleront autant d'écrins aux reflets diamantés... N'est-ce pas, grandes ombres des Buffon, des Cuvier, des Lacépède, que vous tressaillerez de plaisir de voir nos lépidoptères tout près de vos immortels ouvrages?

Et, nouvelle source de plaisir encore, si jamais quelque curieux visiteur — et il en viendra — se présentait dans notre petit muséum, un légitime orgueil ne nous serait-il pas permis en lui faisant voir nos conquêtes, en lui racontant nos courses, nos fatigues, nos impressions de chasse, nos titres de gloire acquis tantôt parmi les grandes herbes tout humides de rosée, tantôt par les ravins abruptes pleins de ronces et de cailloux, par la bise mordante du matin, par la chaleur accablante de midi?

Qui de nous alors, s'érigeant en cicérone, ne serait tout aise d'avoir à dire par exemple : « Voyez ce magnifique *Paon de Jour* au centre de l'étincelante réunion de ses frères les papillons, comme un prince au milieu de sa cour? Ah! si vous saviez ce qu'il me coûte de fatigue et de peines, quelles courses désordonnées il m'a fait faire!.... Il est vrai qu'il m'a procuré l'ineffable plaisir de parcourir et d'admirer dans toute sa pittoresque beauté la délicieuse vallée de Chevreuse. Enfin, j'ai pu le saisir sur la bourrée d'épine d'un pauvre bûcheron qui s'était affaissé de fatigue à quelques pas de là..... j'eus donc le double bonheur de ramener le bon vieillard dans sa chaumière et de remporter mon Paon du jour chez moi.

« Ce sphinx, qui étale là-haut ses ailes fauves parmi les papillons crépusculaires, me rappelle aussi de bien doux souvenirs. C'est à Fontenay-aux-Roses, près du bruyant et curieux hameau de Robinson qu'il a été pris ; ma bonne mère, qui l'avait aperçu la première, m'a laissé la gloire de m'en emparer et de l'attacher triomphalement à mon chapeau pour le rapporter ici.

» Enfin cette *Noctuelle feuille-morte*, qui se tient modestement à l'écart dans le cadre des *nocturnes*, me donne toujours une homérique envie de rire quand je la regarde ; car elle me fait penser à la belle peur qu'eut un soir ma jeune cousine Rosa. C'était par un éblouissant clair de lune du mois de juin ; toute la famille était réunie dans un rond-point de lilas et de chèvrefeuille qu'éclairaient des lanternes chinoises : Rosa, en jouant aux pieds de sa mère, croit voir sur le gazon une feuille d'une forme particulière, elle veut la ramasser, mais à peine y a-t-elle porté la main que la prétendue feuille s'anime, se débat et, lui glissant entre les doigts, va se heurter étourdiment contre une des lumières. Je me précipitai sur la noctuelle et m'en emparai au milieu des cris de frayeur de l'enfant et des rires des assistants. »

Vous voyez bien, mes jeunes amis, que chacun de nos papillons peut être considéré comme une page de notre heureuse enfance. En ayant ainsi sous les yeux nos doux souvenirs d'autrefois, nous pourrons à tout âge nous rappeler nos bons jours..... et, croyez-le, ceci sera encore du bonheur.

Cependant, je dois vous le dire en toute conscience, ne vous enthousiasmez pas inconsidérément; la chasse que nous allons entreprendre, n'est pas tout à fait sans quelques petits inconvénients. Tout n'est pas rose dans ce métier de chasseur; il y a bien par ci par là de bonnes épines bien pointues dans les haies qu'il faut enjamber, de bons petits coups de soleil qui vous brunissent les mains et la figure et quelquefois de maudits sentiers bien entortillés, bien enchevêtrés en manière de labyrinthe qui vous font outrepasser, au milieu d'un bois, l'heure du dîner depuis longtemps sonnée au clocher du village... et à votre estomac... Et cependant, mes jeunes amis, si votre vocation devait rester inébranlable devant les terribles vérités que je viens d'énumérer, mettons que je n'aie rien dit, et terminons ce chapitre par ce vers héroïque que vous connaissez tous :

« A vaincre sans péril on triomphe sans gloire. »

I

UN MOT SUR LES CHENILLES,

C'est, je crois, dans notre bon Lafontaine que se trouvent ces
deux vers :

> « Le hibou repartit : Mes petits sont mignons,
> « Beaux, bien faits et jolis sur tous leurs compagnons. »

Cette maxime, convenons-en, est celle de tous les pères, qui
ne trouvent de beau et de mignons que leurs héritiers directs,
fussent-ils de petits Ésopes dans le genre de feu Riquet à la
Houppe.

J'en veux venir, par ce préambule, à vous faire une proposition : Voyons donc, nous aussi, si nous ne pourrions pas nous
prendre d'une belle affection pour certaine chose que je n'ose pas
encore vous nommer... quelque chose qui dissimule son mérite

sous une apparence plus que modeste, quelque chose enfin d'incompris, comme le sont à peu près le lingot dans sa gangue, le diamant dans son caillou, l'étoile dans le brouillard... Une *chenille* enfin ! voilà le grand mot lâché.

Une chenille !... ah ! fi donc, s'écrie plus d'un de mes petits lecteurs ; moi, toucher à cela ? Bon avec le pied ; mais y porter la main ; jamais !

— Ah ! vous abhorrez les chenilles, monsieur le petit dégoûté ? ah ! vous les écrasez sans merci ?... mais vous ne savez donc pas que, dans ce moment, votre pied foule, déchire, anéantit sous cette enveloppe qui vous fait horreur, dites-vous, ce qu'il y a de plus éclatant, de plus éblouissant, de plus merveilleusement beau au monde ! C'est du bleu d'azur, c'est de la pourpre, c'est de l'or, ce sont des nuances de nacre, de soie ou de moire, ce sont des reflets d'arc-en-ciel, ce sont, en un mot, *des ailes de papillon* que vous maculez de boue, que vous déchirez impitoyablement.

Eh bien ! maintenant que vous connaissez toute l'énormité de cet insecticide, laissez-moi profiter de votre retour sur vous-même, et vous parler des chenilles, de ces pauvres petites bêtes que je veux décidément vous faire aimer un peu, en vous laissant toutefois la libre et entière volonté de n'y pas toucher, même du bout du doigt ; car à l'aide d'une petite spatule de bois, il est très-facile de les soulever, de les étudier sous tous les sens, et je dirai même de les admirer... Avez-vous jamais regardé d'un peu près, mes jeunes amis, la chenille qui produit le *Grand Paon ?* Quelle magnifique robe de soie satinée vous auriez vue miroitant d'une belle teinte rose-tendre sur cette reine des chenilles, et quelle riche garniture de boutons (ou tubercules) garnit encore, comme une somptueuse rangée de turquoises, cette robe royale; sur ces gracieux boutons s'élève une fine aigrette au centre de laquelle apparaît une soie flexible qui se termine par un globule diversement coloré.

Et que diriez-vous aussi en voyant la chenille qui donne le *Vulcain*. Vive de sa nature, fière de la destinée qui l'attend, on la voit arpenter le terrain en gracieuses ondulations sous sa mante soyeuse, comme dans leur fourrure, la marte et la zibeline. Deux riches bandes de carmin et de bleu céleste courent le long de son corps, et l'intrépide animal, lorsqu'il voit s'approcher un ennemi, lève audacieusement la tête et semble dire, en disputant la poire ou la pêche qu'il dévore : « Et qui vous a dit que les pêches n'ont pas été créées aussi pour les chenilles?... » mot profond, plein de philosophie et de vérité, convenons-en.

Si nous sommes maintenant un tout petit peu d'accord à l'endroit des chenilles, et si vous vous rappelez encore, mes jeunes amis, ces vers d'une des plus jolies fables de Florian :

> « Apprenez que dans la vie,
> « Sans un peu de travail il n'est pas de plaisir. »

Faisons de même, nous aussi, ne dédaignons pas l'écorce et nous aurons le fruit ; c'est-à-dire élevons la chenille pour avoir le papillon. Nous trouverons là un double avantage ; ce sera d'abord quelques bonnes courses de moins, puis la certitude d'obtenir de plus beaux sujets, des papillons dont nos filets, nos pinces à raquettes n'auront pas froissé les ailes ou brisé les antennes, comme cela arrive quelquefois.

Nous nous créerions ainsi une sorte de *magnanerie* de lépidoptères, nous nous ferions, en un mot, *éleveurs* de papillons.

Mais pour cela il faut que nous sachions où trouver ces petites fileuses qui nous préparent en mille endroits les merveilles ailées qui voltigent dans nos bosquets en fleur. Telle ou telle chenille en effet affectionne la rose, le lis ou le laurier ; telle autre, plus bourgeoise dans ses goûts, préfère le chou, la pomme de terre ou le navet. Je pense donc qu'il ne sera pas inutile de donner ici l'indication du domicile où l'on trouvera au besoin ces bonnes ouvrières en soie, ou si ce n'est elles-mêmes, ce sera toujours leur chrysalide. La chenille aime ses aises pour tisser sa coque, et si la rose, l'arbre ou le chou, leur patrie, ne leur convient pas pour bâtir, elles vont chercher un terrain plus solide à quelques pas de là ; ou sous un vieux banc, ou dans les fentes d'un tronc d'arbre.

Une fois trouvée, la chenille sera enlevée le plus soigneusement possible à l'aide de notre spatule de bois (vous voyez qu'il n'est nullement question d'y mettre la main), puis on la posera dans une grande boîte préparée à l'avance et divisée par petites cases, dans lesquelles on aura disposé quelques brindilles de bouleau pour aider à la chenille à disposer son cocon à sa fantaisie.

Si cependant l'époque de sa transformation en chrysalide n'était pas encore arrivée, on aurait grand soin de noter sur quelle plante elle a été prise afin de lui en apporter les feuilles pour sa nourriture quotidienne.

Cette boîte étant, par précaution, recouverte d'un filet à mailles serrées, on pourra suivre avec intérêt les phases curieuses et admirables de la transformation de la chenille en papillon.

J'ajouterai encore que s'il vous prenait envie de conserver

quelque belle chenille rare et curieuse. vous pourriez fort bien la mettre dans un petit flacon, empli d'alcool coupé par un tiers d'eau et saturé d'autant de sucre que le liquide peut en dissoudre; il paraît que les petites friandes s'y trouvent si bien que vingt ans après, leur belle robe vert-pomme ou leur riche fourrure ébène ou grenat, sont aussi fraîches, aussi chaudement colorées que le jour de leur immersion dans cette sorte de grog froid.

Les sujets ne nous manqueront pas, croyez-le bien ; nos laborieux et infatigables naturalistes, dans l'espèce que nous traitons, en ont fait le dénombrement ; sur 300,000 insectes répandus sur toute la surface du globe, il y a bien 6,000 papillons.

Si je vous disais, à propos d'insectes, la quantité incroyable d'œufs que produisent certains d'entre eux, vous en seriez effrayés. Le ver à soie pond, dit-on, 500 œufs — quelques petits pucerons 2,000. — La guêpe 30,000. — Une reine d'abeilles jusqu'à 40,000 !

On a constaté également qu'une mouche ordinaire du genre de celles que nous maudissons de si bon cœur l'été, dans ces doux instants de sieste, où, à l'ombre de quelque berceau de chèvrefeuille ou de clématite, nous voudrions quelquefois si bien sommeiller sans leur importune présence, sans leur monotone bourdonnement, qu'une mouche, dis-je, peut, au bout de trois mois, produire 746,000 individus de son espèce, et qu'enfin trois de ces mêmes mouches ont ainsi donné le jour à une génération capable de dévorer un cheval, aussi vite que le ferait un lion.

Vous avez entendu parler des moustiques. ces impitoyables

moucherons des tropiques qui vous enveloppent comme un nuage, vous harcèlent et vous déchirent. Eh bien! leur propagation est devenue telle, dans certaines contrées de l'Amérique, que l'homme a dû céder la place à la bête et que cette engeance maudite y règne en maître.

Mais nous, revenons à nos papillons. De même que pour la botanique, on a essayé ici plusieurs classifications; elles sont toutes rationnelles et bonnes, j'en conviens; mais pourquoi sont-elles dissemblables et quelquefois si contradictoires? MM. Blanchard, Boisduval, Lucas, Duponchel, de Godart, etc... ont chacun la leur.

Nous n'entreprendrons pas *l'histoire* des papillons, le travail nous semble non-seulement de trop longue haleine, mais encore bien au-dessus de nos forces. Nous nous bornerons donc à décrire *la chasse aux papillons*, et ce sera sur les sujets mêmes pris dans nos filets, ce sera en étudiant *de visu* leurs formes et leurs couleurs que nous apprendrons à les connaître.

Trois grandes divisions se présentent d'abord tout naturellement; ce sont les *Diurnes*, les *Crépusculaires* et les *Noctuelles*; c'est-à-dire les papillons que l'on peut trouver volant ou pendant le jour, ou le soir ou la nuit. Cette division en trois époques présente bien quelquefois certaines variantes, certaines contradictions flagrantes; mais quelle règle n'a pas ses exceptions? A titre de *chasseurs* nous adopterons donc ce système comme offrant beaucoup plus de commodité à notre usage.

Je vous aurais peut-être cité de préférence les deux grandes classes dans lesquelles M. Blanchard a rangé ses papillons dans son beau *Traité des Insectes*. Il appelle *chalinoptères* les papillons qui au repos tiennent leurs ailes horizontalement, et *achalinop-*

tères, ceux qui les tiennent constamment relevées ; mais, je le répète, notre livre ne sera point un œuvre didactique ; mais bien un traité d'agrément où les épisodes, les incidents inhérents à la vie du chasseur auront une large part.

J'essaierai donc tout à la fois d'instruire et d'amuser, prenant pour devise ces mots si connus : « Utile dulci. »

Avant de parler des chenilles, il paraît convenable d'établir d'abord une classification qui nous servira de point de départ pour la description de nos papillons.

Voici les indices auxquels on reconnaîtra les trois grandes divisions de *diurnes, crépusculaires* et *nocturnes* que nous adoptons.

1° *Diurnes*, c'est-à-dire voltigeant pendant le jour. — Les papillons de cette série ont le corps généralement petit relativement à leurs ailes. Ils sont peu velus et ont le torse extrêmement rétréci entre le corselet et l'abdomen. — Leurs ailes se relèvent perpendiculairement à l'état de repos. — *Chenilles des diurnes.* — Elles se métamorphosent sans se renfermer dans une coque et s'attachent à une surface quelconque, au lieu de se suspendre par une de leurs extrémités, comme dans les autres espèces.

Ces chenilles ont seize pattes et sont assez arrondies à la tête et à la queue.

2° *Crépusculaires.* — C'est-à-dire ne volant que le soir. Leur corps est généralement très-gros relativement aux ailes et n'a pas comme les précédentes cet étranglement si marqué entre le corselet et l'abdomen. Ils n'ont que six pattes sur seize propres à la marche ; les deux jambes postérieures sont munies d'un appendice ou ergot. Les ailes sont, à l'état de repos, dans une position horizontale, à peu près comme les deux versants d'un toit. Les supérieures cachent les inférieures en grande partie — *Chenilles des crépusculaires*. — Elles sont dépourvues de poils, ou quelquefois seulement demi-velues. Leur chrysalide est toujours enveloppée d'une coque, et se trouve ou sur la terre ou sous quelque abri de hasard.

3° *Nocturnes*. — Ils ne volent que la nuit. — Le corps est ou grand ou petit, mais sans étranglement au milieu. Les ailes sont toutes les quatre de même consistance, comme dans les crépusculaires; ils se posent en forme de toit à l'état de repos, ou quelquefois embrassent tout le corps, comme un vêtement. — *Chenilles des nocturnes*. — Elles ont de dix à seize pattes, elles sont, ou dépourvues de poils, ou seulement couvertes d'une fourrure soyeuse. Leurs chrysalides se logent sous terre ou dans l'intérieur des tiges ou des racines sur lesquelles elles trouvent leur subsistance.

Nous avons promis d'indiquer une sorte de *faune* ou géographie lépidoptérique, qui mettrait les chasseurs de papillons sur la voie du butin envié; mais nous devons, avant tout, faire nos réserves et aller au-devant de bien des objections qui nous seraient faites si nous posions nos règles comme invariables et rigoureuses; ainsi la *Piéride* du *chou* (Pieris brassica) se trouve bien sur les choux de nos jardins, aux environs de Paris, en France, en Europe; mais on la voit encore en Amérique, en Afrique et en Océanie, par toute la terre en un mot. Tel autre lépidoptère que l'on rencontre sur la fleur du goyavier au Pérou, se pavane chez nous sur nos fraisiers ou nos framboisiers. D'où vient cela? Le problème n'est pas difficile à résoudre; et si l'on demandait comment la peste d'Afrique est venue s'abattre un jour à Marseille, on répondrait : dans un ballot de marchandises, dans les vêtements, dans un chiffon de quelque passager. Eh bien! nos denrées, nos meubles, nos draps qui s'exportent à l'étranger; les boucauts de sucre, les gommes, toutes les provenances exotiques en un mot qui s'importent en Europe ne peuvent-elles pas servir de véhicule à l'un et à l'autre, et réciproquement?

Il est encore possible que sur certaine plante que nous indiquerons comme domicile habituel de telle ou telle chenille, on trouve le locataire absent... Eh bien! la raison de ces déménagements est souvent une migration forcée, à laquelle l'obligent de cruels ennemis. Il y a de par le monde des insectes (hélas! comme dans le monde des humains), une maudite engeance, méchante, jalouse, féroce, sanguinaire. Avez-vous jamais vu, en vous promenant, par un beau jour d'été, un de ces gros insectes à la robe d'or glacée de vert émeraude, à la tête forte, surmontée de longues antennes filiformes et munie de redoutables mandibules, avec lesquelles il broie et dévore en un clin d'œil tout ce qu'il rencontre? C'est le *sergent* ou *carabe doré*, le tigre de la nation des insectes; toute sa détestable famille lui ressemble; que ce soit le *carabe purpurin* aux élytres violets et carmin, le *carabe bleu* aux nuances de l'azur le plus riche, ou encore le *calosome* avec les riches couleurs et les reflets d'or bruni qui éclatent sur son corps, tout ce monde-là ne pense qu'au pillage et aux meurtres. Ce dernier surtout a des ruses infernales pour assouvir sa gloutonnerie; il s'enterre dans la poussière et se tient immobile quand de loin il aperçoit venir à lui la longue file des *chenilles processionnaires*, puis, mesurant bien son coup, avec une perfide habileté, dès qu'il se sent entouré de ses nombreuses victimes, il se lève tout à coup sur ses longues et fortes pattes, secoue la poudre qui déguisait sa présence et se jette à droite et à gauche, mordant, estropiant, tuant tout ce qui se présente pendant cet affreux carnage.

Quand donc les *carabes* et les *calosomes* font irruption dans un jardin, ils détruisent en peu de temps des familles entières de chenilles et d'insectes. Il est vrai que si nous, chasseurs enthousiastes de papillons, nous nous lamentons de cette Saint-Barthélemy, les jardiniers en rient dans leur barbe... que voulez-vous, les jardiniers sont aussi les ennemis-nés de nos pauvres lépidoptères et s'entendent, je crois, avec messieurs les carabes et les calosomes. J'en ai connu un, le barbare! un jardinier bien entendu qui avait poussé le raffinement de la malice jusqu'à élever des vanneaux et à les dresser à courir dans tout son jardin pour manger les insectes, et Dieu sait comme ces dignes lieutenants s'acquittaient de leur sanguinaire mission!

Une sorte de migration qui a lieu dans les années de sécheresse, contribue aussi à faire déloger les insectes de certaines contrées; car, tels que les hirondelles qui quittent un climat refroidi pour en aller chercher de plus chauds, les insectes abandonnent une récolte maigre et insuffisante pour aller quêter de la nourriture ailleurs.

Un de mes amis, grand chasseur de papillons, m'écrivait un jour, d'un petit canton d'Allemagne, qu'il était dans la Terre-Promise des lépidoptères, parce que les habitants de ce canton, las de voir leurs cerises, leurs groseilles, leurs poires, tous leurs fruits enfin dévorés par les oiseaux insectivores (ou entomophages), s'avisèrent de faire une battue générale et de les détruire tous, ou à peu près; mais qu'en résulta-t-il? La récolte fut respectée cette année; mais l'année suivante des myriades de chenilles et d'insectes envahirent leurs champs et leurs vergers, et ce fut alors pis que la cinquième plaie d'Égypte sous le roi Pharaon.

Je ne puis résister au désir de vous raconter quelque chose de bien curieux, quelque chose de cruellement merveilleux, à propos d'un autre ennemi de ces pauvres chenilles contre qui tout le genre humain y compris les jardiniers semble conspirer.

Vous avez vu souvent, sans doute, voltiger avec une prestesse inouïe, sur les grandes herbes et principalement sur les ajoncs des marais, de gracieuses libellules (ou demoiselles) aux ailes diaphanes, au corselet allongé et miroitant sous l'éclat de toutes les couleurs de l'arc-en-ciel. Je ne vous indique toutefois ce gentil petit animal comme type que pour vous aider à trouver plus facilement celui dont j'ai à vous entretenir. Si donc vous voyez une de ces libellules, remarquez bien si elle n'a pas à l'extrémité postérieure du corps trois longs filets en forme d'appendice, ce sera alors un *ichneumon-manifestateur* (ou ichneumon-mouche) que vous aurez sous les yeux. Eh bien ! tâchez de vous emparer d'un seul de ces petits individus et examinez attentivement le filet du milieu qui forme cet appendice dont je viens de vous parler, vous le verrez construit en forme de rigole et terminé comme une véritable tarière de charpentier. Voici maintenant quel est l'usage de ce singulier instrument.

Lorsque la femelle de l'ichneumon est prête à faire ses œufs, elle voltige, tourne, s'inquiète jusqu'à ce qu'elle ait découvert quelque bonne grosse chenille, bien grasse, bien portante, puis elle fond sur elle, se cramponne à son dos, et, à l'aide de sa tarière, lui perfore la peau et avant de retirer son fatal outil, elle fait glisser par la rigole un œuf qui va se loger de lui-même dans ce trou encore béant. Après ce trou en vient un autre, puis un autre, si bien que le cruel animal ne quitte sa malheureuse victime que lorsqu'il l'a bourrée ainsi de trente à quarante œufs. Il paraît toutefois que l'ichneumon porte avec lui un baume qui a la vertu sans doute de cicatriser immédiatement chacune de ces blessures, car quelques instants après cette douloureuse opération, la chenille, qui avait paru beaucoup souffrir, se ranime, oublie ses cruelles angoisses et se remet à manger et à vaquer à ses affaires comme si de rien n'était.

Les larves de l'ichneumon restent ainsi dans le corps de la chenille jusqu'à l'époque de leur éclosion. Alors, l'œuf étant rompu, les petits se repaissent tout à loisir de la substance même de leur nourrice d'office ; mais ils ont bien soin de ne toucher qu'à la partie graisseuse de l'animal et de respecter les organes de la vie, afin d'arriver jusqu'au moment de leur entrée dans le monde. Quand enfin leur âge et leurs forces leur ont indiqué l'heure voulue, ils percent la peau de leur malheureuse nourrice et établissent sur son dos même l'échafaudage de leurs petits cocons. Mais alors la chenille épuisée, amaigrie et déchirée de tant de blessures à la fois, meurt sans être soulagée ni regrettée de ses ingrats nourrissons.

Reprenons maintenant l'histoire de nos chenilles et faisons rapidement l'anatomie des organes les plus intéressants. Les yeux des chenilles ou des papillons paraissent, au premier abord, dans les conditions ordinaires, c'est-à-dire dans la forme semi-sphéroïde ; cependant, si on les examine à la loupe, on les voit taillés en milliers de petites facettes qui reflètent toutes les nuances de l'arc-en-ciel, et il est à croire que chacune de ces facettes est un œil distinct; ainsi on en peut compter jusqu'à 17,325 sur un seul œil de papillon.

Les chenilles ont-elles, comme tant d'autres animaux, le sens de l'ouïe et l'organe de la voix? Qui le sait? Rien ne nous dit cependant qu'elles ne se parlent pas, et si par analogie, nous empruntons des exemples chez les abeilles dans leur admirable république, chez les fourmis vivant si fraternellement en communauté, etc..., ne pouvons-nous pas supposer que tous les insectes ont un moyen de communication entre eux qu'il ne nous est pas donné de pouvoir saisir et spécifier. Qui sait encore s'ils n'ont pas une voix, un langage que notre ouïe ne peut entendre?

Les cigales, les grillons n'ont-ils pas, je ne dirai pas un cri, mais un bruit pour se faire comprendre de leurs semblables; le ver luisant femelle n'a-t-il pas la ressource de sa lanterne qu'il allume dans les belles nuits d'été pour indiquer à son compagnon le lieu du rendez-vous où il l'attend?

La prévoyance et la sollicitude des chenilles sont admirables lorsqu'il s'agit pour elles de faire leur ponte. Telle chenille sait que ses petits ont besoin des sucs de la feuille ou du chou, ou de l'absynthe, ou de la belladone, ou du peuplier, et certes on ne la verra jamais aller déposer sa progéniture ailleurs que sur la plante où elle a été élevée elle-même.

Voyons donc maintenant ce que deviendra ce papillon, et puisque nous pouvons un jour avoir la fantaisie d'en élever nous-mêmes, prenons une leçon que la nature et l'observation vont nous donner.

Lorsque l'œuf du papillon est rompu, la chenille apparaît. Le sentiment et le besoin de l'existence se font aussitôt sentir en elle. Elle possède de fortes mâchoires pour brouter, un robuste estomac pour engloutir les sucs des feuilles, et Dieu sait comme elle s'en donne (et les jardiniers aussi le savent!) Après un certain nombre de jours réglé encore par la nature, la chenille sent qu'elle a fini son rôle de mangeuse insatiable, elle fait alors ses dispositions pour une autre phase de cette vie singulière. Elle choisit sa place, tend ses câbles qu'elle attache solidement et avec une intelligence capable de donner une savante leçon au premier maître voilier de toutes les marines du monde; quand cette première charpente est posée, elle se fait tisserand, et tirant de son corps un long fil, qui lui est fourni par l'essence concentrée de la nourriture qu'elle a si abondamment absorbée, étant chenille, elle se bâtit alors une maison sans porte ni fenêtre où elle doit passer encore un certain temps (le fil sans solution de continuité peut avoir de 200 à 300 mètres de longueur dans la coque du ver à soie). La prisonnière cesse alors d'être elle-même. Sa peau, sa tête, ses pattes, tout a disparu; ce n'est plus qu'une masse informe nommée *fève*, se tenant désormais dans une immobilité voisine de celle de la mort.

De même que le poulet dans sa coquille prend graduellement des forces jusqu'à ce qu'il soit en état de la rompre, ainsi la chenille, par une élaboration d'humeurs qui change tout l'organisme de l'animal, se fortifie et arrive à l'état parfait de dernière métamorphose : c'est-à-dire de PAPILLON.

La forme des chrysalides n'est pas la même pour tous. Les *diurnes* l'ont plus ou moins anguleuse, les *crépusculaires* et les *nocturnes* l'ont arrondie ou conique.

L'apparence diffère aussi dans quelques-unes. Les *diurnes* ont leur chrysalide de diverses couleurs, certaines d'entre elles sont ou dorées ou marquetées de taches d'or ou d'argent, ce qui leur a valu le nom d'*Aurélie* (genre Vanesse). Les *crépusculaires* ne se distinguent que par une teinte uniforme jaunâtre, brun-foncé ou noirâtre (le genre *Plusia* les a vertes et noires), ou par de petits paquets de poils colorés (genre Liparis).

Enfin, pour le mode de sustentation, il y a encore bien des divergences. Certaines chrysalides se voient suspendues en l'air au moyen de forts brins de soie qui les tiennent ou par l'extrémité supérieure ou par le milieu du corps, certaines autres sont agglutinées contre un arbre, un mur, ou roulées dans des feuilles; d'autres enfin sont enfouies sous terre.

On a essayé de retarder ou d'avancer l'éclosion des chrysalides par des moyens artificiels, soit en les tenant dans un endroit chauffé, comme on fait pour les œufs d'oiseaux, soit en les exposant à un froid qui contrarie le travail de la nature; mais ce qu'il y a d'extraordinaire c'est que dans des sujets de même espèce, l'éclosion se fait quelquefois à des époques tout à fait disparates; ainsi l'on a vu la chrysalide de la *Médésicaste* (genre Thaïs), rester jusqu'à deux années entières, puis sortir enfin papillon aussi brillant, aussi vif que ceux qui étaient venus en temps ordinaire.

Le mot *nymphe* n'est pas tout à fait synonyme de chrysalide. La nymphe est l'état des insectes qui, pour opérer leur métamorphose, s'enveloppent seulement d'une pellicule demi-transparente qui laisse voir l'insecte à peu près tel qu'il sera lorsqu'il sortira pour prendre sa volée. Les mouches, par exemple, passent à l'état de *nymphe* et non de *chrysalide*.

Le mode de locomotion s'exécute chez les insectes d'une manière particulière. Celles qui ont seize pattes marchent comme tous les myriapodes, en portant successivement leurs pattes en avant; mais celles qui n'ont que dix pattes s'avancent par une sorte d'ondulation successive en rassemblant leur corps en arc de cercle, puis l'étendant pour recommencer ainsi autant de fois qu'elles ont besoin d'un mécanisme ambulatoire. On les nomme pour cela *géomètres* ou *arpenteuses*.

Que dirai-je maintenant des mœurs des papillons. Oh! ne touchons pas aux choses célestes! ces gracieux sylphides ont quitté la terre et n'ont plus rien de commun avec elle. Beauté, grâce, innocence, voilà tout ce qu'ils ont conservé, et, en dépouillant leur vieille robe terrestre, ils y ont laissé et la fange du monde et celle de leur cœur.

La famille des papillons est parmi les insectes ce que ces bonnes et saintes familles aux mœurs pures et patriarcales sont chez nous parmi les hordes des méchants; c'est un monde à part, ou plutôt c'est la part de Dieu.

Si j'osais, en m'écartant de quelques lignes de mon sujet, jeter avec vous, mes jeunes amis, un rapide coup d'œil sur cette race si mélangée des insectes autres que nos papillons, que de tromperies, que de ruses infernales, que de haines, que de guerres, hélas! n'y retrouverions-nous pas, comme chez nous.

Citons quelques exemples. Voyez ce gros insecte aux élytres vertes, tachetées de quelques points blancs, au corselet arrondi et nuancé de pourpre et de teintes métalliques, c'est la *cicindèle*. Son corps exhale le plus doux parfum des roses, et, si ce n'était ses gros yeux stupides et sa mâchoire barbue, on la prendrait pour le plus innocent des insectes; or, écoutez tout ce dont il est capable. Telle que le renard qui se creuse un terrier pour y enfouir le résultat de ses larcins, la *cicindèle* choisit, dans quelque endroit sec et sablonneux, un petit ravin ou sillon qui soit un passage obligé pour tout ce qui va et vient parmi les herbes et les cailloux; là elle creuse un trou assez vaste, mais dans la forme d'une bouteille, à col étroit; la partie étranglée étant en haut, c'est dans cette espèce de cheminée que se tient cramponnée, comme un vrai ramoneur, la perfide bête qui bouche exactement l'orifice de ce souterrain avec sa grosse tête plate. Elle reste là, patiente et immobile, jusqu'à ce que quelque imprudent insecte vienne à passer sur ce pont perfide. À peine y a-t-il posé la patte que la cicindèle se laisse choir au fond de son garde-manger et se trouve ainsi tout à coup, au moyen de ce tour diabolique, au fond de ces oubliettes d'un nouveau genre, face à face avec sa victime, et Dieu sait ce qui passe alors entre elles deux.

J'ai parlé des *carabes* et des *calosomes* et du carnage qu'ils font parmi les nombreuses tribus de fourmis processionnaires. Je ne dirai rien de la *lucane* ou *cerf-volant;* les terribles pinces dont ses bras sont armés nous ont assez appris, quand nous étions enfants, et que nous en avons imprudemment approché nos doigts, ce que vaut ce gros butor d'insecte.

Le *réduve à masque,* espèce de grosse punaise de bois, n'est aussi qu'un gros sournois dont il faut se défier. Pour cacher sa présence à ses ennemis ou à la proie qu'il guette, il a la ruse de ce Rodilardus dont parle Lafontaine, « qui se blottit et s'enfarine » pour mieux tromper les souris ; lui, il salit tout son corps de poussière, de débris de plâtre ou de toiles d'araignée, et, sous ce sale déguisement, il aiguise un dard acéré qui, en déchirant les chairs, y laisse une liqueur âcre et vénéneuse qui produit de douloureuses inflammations.

Quel est maintenant ce petit insecte qui, dans ce sable fin, se démène avec tant de vivacité et de courage, creusant, fouillant, bêchant, rejetant le sable avec ses cornes qui lui servent de pelle, portant sur sa tête les plus gros graviers et se faisant ainsi un trou assez profond et largement évasé du haut, en forme d'entonnoir ? C'est le *formica-leo* ou fourmi-lion. Quand sa chausse-trappe est terminée, que les parois en sont bien lisses et rendues bien glissantes, le petit scélérat s'enterre lui-même jusqu'à mi-corps au fond de son entonnoir, puis l'œil au guet et la patte toute prête, il attend que la curée arrive. Bientôt se présente une fourmi, une bête à bon Dieu (coccinelle) ou tout autre petit étourneau d'insecte qui, voyant ce trou propret, s'approche du bord, se penche pour regarder au fond... mais le guetteur qui est au bas travaille aussitôt des pattes et démolissant le glacis mouvant sur lequel est penchée sa proie, il la fait ainsi habilement dégringoler jusqu'à lui. Alors ses cornes et ses dents font le reste.

Je vous dirai encore le nom d'un des ennemis redoutables de nos malheureuses chenilles, qui, outre les cruelles piqûres que leur font les ichneumons, qui viennent, comme vous le savez, leur implanter leurs œufs dans le corps, sont encore exposées à une singulière opération : ce sont les *sphéges* (sortes de mouches un peu dans le genre des libellules ou demoiselles, mais moins longues) qui le leur font subir ; c'est, à peu de chose près, l'opération du chloroforme. Quand le *sphége* veut dîner d'une bonne grosse chenille bien grasse, il se précipite sur elle, la pique de son aiguillon, creuse une rigole et distille dans la plaie une liqueur qui a la propriété de frapper instantanément de paralysie la malheureuse chenille qui ne peut plus remuer ni se défendre.

Inutile de dire que l'*abeille* qui fait un si doux miel et que la *guêpe*, qui ne fait rien de bon du tout, ont de petites colères qu'il ne fait jamais bon de braver. Les moustiques, les cousins et autres petits insectes assez effrontés de leur naturel ne sont pas non plus, vous le savez, merveilleusement bons par instants.

Mais je m'arrête enfin ; car peut-être penseriez-vous que je n'ai mis toutes ces ombres au tableau, que je ne me suis permis toutes ces médisances que pour faire valoir mes insectes favoris, les papillons. Eh bien ! j'en conviens tout franchement, cette supposition a quelque chose de vrai en soi, car, en vérité, je tiens beaucoup à ce que, comme moi, vous vous passionniez un peu pour ces adorables petites merveilles de la création.

Nous allons donc bientôt commencer notre chasse et avoir en notre possession ces hôtes charmants de l'air, amants des fleurs et du zéphyr, qui pour vêtements ont la pourpre, l'or et l'azur, pour domaine les plaines éthérées, pour berceau le calice des roses. Hâtez-vous, pauvres insectes, de jouir de tous ces biens, car tout votre éclat, tout votre orgueil, tout votre bonheur ne doivent durer qu'un jour ou deux.... c'est payer bien cher de si courts instants passés à briller dans le monde

II

FAUNE DES CHENILLES.

Nous venons de passer en revue tout ce qu'il est intéressant de savoir sur les chenilles. Nous avons vu leur vie inquiète, agitée, laborieuse; nous allons maintenant voir se lever pour elles le jour de gloire et de bonheur (bonheur bien éphémère, hélas! qui doit payer tant de misères). C'est l'image de la vie de ces honnêtes et actifs ouvriers de nos villes qui, après de longues années consacrées au travail et à une sage prévoyance, voient enfin arriver l'heureux moment où, grâce à cette intelligence et ce dur labeur, ils peuvent se mettre de niveau avec ces patrons d'une sphère plus élevée auxquels ils ont si longtemps porté envie.

Voyons donc maintenant à nous former, comme je l'ai dit plus haut, une sorte de magnanerie de toutes ces petites fileuses; en un mot commençons notre chasse aux chenilles. Pour cela nous n'aurons vraiment besoin que d'un peu de sagacité et de beaucoup de patience. Plus tard, quand nous aborderons les grandes battues à travers les bois et les montagnes pour y relancer les papillons, ce sera à votre agilité, à vos bonnes jambes de quinze ans qu'il faudra avoir recours.

Nous avons vu par ce qui précède que notre chasse se divisera tout naturellement en trois phases; 1° dès l'aube du jour et à la tombée de la nuit pour les *crépusculaires;* 2° entre le lever et le coucher du soleil, pour les *diurnes*, et 3° la nuit, par les beaux clairs de lune, ou à défaut de l'inconstante Phébé, à l'aide du modeste falot, pour les *nocturnes*.

La *faune* des chenilles que nous donnons plus loin nous indiquera, non-seulement où nous trouverons ces petits êtres rampants; mais elle nous servira encore de renseignements pour y trouver par fois le papillon lui-même; car il y a beaucoup de lépidoptères qui, comme certaines gens de mœurs casanières, n'aiment pas à sortir de leur quartier; ainsi nous serons presque certains que parmi les bouleaux, là où les beaux polyommates porte-queue ont vécu chenilles, nous les retrouverons papillons. Le peuplier blanc a toujours des lichnées bleues voltigeant autour de ses branches. Les *mars changeants*, ces charmants papillons qu'on trouve dans tous les pays du monde, affectionnent aussi le peuplier. La gentille piéride est fidèle au chou qui l'a vue naître. Dans les genêts sont les *écailles pourprées*, et sur la modeste pomme de terre se pose fièrement ce gros lépidoptère tout bariolé de couleurs éclatantes qu'on appelle le *sphinx atropos*, ou plus prosaïquement la *tête de mort*.

Il ne faudra, par exemple, ménager ni notre temps ni notre patience. Dans le jour nous fouillerons les buissons, nous secouerons les arbres, ayant soin d'étendre dessous, ou un naperon ou tout simplement un parapluie renversé. Vers le soir, nous visiterons les vieilles murailles, l'écorce des arbres, les rocs, les poteaux, et là nous trouverons collés, et nous attendant très-complaisamment, une foule de jolies chenilles de *crépusculaires*, ou à leur défaut, leurs propres cocons.

Quant à nos chasses de nuit, elles seront toujours abondantes ; si ce n'est en chenilles ou en chrisalides, ce sera en papillons nocturnes. Pour ces derniers, voici comment il faudra nous y prendre : Nous emporterons un gros falot auquel nous donnerons le plus de feu possible ; puis nous le placerons dans un champ de luzerne ou de sainfoin, ou à proximité de haies ou de hautes futaies. Puis, sans trop nous cacher, car nous n'aurons à faire qu'à des gens très-peu malins et fort bénévoles en vérité, nous nous tiendrons à quelque distance le filet à la main, et bientôt nous assisterons, je vous l'assure, à une vraie défaite de Cannes où, nouveaux Annibals, nous mettrons bien des Romains à bas.

Chaque fois que nous rentrerons dans nos foyers avec nos dépouilles opimes, il faudra songer tout de suite à leur aménagement et à les placer dans les meilleures conditions possibles pour amener à bien leur éclosement en papillons.

Si vous trouvez la *chrysalide* au lieu du papillon, il y a pour toute précaution à prendre, à la mettre dans une boîte divisée en compartiments et fermée seulement par un filet, et à la visiter de temps en temps pour guetter l'instant où le papillon éclora.

Si ce sont des chenilles, il y a d'autres soins à donner. Vous aurez encore une boîte à compartiments pour loger séparément chaque pensionnaire; car il serait souvent dangereux de les laisser toutes ensemble; il y a parmi elles tigres et moutons, et il y aurait par conséquent bientôt bourreaux et victimes. Ces compartiments devront être à hauts bords et meublés intérieurement de petites brindilles de bouleau formant aux angles des points d'arrêts auxquels la chenille pourra, en temps voulu, établir commodément son échafaudage de supports pour filer son cocon.

Jusqu'à ce qu'elle en vienne là toutefois, il faudra, tous les deux jours au moins, lui donner la pâture qui lui est convenable; c'est-à-dire les feuilles des plantes sur lesquelles elle aura été trouvée. La *faune* que nous donnons ci-après sera consultée à cet effet; .ainsi le *bombix* du ver à soie aura ses feuilles de mûrier. Le *machaon* ses feuilles de carottes. La *noctuelle incarnat* ses jeunes pousses de chèvrefeuilles, etc., etc.

III

FAUNE DES CHENILLES

ou

NOMENCLATURE DES PLANTES SUR LESQUELLES SE TROUVENT CERTAINES CHENILLES.

A

Absynthe. Chenille de la *noctuelle-cuculie*, éclot vers le mois de juin et août. Se trouve dans l'Allemagne, rarement en France.

Acacia. Chenille du *Polyommate*, éclot en juin. Se trouve dans le midi de la France.

Ansérine. Chenille d'une *noctuelle* (nommée aussi *la triste*), éclot en mai. Se trouve aux environs de Paris.

Arbousier. Chenille du *jasius* (genre nymphale), éclot en été et en automne. Se trouve sur le littoral de la Méditerranée.

Arroche. Chenille d'une *noctuelle*. éclot en mai. Se trouve aux environs de Paris.

AUBÉPINE. Chenille d'un *bombyx (la queue fourchue)*, éclot en automne. Se trouve aux environs de Paris.

ARGOUSIER. *Sphinx*, éclot en juin et en septembre. Se trouve dans les montagnes des Alpes.

B

BELLADONE. Chenille de la *belle dame* (genre *vanesse*), éclot au printemps. Se trouve dans toute l'Europe.

BOUILLON BLANC. Chenille de la *cuculie*, éclot en mai. Se trouve dans le midi et le centre de l'Europe.

DANS LES BOIS. Tous les *sylvains piérides;* la *piéride aurore*, éclot en juin. Se trouve en Espagne.

BOULEAU. *Polyommate porte-queue* fauve, à bandes blanches, éclot de juillet à la mi-septembre. Se trouve dans les bois et les haies.
Phalène, id.

LES BRUYÈRES. *Zygène* (ou *sphinx bélier*), éclot en août. Se trouve dans l'est de la France.

BRYONE. La *piéride* blanc veiné de noir, éclot en juillet. Se trouve dans les montagnes des Alpes.

C

CHÊNE. *Polyommate* porte-queue, éclot en juin et juillet. Se trouve dans les bois.

Smérinthe du chêne, éclot en mai. Se trouve dans le midi de la France.

Bombyx processionnaire, éclot en juillet. Se trouve dans les environs de Paris.

Bombyx-chaonien, éclot en juillet. Se trouve dans les environs de Paris.

Feuille morte du chêne. *Bombyx* (la feuille morte), éclot en juin. Se trouve dans les environs de Paris.

Carotte. *Machaon*, éclot en juillet. Se trouve dans les champs de luzerne. — Le *Podilarius*, éclot en juin. Se trouve aux environs de Paris.

Champignon. *Euplocames*, éclot en mai. Se trouve dans les meules de champignons.

Charme. *Aglaia*, éclot en juillet. Se trouve dans le midi de la France.

Chardon. *Belle-dame* (genre *vanesse*), éclot en avril. Se trouve dans toutes les parties du monde. — *Hespérie* (le tacheté), éclot en mai. Se trouve dans les environs de Paris.

Chèvrefeuille. *Sphinx à cornes*, éclot en juillet. Se trouve dans les environs de Paris. — *Noctuelle incarnat*, éclot en juillet et en septembre. Se trouve dans le midi de la France. — *Zygène* (ou sphinx des graminées), éclot en juillet. Se trouve dans l'Europe septentrionale.

Choux. *Piéride* (genre piéride), éclot au printemps et en automne. Se trouve dans les environs de Paris. — La *Noctuelle l'omicron nébuleux)*, éclot en mai. Se trouve dans les environs de Paris.

Coudrier. *Bombyx* (phalène du noisetier), éclot au printemps et en été. Se trouve dans les environs de Paris.

E

Épine. *Petit paon* (bombyx), éclot en avril. Se trouve dans les environs de Paris.

Érable. *Nymphale*, éclot en juin. Se trouve dans le nord de l'Europe.

Euphorbe. Sphinx (voyez sphinx du tithymole).

F

Dans la farine. *Asopie formalis*, éclot en juillet. Se trouve dans les greniers à farine (en fève).

Feuilles tombées. *Sphinx (feuille morte)*, éclot en juin. Se trouve dans les environs de Paris. — Le *Bombyx*, éclot en juin. Se trouve dans les environs de Paris.

Filipendule. *Zygène*, éclot en juin. Se trouve dans les environs de Paris.

Frêne. *Noctuelle* (la lichnée), éclot en août. Se trouve aux environs de Paris. — La *Lichnée bleue*, éclot en juin. Se trouve dans le midi de la France.

Fritillaire. Hespérie (le plain-chant), éclot en juin. Se trouve dans les environs de Paris.

D

Garance. *Sphinx* de la garance, éclot en juin. Se trouve dans le midi, est rare dans les environs de Paris.

Genet. *Écaille pourprée*, éclot en juin. Se trouve aux environs de Paris. — *Agathe*, éclot en juillet. Se trouve dans les environs de Paris. — *Lichnée*, éclot en juin. Se trouve dans les environs de Paris.

Globulaire. *Procris*, éclot en juillet. Se trouve aux environs de Chartres.

Groseillier. *Xérène glossularia*, éclot en mai. Se trouve dans les environs de Paris.

H

Haies. *Agliopé* (la zygène malheureuse), éclot en juin. Se trouve rarement aux environs de Paris (midi).

Hêtre. *Aglaïa*, éclot en juin. Se trouve dans les environs de Paris.

I

Immortelle. *Cuculie* du guaphalium, éclot en juin. Se trouve dans les environs de Paris.

J

Jacée. *Bombyx* de la jacée, éclot en juillet. Se trouve dans le midi de la France.

Joncs. *Sarcophage*, éclot en juin. Se trouve dans les marais.

Joubarbe. *Polyommate-Ballus*, éclot en mars. Se trouve dans les environs d'Hyères et en Espagne.

L

Laurier-rose. *Sphinx*, éclot en juin. Se trouve dans les environs de Paris.

Lavande. *Zygène*, éclot en juillet. Se trouve dans nos départements méridionaux.

LISERON. *Sphinx à cornes de bœuf*, éclot en été et en automne. Se trouve dans les environs de Paris.

LUNAIRE. *Noctuelle*, éclot au printemps et en automne. Se trouve aux environs de Paris.

LUZERNE. *Machaon*, éclot en juin et juillet. Se trouve dans les environs de Paris.

LYCHEN. *Bryophile-perca*, éclot en juillet. Se trouve dans les départements méridionaux de la France.

M

MARRONNIER. *Zinzère*, éclot en avril. Se trouve dans les environs de Paris.

MENTHE. *Écaille* (la *phalène-tigre*), éclot en juin. Se trouve dans les environs de Paris.

MÉLILOT. *Zygène*, éclot en juillet. Se trouve en Autriche.

MILLEFEUILLE. *Callimorphe*, éclot en juin. Se trouve dans le midi.

MOUTARDE. *Piéride* (ou papillon blanc de lait), éclot en mai et en juillet. Se trouve dans les bois, aux environs de Paris.

VIEUX MURS. *Grand paon*; éclot en mai. Se trouve dans toute la France.

MONTAGNES. *Satyre mélampus*, éclot en juillet. Se trouve dans les montagnes des Alpes.

MURIER. *Bombyx* du ver à soie. Se trouve dans tous les pays chauds (la Chine est sa patrie).

N

NAVET. *Piéride* du navet, éclot au printemps et en été. Se trouve dans les prairies et les bois.

Nerprun. *Coliade citron,* éclot en mars. Se trouve dans les environs de Paris.

O

OEnotère. *Sphinx* proserpina, éclot en juin. Se trouve dans le midi, quelquefois aux environs de Paris.

Ombellifères. *Machaon,* éclot en juin et juillet. Se trouve dans les environs de Paris.

Orme. *Paon de nuit,* éclot en mai. Se trouve dans les environs de Paris.

Orpin. *Polyommate,* éclot en juillet. Se trouve dans le midi de la France.

Orties. *Paon du jour,* éclot en avril et en juillet. Se trouve aux environs de Paris.

Oseille. *Lucane,* éclot en juin. Se trouve dans les environs de Paris.

P

Patience. *Noctuelle* (la cendrée noirâtre), éclot en mai et en juillet. Se trouve dans les environs de Paris.

Peuplier. *Sphinx,* éclot en mai. Se trouve en France.

Smérinthe à ailes dentelées, éclot en mai et juillet. Se trouve aux environs de Paris.

Peuplier blanc. *Lichnée bleue,* éclot en juillet. Se trouve dans les environs de Paris.

Grand sylvain, éclot en juin. Se trouve dans les forêts de France et d'Europe.

PEUPLIER (LES FEUILLES). *Bombyx* gastropacha, éclot en juin. Se trouve dans les environs de Paris.

Nymphale, iris, éclot en avril. Se trouve dans le centre de la France.

PIN. *Sphinx* du pin, éclot en juin. Se trouve dans l'Est, et particulièrement en Allemagne.

PLANTES AQUATIQUES. *Hydrocampe*, éclot en juillet. Se trouve dans le midi de la France.

PLANTAIN. *Écaille* noire à bandes jaunes, éclot en juin. Se trouve dans les départements du Nord. — *Chélonia*, éclot en juillet. Se trouve dans l'est de la France.

POMME DE TERRE. *Sphinx* tête de mort, éclot en juillet et septembre. Se trouve aux environs de Paris et dans toute l'Europe.

PRUNELLIER. *Polyommate* ou *porte-queue brun*, éclot en été et en automne. Se trouve dans le midi de la France.

PRUNIER. *Polyommate* à lignes blanches, éclot au commencement de juin. Se trouve aux environs de Paris. — *Procris*, éclot en juillet. Se trouve dans les environs de Paris.

R

RACINES. *Luperine*, éclot en mai. Se trouve dans les environs de Paris.

RAVE. *Piéride*, éclot au printemps et en été. Se trouve dans les environs de Paris.

RONCE. *Polyommate* — bombyx — coliade-citron, éclot en juin. Se trouve vers le midi de la France.

ROSE. *Callimorphe-rosette*, éclot en juin. Se trouve dans les environs de Paris.

S

Sainfoix. *Zygène* ou sphinx caffra, éclot en juillet. Se trouve dans toute l'Europe.

Salsifis. *Noctuelle* (la triponctuée), éclot en juillet. Se trouve dans les environs de Paris.

Saule. *Lichnée* en juin, éclot au centre de la France. Se trouve dans les environs de Paris.

Scabreuse. *Zygène-pethye*, éclot en mai et juin. Se trouve en Italie et en Allemagne.

Scrofulaire. *Cucullie*, éclot en juin. Se trouve dans les environs de Paris.

Seneçon. *Callimorphe* jocaba, éclot en été et en octobre. Se trouve dans les environs de Paris.

Staticée. *Procris*, éclot en juillet. Se trouve aux environs de Paris.

T

Tilleul. *Smérinthe* (ou sphinx du tilleul), éclot en mai. Se trouve sur les boulevards et les routes.

Sphinx demi-paon, éclot en juin. Se trouve aux environs de Paris.

Titymale. *Sphinx* de l'euphorbe, éclot en juin et septembre. Se trouve dans les environs de Paris.

Trèfle. *Bombix* (le *petit minime*), éclot en juillet. Se trouve en France et dans le Piémont.

Troène. *Sphinx* legustré, éclot au printemps et en été. Se trouve dans les environs de Paris.

V

VERGE D'OR. *Polyommate*, éclot au printemps et en été. Se trouve vers le centre de la France.

VIGNE. Sphinx de la vigne (elpénor), éclot en juin et septembre. Se trouve dans les environs de Paris.

Pyrale, éclot en juin et septembre. Se trouve aux environs de Paris.

IV

OUTILS INDISPENSABLES AU CHASSEUR DE PAPILLONS.

Le premier et le plus important outil, c'est le *filet* nommé aussi *chape* ou échiquier. Il se compose d'un cercle léger de cuivre ou de fer, d'un diamètre de 30 centimètres à peu près, auquel est attachée une sorte de sac ou poche en gaze ordinairement verte; cette gaze doit être extrêmement souple et légère, d'abord afin de ne pas blesser le papillon une fois qu'il se trouve pris, puis pour que cette souplesse même aide à clore instantanément cette aérienne prison, en permettant à la gaze de retomber facilement sur toute la circonférence de l'orifice du *filet*. Ce qui s'exécute en lui faisant faire un quart de révolution aussitôt qu'on tient son prisonnier.

On conçoit pourtant que cet instrument, du reste assez volumineux, ne peut être manœuvré qu'à grandes évolutions et tout à fait en l'air, et qu'il y aurait souvent de fâcheux inconvénients si on l'abattait ainsi sur un papillon posé sur une fleur ou sur un arbuste ; infailliblement on briserait ou la fleur ou le filet. Il a donc fallu inventer un filet d'un autre genre. C'est la *raquette* sorte de pince rentrant dans le système des ciseaux ou des pinces de chirurgie. Les extrémités, qui se terminent en deux cercles (comme au *filet* précédent), sont également munies d'une gaze, non en forme de poche, mais seulement peu tendue. Cet instrument sert à prendre les papillons qui sont posés ou qu'on peut saisir au moment où ils s'envolent.

Notons qu'aux deux instruments précédents, *filet* et *raquette*, les manches, munis d'une douille, peuvent se retirer, afin que ce petit bagage soit moins embarrassant à porter.

Ajoutons à ces engins de chasse une lanterne en globe, comme on en fait maintenant, et qui projette de toutes parts une lumière non entrecoupée de grandes bandes d'ombre, ainsi que le font les lanternes ordinaires; cette lanterne est pour l'affût du soir ; elle remplit le même effet que les miroirs à facettes mobiles avec lesquels on attire les alouettes.

Et enfin une sorte de napperon de toile blanche ou de serge pour étaler sous les arbustes que l'on secoue brusquement pour en faire tomber leurs hôtes endormis, tels que phalènes, noctuelles, etc....

Voilà donc tout ce qui est à peu près nécessaire d'avoir pour la chasse. Voyons maintenant ce qu'il faut, *après la chasse*, c'est-à-dire pour la conservation des papillons.

Nous avons dit au commencement de ce petit traité que le chasseur de papillons (et nous aurions dû dire celui qui se sent le courage de l'être) doit, aussitôt que son petit prisonnier est entre ses mains, lui abréger les angoisses du moment et le presser par un mouvement brusque et prompt afin qu'il n'ait pas même l'idée d'une souffrance...... Mais nous supposons, d'après nous-même, il faut en convenir, que, dans ce moment assez désagréable, on peut manquer d'habileté et de résolution, surtout si le sujet est vigoureux et gros; nous conseillons donc d'avoir toujours en poche une sorte de *bruxelles renforcée* aux lames en losanges terminées au bout par deux lentilles plates garnies intérieurement d'une petite rondelle de bufile. Ce sera avec cette pince que, saisissant le corselet de l'animal, on opérera la pression recommandée plus haut. Ayons au moins le plus d'humanité possible dans cet acte même d'insecticide.

Il se pourrait encore cependant que nous eussions à mettre dans notre collection soit un de ces gros papillons à corps très-épais qu'il ne faudrait absolument pas déformer, soit même quelque insecte intéressant qui ne devrait être conservé que parfaitement entier, sans mutilation aucune. Eh bien! gardons-le provisoirement dans une poche en gaze, et arrivés dans notre cabinet, jetons au fond d'un petit bocal un morceau de soufre enflammé et présentons à la vapeur léthifère qui s'en exhale l'insecte tenu au moyen d'une *bruxelles ordinaire;* nous ne tarderons pas à le voir asphyxié.

Il nous reste maintenant à préparer l'animal de manière à ce qu'il figure dans nos cadres entomologiques, non-seulement avec grâce, mais avec une longue durée, et cette préparation ne laisse pas que d'être minutieuse et difficile. On concevra facilement que le corps du papillon conservant toutes ses parties molles ne tarderait pas à se corrompre et que les téguments ou nerfs qui soutiennent les ailes, en se desséchant, donneraient peut-être à celles-ci une forme disgracieuse. Il faut donc aviser à parer à tous ces inconvénients.

On se taillera, dans une planche assez épaisse de liége, une *table d'anatomie*, de telle manière que dans toute la longueur de son milieu, à partir d'un centimètre de chaque extrémité, il y ait une rainure à jour, d'inégale largeur (un tiers, par exemple, de cette largeur étant calculé sur la grosseur des plus forts papillons, un autre tiers sur celle des moyens, et le dernier tiers enfin sur celle des plus petits). Le dessous de cette planche restera plat; mais le dessus formera, à partir de la rainure jusqu'aux deux bords de la planche, un angle d'élévation de 40 degrés, de telle sorte que le papillon ayant le corps enfoncé dans cette rainure, conserve cette inclinaison pour ses ailes que l'on fixera avec un ruban maintenu à l'une des extrémités de chaque pente, et tendu à l'autre extrémité en passant légèrement sur les ailes.

Ces premières dispositions prises, on pourra, en tenant d'une main la planche retournée, fendre le plus habilement possible l'abdomen de l'animal, en extraire les intestins et bourrer alors ce corps vide d'une préparation dont voici la recette :

Esprit de vin fortement saturé de sel. . . 16 parties

Poivre en poudre 4

Alun en poudre. 2

Sublimé corrosif. 0 1/8

Puis, avec un pinceau on triturera de la farine avec du camphre jusqu'à consistance d'une pâte molle qui se pétrira avec la composition ci-dessus.

C'est avec un pinceau qu'on remplira le corps du papillon,

et lorsque cette opération sera faite, on rapprochera les peaux
que l'on mastiquera avec une épaisse dissolution de gomme
arabique et de sucre candi, puis on le laissera sécher dans
un lieu sec.

Le papillon ainsi préparé, on s'occupe de le parer c'est-à-
dire de redresser les antennes, de déplisser les ailes qui seraient
chiffonnées et de leur donner enfin une position gracieuse, et
surtout conforme à la série à laquelle il appartient.

Nous recommandons, comme outils indispensables dans la
trousse d'un chasseur de papillons, outre les deux bruxelles
n° 3 et 4, une pince longue, effilée et se terminant par une
courbe ; cette disposition aide beaucoup à saisir le corps du
papillon sans froisser les ailes. — Une autre pince faite dans
le système de ces fers à friser dont se servent les coiffeurs,
c'est - à - dire composée de deux tiges longues et minces
terminées par deux petites palettes creuses. Cette pince sert
à aller chercher les chrysalides ou les chenilles qui se trouve-
raient enfoncées dans des fentes d'arbre, des creux de muraille ou tout autre endroit inaccessible aux doigts. — Un canif
à lame de lancette pour l'espèce d'autopsie décrite plus haut.
— Enfin une boîte portative garnie intérieurement de plan-
chettes de liége sur ses six faces et assez grande cependant
pour que ces six faces puissent recevoir les papillons qu'on
aura à y piquer pendant la chasse, de manière que les ailes
ne se touchent pas.

A cette boîte on joindra un étui bien fourni d'épingles à
insectes.

Avant de terminer cette instruction sur les soins à donner
aux lépidoptères, nous pensons qu'il sera agréable à nos jeunes

lecteurs de leur enseigner la manière d'obtenir l'empreinte des ailes de papillons sur du papier. Ils pourront ainsi se composer un charmant petit album.

Il faut prendre du beau papier vélin, à grains bien fins, ou mieux du papier-bristol, plier la feuille en deux, et après avoir décidé où l'on placera son dessin, enduire cette place d'une gomme dont voici la composition :

Dans de l'eau bien pure faites fondre de la gomme arabique, assez pour que cette eau en soit assez bien saturée sans en être épaissie. Ajoutez un peu d'alun et de colle de poisson bien pure et bien blanche, puis mettez-y du sel blanc, assez pour que le chatoiement de la gomme en soit tout à fait éteint.

Cette gomme étant appliquée sur les deux faces du papier, attendez un peu qu'il en soit bien pénétré, puis posez adroitement les quatre ailes que vous aurez détachées d'un papillon avec des ciseaux, en ayant soin de laisser entre elles l'espace suffisant pour y peindre vous-même à la gouache ou au pastel le corps de l'insecte, copié d'après la nature. Vous replierez ensuite votre feuille et vous opérerez une pression assez forte sur le papier. Ouvrez ensuite votre feuille ainsi imprimée et laissez sécher.

V

TRIBUS ET FAMILLES DES PAPILLONS.

Avant de commencer nos courses à travers champs, il est bon de nous familiariser avec l'aspect général des papillons dont tant d'espèces vont nous passer devant les yeux.

Je vais donc vous donner ici un aperçu rapide de l'aspect de chacun d'eux et vous les présenter par tribus et par familles.

PREMIÈRE TRIBU.

GENRE PAPILIONIEN (DIURNES).

CARACTÈRE GÉNÉRAL DE LA TRIBU. — AILES TOUJOURS SOULEVÉES, MÊME QUAND LE PAPILLON EST AU REPOS. — ANTENNES AUX EXTRÉMITÉS GLOBULAIRES OU RENFLÉES.

Genre PAPILLONIDE. Remarquables par leur grandeur et la richesse de leurs ailes dont les couleurs sont riches et tranchantes.

Familles. Machaon — alexanor — flambé — ajax.

Genre Thaïs. Ailes délicates à fond blanc-jaunâtre et colorées de rouge et de noir.

Familles. Hypsipyle — médésicaste — apolline — cerisy.

Genre Parnassien. Ailes d'un blanc légèrement teinté de jaune avec taches ou bandes noires.

Familles. Apollon — phœbus — mnémosyne.

Genre Piéride. Ailes blanches avec des nervures noires ; la *piéride aurore* est marquée d'une riche nuance d'aurore sur un fond blanc.

Familles. Piérides du chou — gazée — callidice — daplidice aurore, de Provence — de la moutarde — du navet, etc.

Genre Coliade. Ailes d'un jaune riche.

Familles. Souci — palecco — cléopâtre — citron — phicomone.

Genre Polyommate. Fond local des ailes brun ou noirâtre avec des reflets métalliques rougeâtres ou fauves.

Familles. Lyncée — striée — du prunellier — du bouleau — du prunier — de l'acacia — de la verge d'or, etc.

Genre Nymphale. Ailes brun foncé traversées par une bande blanche assez large, quelquefois grise ou fauve.

Familles. De l'érable — lucille — sylvain — josius — grand mars — petit mars.

Genre Argynne. Teinte ferrugineuse avec des dessins noirs, quelquefois cendrés.

Familles. Séléné — collier argenté — petite violette — polès hécate — ino — thore — daphné — noiré, etc.

Genre MÉLITÉE. Points fauves épars sur un fond brunâtre.
Familles. Trivia — artenus — cinxia — didyma — phœbe.

Genre VANESSE. Fond brun avec des bandes d'un beau rouge éclatant et des taches blanches.
Familles. Belle-dame — vulcain — paon du jour — morio — grande tortue — carte géographique, etc.

Genre SATYRE. Fond brun coupé de bandes blanches ou fauves orné d'yeux à prunelle blanche cerclée de noir.
Familles. Erniele — sylvandre — fidia — faune — cordula — actéon — aëllo — aréthuse — amarryllis.

Genre HESPÉRIE. Papillons de moyenne grandeur, fond brun ou noirâtre avec des bandes et des taches blanc sale ou jaunâtres.

SECONDE TRIBU.

CRÉPUSCULAIRES.

CARACTÈRE GÉNÉRAL DE LA TRIBU. — AILES TENUES HORIZONTALEMENT PENDANT LE REPOS. — ANTENNES RENFLÉES PROGRESSIVEMENT DE LA BASE AU SOMMET. — CORPS DU PAPILLON REMARQUABLEMENT GROS COMPARATIVEMENT AUX AILES.

Genre THYRIS. Ailes brun noir avec des bandes et des taches contrariées fauves et blanche. Très-petit papillon.
Famille. Thyris fenestrée.

Genre SÉSIE. Ailes transparentes verdâtres, terminées au bout par une teinte rose ou rouge (très-petit).

Famille. Philanthiforme — tenthrediniforme — tipuliforme.

Genre SPHINX. Papillons à corps énormes proportionnellement aux ailes, ailes en général assez transparentes et ondulées de nuances ferrugineuses, fauves ou de couleurs plus ou moins éclatantes.

Famille. Très-nombreuse — sphinx du laurier-rose, du liseron remarquables par leur grosseur — tête de mort, ayant sur son corselet trois taches brunes figurant assez exactement une tête de mort — sphinx de la garance, de la vigne, etc.

Genre SMÉRINTHE. Ailes ondulées de teintes ou verdâtres ou ocreuses se fondant avec des lignes fauves.

Famille. Sm. du tilleul — demi-paon — du peuplier.

Genre ZYGÈNE. Ailes étroites dont les supérieures sont bleu d'acier et les inférieures carmin ou ponceau.

Famille. Minos — punctum — de la scabieuse — exulans.

Genre PROCRIS. Petits papillons, ailes vertes et gris cendré.
Famille. Pr. de la globulaire — de la statue — du prunier.

Genre AGLAOPÉ. Petits papillons, ailes bleues et gris cendré.

TROISIÈME TRIBU.

NOCTURNES.

CARACTÈRE GÉNÉRAL DE LA TRIBU. — CORPS LOURD, VOL PESANT. — LES COULEURS PEU TRANCHÉES SONT EN GÉNÉRAL SOMBRES ET TERNES. — CES PAPILLONS NE VOLENT QUE LA NUIT ET S'APPROCHENT ÉTOURDIMENT DES LANTERNES.

Genre LITHOSIE. Ailes d'une texture délicate, gris saturé ou blanc sale.

Famille. Lith. collier rouge, la seule du genre qui ait les ailes supérieures noires avec une bande mince d'un rouge vif et les ailes inférieures d'un beau rouge carmin. — Mesomella — crible — grammica — gentille — aplatie.

Genre CALLIMORPHE. De moyenne grandeur, couleurs des ailes très-variées, peu brillantes, par exception à cette tribu; les ailes supérieures sont généralement d'une teinte différente de celle des inférieures.

Famille. Jaunette — rosette — jaune d'or — rameuse — servante — mondaine — gris de souris — arrosée.

Genre ÉCAILLE. Jolis papillons variés dans leurs couleurs, ailes tiquetées ou bariolées de dessins à contrastes.

Famille. Roussette — du plantin — pourpacée — civique — fermière — fasciée — pudique — caja — bébé — deuil.

Genre Bombyx. Ailes, ou gris argenté ou brun ferrugineux, avec des ondes agréablement fondues.

Familles. Grand, moyen et petit paon — buveur — du trèfle, du chêne, de la ronce, de l'aubépine, processionnaire. — Bombyx de ver à soie.

Genre Platyptérix. Ailes brunes ou fauves avec des points noirs, les ailes forment une espèce de crochet à l'extrémité supérieure.

Familles. Faucille — hameçon.

Genre Noctuelle. Taille moyenne, couleurs peu éclatantes, variées de dessins bruns ou noirs assez délicats.

Familles. Nocturnes or — octogène — flévicorne — double oméga — lièvre — megacéphale — runique — orion.

Genre Gonoptère. Ailes gris rougeâtre avec une tache jaune orangé et sablé de carmin.

Famille. G. découpure.

Genre Xantie. Couleur fauve traversée de bandes brunes, blanches ou noir bleu.

Familles. Safranée — cirée — cendrée.

Genre Cécylie. Taille moyenne, couleurs cendrées ou fauve pâle, avec de légers dessins bruns.

Famille. Gnaphalium — de l'absinthe — ombrageuse.

Genre Plusie. Moyenne grandeur, teintes un peu ternes de fauve pâle ou de verdâtre et ornée de quelques taches rougeâtres.

Famille. Pl. de la foluque — chryside — jota.

Genre TEIGNE. Très-petite espèce gris brun avec des raies noires, quelques points ferrugineux.

1 _ La Belle Dame (*Papillon du Chardon*)
2 _ Machaon (*ou grand Porte-queue*)
3 _ Même
7 _ Argynne Grande Violette
4 _ Vanesse géographique Fauve

PREMIÈRE PARTIE

CHASSE AUX PAPILLONS.

⸺ ◆◆▶▶◗｜◉▓◖◀◀◀ ⸺

LE MACHAON OU GRAND PORTE-QUEUE.

Vous êtes, je crois, mes jeunes amis, suffisamment renseignés sur ce qui concerne l'histoire de la vie cachée, ou plutôt mystérieuse du papillon, nous allons le retrouver maintenant gracieux, fier et splendide habitant de l'air, insouciant du peu de jours qui lui sont comptés, prenant les mois pour des siècles, les jours pour des années, et prenant aussi, sans doute, l'existence et le bonheur en doses multiples, afin d'avoir son compte dans ce passage que nous accomplissons tous ici-bas et qui se trouve ainsi relativement d'égale durée pour eux et pour nous.

Nous voilà enfin bien munis de nos filets, de nos raquettes et de tout notre attirail de chasse : le temps est magnifique, le beau mois de mai ne nous ménage ni les tièdes rayons de son soleil printanier, ni la douce senteur des roses, ni les papillons sur les fleurs ; prenons donc notre route par cette belle prairie toute veloutée de luzerne, toute riante de pâquerettes et de jacinthes sauvages, peut-être notre chasse y sera-t-elle fructueuse..... Mais, tenez, le dieu Pan nous a entendus et déjà nous protége, car il nous envoie un magnifique *machaon* que je vois posé sur une petite fleur violette au cœur de laquelle il prend sans façon son premier déjeuner ; sans se douter, l'imprudent, que les ennemis rôdent aux environs.

Quant à nous, soyons alertes et patients tout à la fois. Dirigeons-nous vers lui pour l'avoir, comme diraient les marins *vent à nous*, afin que, s'il se lève, ce soit de notre côté qu'il se dirige d'abord. Mais quoi ! l'aimable petite bête a l'obligeance de nous attendre ; servons-nous alors de notre raquette à filet et veillons bien à ne pas lui froisser les ailes.

Le voilà pris [1]... pauvre petite fleur ailée, ne te débats pas trop ; nous ne te ferons que le moins de mal possible. C'est en effet le moment le plus critique pour lui, le plus pénible pour nous. Voici comment nous allons nous y prendre pour procéder à l'acte qui doit terminer sa vie : Il faut le saisir entre deux doigts par le corps ; et, dans un mouvement sec et prompt comme la pensée, lui serrer vivement et résolûment le corselet, de manière que, entre sa vie et sa mort, il n'y ait pas un dixième de seconde, pas même pour lui la pensée d'une douleur.

Oui, certes, mes jeunes amis, voilà bien la plus essentielle, la plus importante de toutes mes recommandations, pensons à l'humanité avant de penser au plaisir, et si vous ne vous sentez pas la résolution, l'habileté nécessaires pour que ces pauvres petits insectes n'aient pas à souffrir de ce caprice du moment, laissez là vos filets et renoncez dès à présent à un plaisir qui ne serait plus sans regret.

Ainsi donc plus de ces longues et cruelles épingles, plus de ces incarcérations prolongées dans des boîtes dont se servent les gens au cœur égoïste ou même maladroitement trop sensibles, qui laissent froidement périr dans de longues souffrances un innocent petit animal qui n'aurait jamais dû savoir qu'il avait un ennemi au monde.

On pourrait cependant éprouver de la répugnance ou de la difficulté à procéder à l'opération du pincement que j'ai indiqué plus haut, s'il s'agissait, par exemple, d'un gros papillon (tel que les phalènes de nuit) dont le corselet est épais et dur ; je rappelle de nouveau ce procédé assez prompt (oserai-je dire : assez humain ?). On jette une pincée de soufre dans un flacon, et, après l'avoir allumé, on présente à l'orifice le papillon qui est bientôt étourdi, asphyxié et sans vie.

Si donc, mes jeunes lecteurs, vous vous promettez bien à vous-mêmes de tout faire pour rester dans les bornes de l'humanité, si vous avez toujours bien présente à l'esprit cette parole excellente de Shakespeare : « La poignante angoisse de l'insecte qu'on fait souffrir égale celle du géant qu'on tue, » pardonnez-moi cette longue digression humanitaire et occupons-nous de notre capture qui, je vous assure, en vaut bien la peine : car en vérité nous avons débuté par un coup de maître.

Voyez en effet comme la forme de notre papillon est élégante et hardie, comme ses ailes gracieuses semblent bien disposées pour le vol ! Le papillon *machaon*, que quelques naturalistes nomment aussi *le grand porte-queue* ou *le papillon à queue de fenouil*, est le plus grand lépidoptère que nous ayons dans nos contrées. La couleur locale de ses ailes est, comme vous le voyez, d'un beau jaune soufre légèrement éteint par une nuance ocrée, une double bordure, noir-brun, encadre agréablement ses deux paires d'ailes ; cette même nuance dessine sur les ailes supérieures huit lames jaunes disposées à peu près comme celles de nos éventails, lesquelles, se prolongeant depuis le corps du papillon, vont en s'élargissant jusqu'à la bordure et y sont terminées par autant de segments jaunes qui font le plus agréable effet sur le ton noir velouté de la bande terminale.

Les ailes inférieures (ou de dessous) ont à peu près la même disposition de dessin ; cependant les contrastes de jaune et de brun-noir y sont encore plus savamment combinés. Ici la bordure est rehaussée de points ou lunules d'un beau bleu foncé, et l'extrémité des lames frangées par la bordure reparaît au delà en forme de six petits croissants qui font une charmante découpure.

Enfin à l'avant-dernière division le tissu des ailes se prolonge en un appendice long et étroit ; ce qui a fait donner à ce papillon le nom de porte-queue.

Admirons aussi ces deux taches circulaires ou yeux d'un beau rouge cerclé de bleu-clair, qui complète si splendidement la toilette de ce magnifique insecte.

Le *Machaon* appartient à la race des papillonides dont le caractère est de tenir ses ailes toujours levées même quand l'animal se pose.

Il apparaît dès les premiers beaux jours du printemps, et disparaît six semaines environ après, puis on le retrouve encore au mois de juillet. Il se plaît surtout dans la luzerne et, soit trop de confiance dans son vol, soit bon naturel peut-être, il se laisse assez facilement approcher : vous en voyez une preuve dans celui-ci que nous venons de prendre, sans grande peine.

Sa chenille est rase et a, sur chacun de ses anneaux, une bande noire sur laquelle se dessinent des taches brunes plus ou moins foncées. Elle a, comme les colimaçons, deux tentacules ou cornes molles qu'elle allonge ou retire à volonté, selon les diverses impressions de crainte ou de sécurité qu'elle éprouve; dans un pressant danger, elle lance même par ces cornes une liqueur âcre et corrosive qui met en fuite ses ennemis.

Sa chrysalide a cela de commun avec toute la race des papillonides qu'elle s'attache très-habilement et surtout très-solidement par le milieu du corps, au moyen d'un fort câble de soie qu'elle sait se tisser, à la branche où elle veut opérer sa dernière métamorphose.

LE FLAMBE.

Notre coup d'essai a eu un résultat trop heureux et trop beau, pour que notre amour-propre de chasseurs n'en soit énormément flatté, n'est-ce pas, nos jeunes amis ? aussi je vous engage à continuer, sans désemparer notre course, afin de donner un digne pendant à notre beau machaon, et puisque nous voici dans les environs de Vincennes, ce n'est pas sans de bonnes raisons que je vous engage à vous approcher du bois ; je me rappelle que, l'année dernière, j'ai recueilli d'une manière assez singulière un magnifique *Flambé* dans le champ de manœuvre même. Cette capture de mon beau papillon a été aussi bizarre qu'inattendue : je cotoyais le fossé qui circonscrit le polygone et suivais de l'œil, mon filet à la main, le vol capricieux d'un beau flambé qui, je crois, se moquait un peu de moi ; car il voltigeait à droite, à gauche, devant et derrière moi, sans trop s'effrayer de mon filet qui frappait sans cesse dans le vide ; quand, prenant sans doute en pitié le fatigant et long exercice de mon bras, il prit sa volée, à tire d'aile vers le milieu du polygone ; dans mon ardeur ou plutôt, car il faut être franc, dans mon dépit, j'allais oublier le fossé, la sentinelle et la consigne, et, comme Remus, franchir l'enceinte, quand une tonnante couleuvrine que manœuvraient les artilleurs à cent pas de moi, partant à grande volée, m'enveloppa tout à coup dans un nuage de fumée et me fit me rejeter trois pas en arrrière ; mais jugez de ma surprise quand, revenu de mon émoi, je vis rouler à mes pieds mon moqueur de flambé que la terrible commotion de l'air venait de repousser et de jeter à terre ; je ramassai le poltron en toute hâte, et je puis vous le montrer dans un cadre, un coin de l'aile encore toute noire de poudre.

Je conclus donc de là qu'il y a des flambés au bois de Vincennes (comme j'ai su plus tard qu'il y en a aux Prés-Saint-Gervais et au bois de Boulogne).

Cherchons donc bien... Mais tenez, je ne pensais pas en vérité être si tôt et si bien servi ; voyez-vous là-bas, près de ces genêts en fleur, ce moineau franc se démenant comme un petit démon et brisant mille fois son vol pour suivre les zigzags de quelque chose de jaune, semblable à une vapeur de soufre qui lui échappe sans cesse... Or, ce quelque chose n'est autre qu'un magnifique flambé !

Le dédaigneux passereau aura sans doute raisonné comme le héron de la fable, il se sera laissé souffler ce matin quelque bon grain d'orge par un confrère, ou aura regardé en pitié un ver qui se sera enfoncé à terre assez à temps pour échapper au bec du petit dégoûté, et maintenant sans doute, l'appétit aidant, il serait,

> « ..... tout heureux et tout aise
> » De rencontrer un..... *papillon.* »

Mais l'honnête lépidoptère, en vérité, pousse, je crois, l'obligeance jusqu'à frustrer l'affamé friquet pour nous gratifier de son aimable et brillante petite personne, car... le voilà dans mon filet.

Examinons-le maintenant avec attention : c'est encore un lépidoptère de la race des papillonides.

Ses ailes supérieures, vous le voyez, sont d'une élégance de forme des plus remarquables. Une belle bordure noire, veloutée, termine le grand côté de leur gracieux triangle ; puis sur un fond richement teint de jaune-soufre se dessinent en s'amincissant et en courant capricieusement de haut en bas des bandes en forme de flamme, et d'un aussi beau noir que la bordure.

Les ailes inférieures ne s'arrondissent pas aussi régulièrement que les premières, elles se découpent, vers la partie la plus large, en six arcs lisérés pareillement d'une double bande veloutée ; et tel qu'au machaon, à l'avant dernière découpure, le tissu des ailes se prolonge en un appendice long et mince formant queue.

Deux yeux ou taches rouges, ayant à leur centre un point bleu et à leur circonférence un léger filet blanc égayent et embellissent l'extrémité inférieure de ces dernières ailes.

Le corps du papillon est d'un jaune peu décidé, tigré de points et d'une bande longitudinale noirs veloutés.

Les antennes de ce bel insecte sont fièrement relevées, longues et noires comme du jais

GENRE THAIS.

LA MÉDÉSICASTE-PROSERPINE.

Si nous plaçons dans notre cadre les deux magnifiques papillons ci-dessus décrits, nous pourrions, je pense, mettre entre eux deux, pour faire bon effet, un petit papillon tout original, tout chamarré de jaune, de rouge et de noir qui a, en vérité, tout l'air d'un damier multicolore. Il s'appelle le *Médésicaste* ou la *Proserpine*. Ce dernier nom lui a été donné sans doute à cause de ses taches couleur de feu qui ressemblent à des charbons ardents dérobés aux fourneaux du dieu des enfers. Il appartient au genre Thaïs. Or, cette famille de papillons se reconnaît à ses chenilles dont le dos est hérissé d'une sorte d'épines portant à leur sommet un petit bouquet épanoui de soie très-déliée. Ces chenilles sont dépourvues de ces cornes molles ou tentacules dont nous avons déjà parlé.

Leur chrysalide a cela de remarquable, aussi, qu'on la voit toujours solidement amarrée à la branche où elle s'est préalablement fixée, au moyen de trois forts câbles de soie, l'un à l'arrière et les deux autres à ses flancs.

Revenons maintenant à notre petit arlequin de papillon : ses ailes sont d'un beau jaune d'ocre ; les supérieures ont huit nervures noires qui prennent naissance au sommet du triangle que forme invariablement toute aile de lépidoptère ; ces nervures longitudinales se terminent à la base terminale par quatre gracieuses découpures en feston alternativement jaunes et noires. Trois grosses et belles taches rouge-aurore semblent noyées dans des bandes inégales perpendiculaires aux nervures ; à la suite de celles-ci trois autres points rouges beaucoup plus petits et assez rapprochés l'un de l'autre s'enchâssent encore dans une bande veloutée du plus beau noir.

Les ailes inférieures ont des dispositions à peu près semblables, mais plus légères, plus agréables à l'œil, les lignes festonnées qui sont à la base, se contournant en courbes plus déliées et plus nettes sur le tissu transparent, cinq belles taches rouge de feu égayent également ces ailes bariolées de noir et de jaune. On remarque avec surprise, vers le milieu, deux autres taches noires imitant un cœur parfaitement dessiné, enfin, un semis de points noirs complète l'harmonie de ce bel ensemble.

Vous le voyez, ce beau papillon, moucheté comme une panthère, a tout ce qu'il faut pour plaire aux yeux ; il n'a qu'un seul défaut, c'est d'être un peu rare sous notre latitude parisienne ; car c'est plutôt en descendant vers nos contrées méridionales qu'on peut espérer de le trouver.

Nous faisons donc bien en lui donnant une place en rapport avec son mérite entre notre riche machaon et notre beau flambé ; du reste, ses belles antennes noires fièrement portées, son corps gracieux et coquettement moucheté de brun, de fauve et de blanc, semblent réclamer d'eux-mêmes cette place d'honneur.

LA PIÉRIDE DU CHOU.

Je vous ai prévenus, je crois, mes chers amis, en commençant ce livre, qu'un chasseur de papillons, ainsi qu'un chasseur de gros gibier, doit s'attendre à des déceptions quelquefois; ainsi aujourd'hui, par exemple, nous voilà dans ce cas-là. Nous nous étions levés ce matin pleins d'entrain et d'ardeur avec les plus beaux projets en tête ; le soleil était radieux, le ciel pur et limpide..... et puis voilà qu'un point noir, s'élevant à l'horizon et s'élargissant en un immense éventail, vient porter l'inquiétude dans nos esprits. La pluie, la pluie est imminente ! Laissons là nos plans d'exploration, laissons là nos filets, notre gaieté, nos espérances. A quoi bon d'ailleurs courir la campagne ? Pensez-vous qu'il entrerait dans la pensée d'un papillon d'aller, mouillé, froissé, terni, rendre visite à ses sœurs terrestres, les fleurs de la prairie ? Oh ! ne le croyez pas ; un papillon, je vous l'atteste, à trop de tact et de savoir-vivre pour se présenter jamais dans cet état. Il préférera, j'en suis sûr, rester sous quelque kiosque impro-visé dans une feuille de lilas ou dans la volute d'un chapiteau co-rinthien, plutôt que de compromettre sa robe ruisselante de pier-reries. Là, il attendra patiemment, sagement, que son beau soleil ait rejeté au loin ce voile importun que la nuée lui a fait, que ses roses aimées aient secoué les gouttelettes diamantées qui leur font courber la tête... Soyons donc, comme lui, sages et prudents, et contentons-nous d'attendre à cette croisée que l'arc-en-ciel vienne nous donner le signal de la délivrance et, pendant ce

temps de repos, prenons pour compensation ce qui vient si gracieusement s'offrir à nous. Écoutons cette blonde enfant qui,
promenant ses doigts roses sur les touches du piano, module en
vers admirable cet éloge du papillon.

« Naître avec le printemps, mourir avec les roses,
« Sur l'aile des zéphirs, nager dans un ciel pur
» Balancé sur le sein des fleurs à peine écloses,
» S'enivrer de parfum, de lumière et d'azur.
» Secouant, jeune encor, la poudre de ses ailes
» S'envoler comme un souffle aux voûtes éternelles,
» Voilà du papillon le destin enchanté.
« Il ressemble au désir qui jamais ne repose,
» Et sans se satisfaire, effleurant toute chose,
« Retourne enfin au ciel chercher la volupté. »

(LAMARTINE).

Mais, tenez, pendant que la poésie aux ailes diaphanes nous
emporte aux voûtes azurées, le ciel s'est fait pur et magnifique,
l'air s'est attiédi, la douce senteur des roses est venue jusqu'à
nous, et les papillons ont reparu.

Quelle est donc cette troupe folâtre qui voltige au-dessus de
ce rideau de chèvrefeuilles? A leurs ailes d'un blanc mat qui
miroitent au soleil, à leur vol capricieux et surtout à leur nombre
toujours croissant, je reconnais les gentilles *piérides*, famille
innombrable qui, quoique sous un modeste costume, comme de
jeunes pensionnaires répandues dans la prairie, n'en sont pas
moins intéressantes

Venez, venez, nous ne tarderons pas à faire des prisonnières ;

car les piérides sont plus étourdies que sages, et négligent souvent le danger qui menace pour le bonheur présent.

Bon! d'un coup de filet en voici quatre de prises. C'est bien, comme je vous l'avais dit, la famille des *piérides* dont la chenille velue, mordorée et en forme de fuseau, se trouve sur la feuille du chou..... Auriez-vous jamais cru que la substance du prosaïque chou ait jamais pu produire par sa transmutation une adorable et gracieuse petite bête comme le papillon !

Ne le dédaignons pas cependant; on a vu souvent des héros sortir d'une souche toute bourgeoise. Les ailes de cette piéride, dont les moelleux contours forment un triangle curviligne, ont cela de particulier que, dans le vol, elles paraissent d'un beau blanc d'argent et, qu'à l'état de repos, comme on en voit le dessous, elles semblent s'être salies par l'attouchement du pollen jaunâtre de quelque fleur de même couleur.

Acceptons donc la modeste piéride, qui brillera dans nos cadres par sa seule simplicité, comme une reine à la blanche parure, au milieu de l'essaim tout pailleté d'or et de pierreries de ses dames d'honneur.

LA COLIADE - SOUCI.

Je vous ai raconté précédemment, mes jeunes amis, la jolie frayeur qu'eut ma petite cousine, qui, en croyant mettre la main sur une feuille morte, vit tout à coup la prétendue feuille lui passer prestement entre les doigts et s'enfuir au loin. Eh bien! aventure à peu près pareille m'est arrivée à mon début dans la chasse aux papillons. Je parcourais depuis une heure un vaste jardin tout peuplé de ces hôtes charmants, et j'avais déjà fait une telle moisson de ce petit peuple ailé que je finis par errer dans le désert. Alors, à défaut de papillons, je me mis à cueillir des fleurs. Comme je m'approchais d'un souci aux reflets d'or, afin de le joindre à mon bouquet, tout à coup le souci... oh surprise! oh stupéfaction! le souci se dédouble et prend sa volée dans les charmilles.

Eh! quoi donc! m'écriai-je, fleurs et papillons sont donc une même famille, et vais-je désormais entendre l'une dire à l'autre, comme dans la chanson du poëte :

« La pauvre fleur disait au papillon céleste.
    » Ne fuis pas ;
» Vois comme nos destins sont différents : Je reste.
    » Tu t'en vas.

» Tu fuis, puis tu reviens, puis tu t'en vas encore
    » Luire ailleurs ;
» Aussi me trouves-tu toujours, à chaque aurore,
    » Toute en pleurs.

» Oh! pour que notre amour coule des jours fidèles,
    » O mon roi,
» Prends, comme moi, racine, ou donne-moi des ailes,
    » Comme à toi. »

Victor Hugo.

Mais non ; l'existence de cette fleur dédoublée n'était pas multiple, et c'était bien un vrai, un magnifique papillon qui s'échappait ainsi du calice d'un souci.

C'était le *colias-edusa* ou mieux la *coliade-souci*.

Or, si je vous raconte ce petit épisode, mes jeunes amis, c'est qu'elle a maintenant tout le mérite de l'actualité, car j'aperçois là-bas au loin un papillon de ce genre qui fait mille détours et ne nous attend pas.

C'est aujourd'hui surtout que vous avez besoin de vos jambes de quinze ans ; c'est maintenant qu'il faut savoir courir à travers les ronces, sauter les ruisseaux, franchir les barrières et désespérer tout de bon de manger son dîner chaud, car la coliade-souci, le plus agile, le plus moqueur des papillons, va éprouver votre habileté et votre patience.

Et d'abord savez-vous ce que veut dire ce singulier nom de *colias ?* Eh bien ! cherchez dans les innombrables surnoms de Vénus, l'infidèle épouse du dieu Mars, vous trouverez que colias veut dire *la danseuse....* amère dérision.

Qu'importe ! nous ne devons ni hésiter, ni nous avouer vaincus. Ici toute ruse de guerre est bonne. Séparons-nous donc et formons un immense cercle que nous resserrerons progressivement à un signal donné ; l'ennemi aura du bonheur s'il nous échappe, étant ainsi traqué par tous les chasseurs, les armes, les filets, veux-je dire, en arrêt. Mais convenons aussi que celui de nous sur la tête de qui cette impertinente coliade la danseuse passera, donnera un coup de sifflet, et que courant tous à lui, nous reformerons successivement de nouveaux cercles jusqu'à ce que l'ennemi se rende à discrétion.

Allons, alerte !... par ici, près de ce champ de roses... maintenant par là, vers le petit étang... vite, à deux pas du moulin ; non, dans ce champ de colza...

Vivat ! trois fois vivat, la coliade est à nous !

1 _ Nymphale
2 _ Piéride Aurore
3 _ Lycène
4 _ Satyre Myrtil
5 _ Cénale

Examinons maintenant notre éblouissante capture. En vérité, on aurait dû appeler ce papillon le *californien*, car ses ailes sont de l'or pur ; mais de cet or à teinte chaude, tel que le mineur des placers du nouveau monde le trouve et le contemple avec extase, quand un heureux coup de pioche en découvre la précieuse gangue dans le désert que baigne la mer Vermeille.

Voyez aussi, sur les deux ailes supérieures, comme cette riche bordure de velours noir dentelée relève bien la nuance métallique ; voyez comme ce point conique, placé vers la partie supérieure médiale, tranche admirablement sur la teinte jaune des ailes. Cette même teinte se reproduit aussi vive, aussi riche sur les ailes inférieures seulement ; elle va en se dégradant jusqu'au jaune orpin et se perd ainsi sur la lisière inférieure.

Le corps du papillon semble bronzé, la tête a deux gros yeux pourvus de milliers de facettes, et les antennes, semblables à de gracieux roseaux à tête veloutée et rosâtre, se tiennent fermes et droites.

En vérité, nous avons fait là une belle, une admirable conquête ! Mais ne nous endormons pas sur nos lauriers et continuons notre chasse, qui a trop bien commencé pour ne pas nous enflammer d'une vive et noble ardeur.

LE PETIT SYLVAIN (DEUIL OU SIBYLLE).

Si notre beau papillon souci nous a un peu ébloui les yeux, j'en aperçois un là-bas, ou plutôt là-haut, contre ces grands arbres, qui nous reposera la vue. Je le reconnais à ses sombres couleurs, et, comme il ne faut rien négliger, je vous engage à le poursuivre; du reste, quand nous l'aurons en notre possession, vous verrez qu'il est assez original.

Mais, j'y pense, vous n'êtes sans doute pas superstitieux, mes jeunes amis?... C'est que nous allons avoir sous les yeux un petit être fantastique, cabalistique, blanc et noir comme un drap mortuaire, et portant, outre son nom de *sylvain*, ceux de *deuil* et *sibylle!*...

N'importe, il faut, malgré toute l'antipathie qu'il peut nous inspirer avec tous ses entourages diaboliques, l'avoir en notre possession. Cependant il se présente ici une difficulté assez sérieuse; c'est que la capricieuse petite bête vole si haut qu'il semble qu'on ne pourra jamais l'atteindre. Cherchons toutefois un moyen, et si nous ne sommes pas les plus forts, soyons les plus malins... Il me semble que notre papillon se pose bien souvent sur les petites fleurs blanches des prunelliers; c'est déjà un bon indice, et comme je vois, à quelques centaines de pas d'ici, de ces arbustes tout blancs de fleurs, courons-y, et s'il nous faut la prudence du renard et la patience du chat guettant leur proie, ne reculons devant aucun effort, aucun sacrifice, et montrons-nous de dignes chasseurs de papillons... Mais quoi! cette belle ardeur devient déjà tout à fait inutile, car nos prunelliers, tout poudrés de blanc, paraissent tout miroitants de papillons, et nous n'avons plus que l'embarras du choix.

Vous le voyez, en voilà bien une demi-douzaine dans mon filet.

Que dites-vous de mes petits sylvains! Vous voyez que de près ils ne sont pas si diables que noirs, et qu'ils feront encore un assez bel effet dans nos cadres.

Ces lépidoptères sont du genre *nymphale*, dont la propriété est de s'élever toujours très-haut. Les chenilles ont à peu près la forme d'un petit poisson; c'est-à-dire que de la tête à la queue elles vont en se déprimant sensiblement, et que cette queue se bifurque légèrement.

Examinons maintenant notre petit sorcier; voyez quel bizarre assemblage de noir et de blanc! On dirait en vérité que les ailes ressemblent à ces élégants éventails de jeunes veuves quand ils sont à demi fermés sur un fond noir; une bande blanche à plis anguleux court par le milieu d'un bout à l'autre; puis, çà et là scintillent quelques taches blanches égarées sur la robe de notre sibylle, dont une bande terminale d'un bleu cendré, interrompu à égale distance par des points foncés, fait une agréable diversion au noir et au blanc de l'ensemble de ce costume original.

Ajoutons qu'à la partie postérieure des secondes ailes il y a une tache rouge oblongue un peu assombrie par deux points noirs centrals.

Convenez que si la jolie pâquerette des prés, avec sa fine collerette blanche bordée de rose, est quelquefois la conseillère de la bergère qui l'interroge avec inquiétude et curiosité, le petit sylvain-sibylle, fleur de l'air, pourrait vraiment rendre le même service au chasseur en quête de gibier qui irait demander aux divisions anguleuses de cette bande capricieuse, qui imite autant de blanches pétales, s'il trouvera des lièvres *un peu, beaucoup, pas du tout*.

Emportons toujours notre modeste sylvain; le velours et le satin de ses ailes feront ressortir au moins dans notre collection ces hauts seigneurs, les lépidoptères à costume chamarré d'or, d'argent et de pierreries.

LA PIÉRIDE AURORE.

Avouons, mes jeunes amis, que si nous avons de temps en temps de bonnes courses à faire à travers champs et de rudes quarts d'heure à passer en plein soleil, nous trouvons aussi une bien douce compensation dans ces délicieuses promenades que cela nous fait faire, dans cet air embaumé que nous renvoient les prés en fleurs, les forêts ombreuses et les rochers tout jaspés de plantes aromatiques..... Mais en parlant de ces plantes parfumées, je pense maintenant que j'ai vu souvent nos petits amis les papillons aller chercher leur dessert sur le thym, la mélisse, le romarin, l'absinthe et le genêt odorant de la montagne. Voyons donc un peu de ce côté si nous ne trouverons pas à glaner, nous aussi.

Descendons, si vous m'en croyez, ce ruisseau qui laisse glisser ses eaux fraîches sous une verte fourrure de cresson sauvage ; nous ne tarderons sans doute pas à y trouver la *piéride aurore,* gracieux papillon de moyenne grandeur, que son nom seul recommande à toute notre sollicitude de chasseurs. Hâtons-nous d'y songer ; car la piéride ne se prodigue pas, et oublieuse de sa beauté, la jolie prude se cache à tous les regards..... peut-être un peu, il est vrai, comme la Galatée de Virgile :

« Fugit ad salices et cupit ante videri. »

Mais je crois en vérité que pendant que nous faisons de l'érudition classique, cette bonne fortune si désirée nous tombe sous la main, et je ne me trompe pas en vous signalant là-bas sur les fleurs blanches et purpurines de ce cresson une charmante piéride aurore que vient de trahir la couleur éclatante de ses ailes.

Voyez que de légèreté, que de grâce, que de charmants caprices dans son vol ! Avançons avec précaution, prenons-la sous le vent ; car si nous l'abordions, comme nous l'avons déjà dit, vent à nous, l'air que nous refoulerions, si peu agité qu'il soit, la rejetterait continuellement en arrière. Usons surtout de précautions infinies pour la happer dans notre filet ; car la gaze de ses ailes est si fine, le velouté de ses ailes est si superficiel que le moindre attouchement les gâterait.

Allons, voilà la petite étourdie qui s'est enferrée elle-même ; elle a pris le réseau vert de notre filet pour une touffe de gazon probablement, et la voilà notre prisonnière.

C'est ainsi qu'il faut toujours procéder pour les petits papillons, qui, au lieu de fournir de longues traites en volant, tournent, voltigent, vont et viennent des heures entières, sans précisément changer de place ; il faut marcher sur eux avec le vent, afin qu'il n'y ait aucun refoulement qui les déplace.

Convenez maintenant que voilà cette petite *piéride aurore* en notre possession, que nous sommes bien dédommagés de notre peine. Voyez cette bizarre disposition de couleurs sur ses ailes, qui sont mi-parties blanches, mi-parties aurore. Cette dernière teinte qui se trouve aux extrémités est encore relevée par un liseré noir qui en limite le bord externe : deux points comme deux boutons de velours noir se dessinent encore sur la limite du blanc et de l'aurore.

Aux ailes inférieures et entre chaque nervure, l'œil voit comme une teinte irisée de verdâtre, de rosé, de gris-perle admirablement harmonisée; c'est la transparence de ces mêmes couleurs qui se trouvent sous l'aile et qui n'apparaissent là que faiblement accusées et comme indécises.

Les antennes de ce joli papillon sont alternées de zones blanches et noires, terminées par un petit renflement oblong couleur jaune-paille.

Estimons-nous toutefois très-heureux de tenir une piéride aurore; car la vie de ce petit papillon dure au plus cinq ou six semaines; c'est sans doute pour cela qu'il se donne tant d'agitation, qu'il multiplie ainsi à l'infini ses mouvements et ses plaisirs, afin de se persuader qu'il a beaucoup vécu.

LA COLIADE-CITRON (DU NERPRUN).

Jupiter, le dieu tonnant, avait pour exécuter ses ordres et faire ses commissions Mercure aux pieds légers; Junon avait Iris; puis, par imitation, les grands seigneurs de notre humble planète se sont donné pour mercures des valets de chambre, et nos petites maîtresses pour leurs iris ont pris des bonnes en cornettes et en tabliers blancs. Eh bien! je crois en vérité que messeigneurs les papillons de haut lignage se donnent aussi des airs d'avoir leurs grooms..... et en livrée encore.

Voyez en effet là-bas ce petit être ailé en habit jaune-citron bordé de petits boutons et portant avec orgueil une cocarde orange. À son air affairé, à la manière dont il va, vient et se démène, on le prendrait en vérité pour le coureur d'un prince ou un sous-économe de collége en tournée. Le petit étourdi est tantôt au bois, tantôt dans la plaine ; il quitte et reprend vingt fois en un instant le nerprun pour l'églantier, le lilas pour l'épi de blé ; il froisse, il heurte, il offense dans son impertinente brouillonnerie tout ce qu'il rencontre : papillons, demoiselles, mouches éphémères, ses frères ou ses amis.

Tâchons donc de l'arrêter au passage, et si ce n'est pour lui demander de quel prince charmant il est le messager si empressé, que ce soit au moins pour l'examiner de plus près. Mais du reste nous n'aurons pas grand peine à en avoir, car en voici dix, vingt, tout semblables qui viennent de faire irruption dans la campagne, et... crac ! en voilà un dans mon filet.

Vous voyez, la livrée est complète : habit jaune, boutons bronzés, cocarde éclatante, antennes rougeâtres.

Cette capture, toute modeste qu'elle soit, n'est nullement à dédaigner ; car vous verrez le bel effet que ce papillon au jaune éclatant fera dans notre cadre, puis il est bon qu'un chasseur-amateur soit bien assorti.

Courons maintenant à d'autres exploits.

L'ARGUS SATINÉ OU POLYOMMATE VERGE-D'OR.

Puisque aujourd'hui, mes jeunes amis, une grêle malencontreuse et fatale vient de ravager nos champs et d'attrister toute la contrée, il nous faut bien déposer forcément les armes et conclure un armistice avec le dieu Éole, qui décidément est le plus fort. Du reste, le tonnerre gronde toujours au loin, et les nuages, quoique déjà moins menaçants et plus rares, ont encore conservé une teinte plombée qui me fait craindre une recrudescence du fléau dévastateur.

Or, je vous l'ai déjà dit, le papillon, toujours fort amoureux de sa petite personne, a vraiment trop peur de gâter le splendide vêtement que lui a donné la nature pour oser s'aventurer dans la plaine par un temps de pluie. Et cependant ce doux et chatoyant velouté que vous admirez sur les ailes et que vous prenez sans doute pour une poussière duveteuse, est un composé de petites écailles dont on reconnaît parfaitement au microscope le brillant et le poli; de là vient à la famille des papillons le nom de *lépidoptères* (ailes à écailles).

Puisque ces petits peureux se tiennent si prudemment à l'abri, devisant sans doute entre eux sur de graves questions, comme par exemple l'ouverture prochaine d'un bouton de rose, d'un lis brisé par la tempête ou de quelque cousin issu de germain tombé récemment sous le bec d'un pinson; nous, de notre côté, ne cessons pas de nous occuper de cet intéressant petit peuple ailé.

Voyez là, entre ces deux tableaux de marine, un petit cadre contenant quelques papillons de la petite espèce. Eh bien! chacun des individus qu'il renferme a son histoire particulière, et afin de vous faire patienter après le beau temps, je vais vous en raconter quelques-unes.

Voici l'*argus satiné*, ou, selon notre nomenclature adoptée, le *polyommate de la verge d'or*. Vous le trouvez beau, n'est-ce pas? Eh bien! moi, je vais vous prouver tout à l'heure que j'ai le droit de le trouvez cher.

Mais disons d'abord un mot du genre *polyommate*. Les papillons se reconnaissent à leur taille plus petite que la

moyenne, aux ailes inférieures qui, à l'état de repos, se re-
plient quelque peu sous le ventre, et enfin aux chenilles qui
sont courtes, ramassées et un peu dans la forme du cloporte.
Sa chrysalide, comme presque toutes les *diurnes*, s'amarre par
le milieu du corps et par la partie postérieure à la branche
où elle accomplit sa métamorphose, et cela au moyen de forts
câbles de soie.

Disons maintenant comment mon argus de la verge d'or est
tombé en ma possession. Dès le début de ma carrière dans
la chasse aux papillons, je m'étais souvent mis en quête de
celui-ci, que je savais être fort joli; mais l'introuvable petite
bête m'échappait toujours; j'avais cependant donné son signa-
lement à tous les jeunes pâtres de la contrée, j'avais promis
une récompense honnête à qui m'en apporterait un; tout cela
n'aboutissait à rien. Enfin un beau jour..... (il m'en sou-
viendra longtemps de ce beau jour) une petite glaneuse qui
se trouvait sur mon chemin, dans l'exercice de ses fonctions
vint me dire, toute joyeuse, qu'elle avait mon polyommate de
la verge d'or. La taille et la mine de cette petite fille pouvaient bien accuser sept ans passés; c'était un indigène pur sang,
ne connaissant guère de la terre habitée que son champ de
pommes de terre et la prairie du fermier voisin; du reste
petite brune aux yeux noirs, à la figure énergique et résolue.

— Où est-il? m'écriai-je, ce cher papillon.

— Chez mère-grand, répondit-elle; il est piqué sur sa pelote
aux épingles. Petit Pierre m'a dit que vous me donneriez
quelque chose si je vous le gardais.

— Allons donc vite le chercher, mon enfant, continuai-je
en la prenant par la main; où demeure la mère-grand?

— Tout là-bas, Monsieur, derrière les grands genêts ; mais faudra faire doucement pour entrer ; car mère-grand est malade.

— Eh bien ! nous prendrons toutes les précautions possibles ; mais viens, viens donc.

— C'est que...... me dit la petite glaneuse, en s'arrêtant tout court, c'est que si je rentre à la maison tout de suite, sans avoir ma provision d'épis, mère-grand me grondera et me battra peut-être ; voyez, je n'en ai encore que plein une main....

— Eh bien ! je te mettrai dans l'autre cette belle petite pièce d'argent, et cela rétablira l'équilibre.

— Qu'est-ce que ça vaut cela ?

— Six fois au moins ta poignée d'épis.

— Non pas, non pas, reprit l'enfant en secouant la tête d'un air de doute ; je ne connais pas vos *sous* blancs, je n'en ai jamais vu comme cela, et il me faut mes deux mains et ma serpillière pleines d'épis ; c'est le taux exigé par mère-grand ! Ainsi pas d'épis, pas de papillon... Ah mais !.....

Et disant cela, la petite mutine fit un tour sur ses talons et se remit à glaner par les guérets.

Je grillais cependant d'impatience de tenir mon argus de de la verge d'or. J'employai toutes les ressources de la rhétorique pour essayer de persuader à la petite ignorante qu'une pièce d'argent valait bien une poignée d'épis ; tout fut inutile ; je prêchais dans la desert.

En vain, je me creusai de nouveau la tête pour trouver un moyen de persuasion, quand tout d'un coup ma petite villageoise me prouva, par un seul mot, qu'elle avait dix fois plus d'esprit que moi.

— Eh bien! faites comme moi, dit-elle, glanons à nous deux, et ma serpillière sera plus tôt remplie.

J'étais pris, l'argument était sans réplique; je le compris parfaitement, et comme cette fois je n'étais pas le plus fort, je dus obéir.

— Vous êtes grand et fort, me dit la petite impertinente d'un air narquois; vous irez vite en besogne, vous.

O Cérès, fille de Cybèle et déesse des moissons, je te rends grâces; car tu daignas jeter un regard favorable sur ce pauvre glaneur qui, en un tour de main, se fit une gerbe qu'eût enviée le fermier d'un domaine royal!

— Voilà! dis-je, en soulevant ma gerbe.

Mais, autre embarras; je m'aperçus bientôt que si je la chargeais sur le dos de l'enfant, j'allais l'écraser sous le poids.

— *Vous êtes grand et fort*, me dit-elle, vous la porterez bien jusqu'à notre chaumière qui est derrière les grands genêts.

. Or, ces grands genêts étaient bien à trois bons quarts de lieue de là.

Pas encore de réplique possible, j'étais *grand et fort*, avait dit la petite rusée; c'était à moi à me charger du fardeau.

Nous arrivâmes enfin. Il était temps, ma foi! et avant d'entrer chez la mère-grand je jetai lourdement ma gerbe à la porte et m'essuyai le front; car j'étais ruisselant de sueur, et de plus j'avais toute la peau de la figure agacée par les épis, les tiges et les feuilles sèches qui me l'avaient labourée pendant tout le voyage; car il faut dire que, bien novice encore dans le métier, j'avais ramassé autant de mauvaises herbes que d'épis.

Enfin débarrassé de cette affreuse botte, j'entrai chez la mère-grand qui, enfoncée jusqu'aux oreilles dans son lit, s'y démenait et toussait au diapason de plusieurs loups enrhumés.

— Bonjour, mère-grand, dit la petite fille; me voilà; j'ai joliment glané, va, et la javelle est grosse aujourd'hui, Dieu merci.

L'ingrate enfant, oubliait déjà de mettre en ligne de compte l'énorme botte de fourrage que j'avais traînée jusque-là!

— Et mon papillon? dis-je un peu piqué.

— Ah! c'est vrai.... mais attendez, je crois que mère-grand me demande sa tisane.

J'attendis. Les malades, c'est trop juste, doivent passer avant tout.

— Dites donc, Monsieur, me cria la petite fille; vous qui êtes *grand et fort*, voudriez-vous retirer des cendres ce pot de tisane et en verser à mère-grand?

Mes amis m'avaient toujours dit jusqu'à ce jour que j'étais l'obligeance même et que j'avais très-bon cœur; j'avoue que je commençai dès cet instant à convenir à part moi qu'ils ne me flattaient pas; car je me mis très-docilement, sous les ordres de ma petite paysanne, à verser de la tisane dans une tasse, à la sucrer avec du miel et à la porter à mère-grand. Et vérité je crois (pardonnez-moi ce petit mouvement de vanité), je crois que je ne m'y suis pas trop mal pris et que je n'en renversai pas énormément sur la patiente.

— Et mon papillon? dis-je après cette corvée.

— Ah! c'est juste!... dit l'enfant. Dites donc, Monsieur, ajouta-t-elle en s'arrêtant tout court, je crois que mère-grand dit.....

Je frémis pour ce qui allait suivre.

— ... Dit que sa tisane était bien froide. Au fait, le feu ne va plus ; mais vous qui êtes grand et fort, vous pourriez bien me fendre ces cinq bûches-là. Tenez, voilà la cognée à grand père..... vous me le fendrez bien menu, n'est-ce pas ?

— Ah çà ! m'écriai-je, à bout de patience, est-ce que maintenant du métier de glaneur je vais passer à celui de bûcheron, par exemple?

— Ben obligé, me cria de son lit la vieille grand'mère qui, sans doute, sourde comme un pot, et voyant la cognée qu'on venait de me planter entre les mains, croyait que c'était moi qui offrais, *proprio motu*, mes bons offices. — Ben obligé, Monsieur, c'est trop de bonté en vérité. Prenez surtout bien garde de vous cogner sur les doigts.

— Allez toujours ! dit la petite rusée de glaneuse, je vais vous chercher votre papillon.

— Malheureux lépidoptère, m'écriai-je, tu me coûtes furieusement cher !

Cependant je m'acquittai de ma besogne en conscience, et, quoique ces cinq bûches fussent tant soit peu noueuses et coriaces, j'en fis un magnifique monceau d'allumettes.

Enfin le papillon arriva. Vous le voyez, le voilà là, convenez que, quoique bien chèrement payé, il est magnifique. Je l'examinai, je le retournai, je l'admirai dans tous les sens et je jetai sur la table la pièce d'argent promise et, afin de ne pas être pris de nouveau, je m'enfuis au plus vite.

Depuis ce temps je me suis bien promis de faire mes affaires moi-même et de ne plus me fier aux petites paysannes qui ont des grand'mères et qui vendent si cher leurs papillons.

Toutefois nous pouvons, à l'heure qu'il est, examiner en détail notre *polyommate de la verge d'or* ; le danger, je crois, est passé ; grand'mère doit être guérie de son rhume, et la petite glaneuse doit connaître enfin la valeur des *sous blancs* ; car elle est, je suppose, *grande et forte* maintenant.

Ce papillon, vous le voyez, est d'un magnifique jaune d'or sur lequel semble courir comme un reflet de carmin, glacis chatoyant qui, sans changer la teinte locale, la relève, l'échauffe comme un rayon de soleil sur le duvet de la pêche. Ce beau jaune mordoré est limité vers l'extrémité supérieure des ailes par une bande de velours qui l'encadre admirablement ; de plus, des piquetures noires comme des boutons de soie, en rompent çà et là l'uniformité.

Vous voyez bien que ce papillon méritait qu'on s'occupât de lui ; mais avouez cependant que j'ai, Dieu merci, fait assez de sacrifices pour l'avoir.

L'ARGUS BRONZÉ OU POLYOMMATE GORDIUS.

Ce joli lépidoptère que vous voyez près de mon *cher* argus satiné est certainement, si l'on en croit la métempsycose, tout autre chose qu'un papillon ; son corps n'est assurément que l'enveloppe terrestre de l'âme d'un sylphe, d'un farfadet, d'un lutin quelconque ; car il n'est permis de le bien voir qu'à l'état où nous le trouvons là, c'est-à-dire mort et solidement fiché sur ce liége où le tiennent deux bonnes épingles, et je suis tout étonné moi-même d'avoir pu saisir et fixer ainsi en place une vapeur, une ombre, un rien.

Si donc, dans vos pérégrinations à travers les bluets et les liserons des blés, vos yeux se trouvent tout à coup éblouis, fascinés par quelque chose comme une lueur fugitive qui passe, une illusion fantasmagorique, une étincelle électrique qui brille, disparaît, revient et s'évanouit vingt fois en une seconde, dites-vous : C'est un éblouissement qui me prend ou c'est le *polyommate gordius* qui passe... Oh! alors ne cherchez pas à saisir cet être enchanté, car le soleil aurait le temps d'accomplir sa course d'Orient en Occident, avant que vous n'ayez mis la main sur l'insaisissable insecte, et vous y useriez sans résultat vos jambes, votre patience et votre volonté.

Et pourtant vous devez vous dire : En voilà un de pris et de bien pris. C'est vrai, j'ai fait cette conquête, et je m'en glorifie ; mais aussi il faut dire que si je n'ai pas été le plus malin, j'ai été le plus fort ; et voici comment.

Lorsque j'en ai tenté l'aventure, je m'y étais pris d'abord par les moyens vulgaires de l'exercice du filet, et je vis bientôt qu'à ce métier il y avait à y perdre son latin et à y user ce qu'on appelle proverbialement une patience d'ange. Je m'arrêtai, de guerre lasse, et me mis à faire cette réflexion : Il me semble que, comme tout être vivant, ce petit papillon doit songer quelquefois aux besoins du corps, et qu'il ne vit pas absolument rien que de l'air du temps. Attendons donc jusqu'à l'heure de son déjeuner... mais j'attendis encore en vain. Il y avait pourtant là des lis, des œillets, des tubéreuses aux calices appétissants de sucs tentateurs. Que faut-il donc à ce petit difficile ?... des roses peut-être ? Et en effet il n'y en avait pas une parmi toutes ces fleurs... Je pris cette pensée pour une inspiration d'en haut. Je courus chercher un bouquet de roses que je posai d'un petit air indifférent sur un banc ombragé par des chèvrefeuilles et je me tins derrière, l'œil au guet et le filet à la main.

Mais j'avais affaire à un petit rusé compère qui me valait bien en malice ; car je le vis voltiger près de mes roses et les fouetter de son aile d'un air narquois qui me rappela ces vers du fabuliste.

> « Papillon, joli papillon
> » Venez vite sur cette rose,
> » Pour vous, avec ce frais bouton,
> » Je l'ai cueillie à peine éclose.
> » .   .   .   .
> L'insecte était malin ; il reprend : — Serviteur,
> » J'ai vu le piége, ami, je ne vois plus la fleur.
>> » FILLEUL DES GUERROIS. »

Et ce fut, je pense, l'impertinente réponse que me dut faire mentalement mon obstiné lépidoptère, car il quitta mes roses à tire-d'aile, et me passant effrontément devant le nez, il alla voltiger à la cime d'un sureau en fleur.

Tant de tribulations m'exaspérèrent à la fin et je finis par trouver tout à fait inconvenant qu'un méchant petit être de cette espèce mît tant de mauvaise grâce à se laisser prendre.

— Je t'aurai, m'écriai-je, ou j'y perdrai..... mes filets ; employons les grands moyens.

En prudent chasseur, j'avais toujours sur moi, parmi mes engins, du soufre et des allumettes. Je fichai donc un bon morceau de soufre au bout d'une longue baguette fendue, et j'y mis le feu. Alors ce fut moi qui courus après le petit moqueur, et cette guerre d'extermination ne tarda pas à avoir un plein succès. La vapeur sulfureuse et nauséabonde dont je l'enveloppai l'eut bientôt étourdi, asphyxié et jeté sans vie à mes pieds.

Alors je fus bien convaincu que le sylphe, le lutin, le farfadet n'était autre qu'un charmant et gracieux *gordius* de la plus belle espèce. Le voilà, sous vos yeux, réduit, vaincu, humilié; mais toujours charmant de forme et de beauté. Examinez-le avec soin et à votre aise.... ce qui, vous en conviendrez, n'est pas donné à tout le monde.

Et d'abord, voyons pourquoi ce papillon se nomme *argus* et *gordius* : deux noms assez bizarre.

On comprend assez que le nom d'*argus* lui vient de cette multiplicité de taches ou d'yeux dont ses ailes sont parsemées ; c'est par analogie à l'Argus aux cent yeux, ce confident de la jalouse Junon qui fut chargé de veiller sur les allées et venues équivoques de la belle Io, que le trop galant Jupin voulait donner pour rivale à sa chère moitié.

Mais *gordius* ?.... Je cherche et j'ai cherché longtemps un rapprochement raisonnable entre mon papillon et un certain Gordius roi de Phrygie, et je vous avoue que je n'ai pas trouvé d'acceptables raisons pour cette homonymie.

Dans tous les cas, je vous livre l'histoire de l'homme, autant que je puis me la rappeler.

Un pauvre laboureur du nom de Gordius venait d'hériter de son père d'un lot presque aussi mince que celui du maître du chat-botté; c'est-à-dire d'un attelage de bœufs. Ainsi que le fils du meunier, il se lamentait de sa pauvre part, quand un jour il aperçut un aigle qui s'était perché sur sa charrue. Gordius, qui était un peu superstitieux, crut voir dans l'apparition du royal oiseau une prophétie en sa faveur; il courut consulter la sibylle (à cette époque, les tireuses de cartes n'étaient pas encore inventées). Il lui conta son affaire. Cette sibylle, qui était jeune et qui depuis longtemps se plaignait que la pratique ne donnait pas, conçut aussitôt un magnifique projet, son ambition personnelle et la bonne mine de Gordius aidant.

— Allez, lui dit-elle, allez sacrifier aux dieux immortels, vous ceindrez un jour le bandeau royal.

Le pauvre laboureur faillit avoir la tête tournée à cette écrasante prophétie. Il courut aussitôt éventrer sa génisse la plus grasse, et se drapant dans son sayon de bure, il se crut haut de dix condées et baissait la tête en passant sous les arcs de triomphes.

Or, à cette époque, le trône de Phrygie était vacant, et les grands de l'Etat s'étaient assemblés pour élire un nouveau roi. Les opinions étaient excessivement partagées, personne ne voulant nommer un monarque, car tout le monde voulait l'être. Enfin on convint que la sibylle serait consultée, c'était bien l'affaire de la madrée jeune fille, et sa réponse fut que « le premier qui entrerait le lendemain dans le temple serait roi de Phrygie. »

Puis leste et preste comme une chatte, elle trotta menu, quand l'ombre de la nuit eut étendu son voile sur la ville, jusqu'à la demeure de Gordius à qui elle glissa le mot d'ordre à l'oreille.

On pense bien que celui-ci eut de bonne heure la puce à l'oreille. Avant l'aube venue, il était levé, parfumé et flânant d'un petit air indifférent aux alentours du temple. Aussitôt que les portes grincèrent sur leurs gonds, le rusé laboureur jouant des coudes et des poings se précipita le premier dans l'enceinte et simula la surprise en voyant les grands venir lui offrir le sacré bandeau et le saluer roi.

La sibylle était là; dès la veille sa démission de devineresse était donnée, et elle ne fit pas de façon pour échanger son trépied contre un trône.

Maintenant il reste toujours à savoir pourquoi notre petit papillon s'appelle *gordius*...... Je ne vois en vérité d'autre raison à donner que celle-ci : que le parrain du lépidoptère aura vu probablement une certaine similitude entre un paysan qui quitte une sarreau de toile pour revêtir un manteau de pourpre, et une chenille qui se débarrasse de sa grossière enveloppe de chrysalide pour se revêtir d'ailes d'or.

Si l'antithèse que je propose ne vous paraît cependant pas acceptable, admettons, en fin de compte, que ce nom de gordius vient tout uniment du caprice ou du hasard; ce sera plus court et peut-être plus juste.

Contemplons maintenant notre jolie petite bête. Voyez comme la superficie de ses ailes miroite sous ce rayon de soleil qui les frappe. On dirait de l'or bruni dont la teinte va se fondre dans une riche couleur aux reflets d'émail. Un liseré brun, méthodiquement dentelé, en forme la bordure externe, et dans chaque nervure, des points veloutés noirs font agréablement ressortir la couleur locale.

Comme complément de cet ajustement déjà si coquet, remarquons encore ses antennes ponctuées de noir et de blanc terminées par deux olives brun-rouge, et enfin son corps tout duveté de soies violettes sur un fond noir.

Avouons que si les agréments du corps suffisaient pour être prince, notre petit papillon serait en vérité digne d'être roi.

L'ARGUS AVEUGLE OU POLYOMMATE DE LA RONCE.

Voyons maintenant le sujet suivant qui, tout modeste qu'il est, se trouve là à la place d'honneur et triomphalement posé sur une feuille de chêne.

Cette honorifique distinction vous étonnera sans doute, mes jeunes amis. Quoi donc a pu la valoir, pensez-vous, à ce pauvre petit papillon qui, les ailes relevées, ressemble à deux feuilles vert-pomme qui s'échappent d'un bourgeon de pêcher? J'avoue que ce n'est pas à son intention qu'on a joint à ce petit individu ce feuillage civique du chêne.

« Umbrosa civili gerit tempora quercu »

Mais c'est en souvenir et en honneur de son heureux vainqueur. Ceci est toute une histoire; voulez-vous la connaître? Bien qu'elle me soit un peu personnelle, je vais vous la conter.

Vous n'ignorez pas sans doute qu'il y a par-devers Neuilly une île toute verdoyante et toute gracieuse, qui se laisse paresseusement presser entre deux bras de la Seine qui l'enveloppent de leurs douces étreintes. La belle indifférente est là comme ces enfants gâtés qui, au milieu d'une famille de travailleurs, regardent le mouvement et la foule, et ne trouvent ni courage ni volonté pour les imiter, et pourtant d'un côté elle a Saint-James, Madrid, Bagatelle qui s'agitent, se parent et rient; de l'autre Puteaux avec ses usines et ses fabriques où tout un peuple laborieux sème, récolte, tisse ou martèle pour la grande ville, pour Paris, ce géant à l'insatiable appétit.

Un beau jour de printemps j'étais donc, nouveau Robinson, dans cette île improductive qui pense sans doute que c'est faire assez pour les hommes et pour Dieu que de leur donner ses fleurs, ses nids d'oiseaux et ses papillons. Un petit neveu, compagnon fidèle de mes excursions lointaines, m'accompagnait, comme d'habitude. Cet enfant révélait déjà ce qu'il fut par la suite, un homme énergique, intelligent et bon. Il avait de treize à quatorze ans à peine. Il ne faut pas demander s'il était alerte et intrépide à dépister l'aérien gibier après lequel nous courions.

—Un papillon vert, s'écria-t-il tout à coup, en s'élançant d'un fourré de mûriers sauvages.

— Bah! repris-je en riant, c'est un papillon brun de la plus commune espèce.

— Mais, mon oncle, dit l'enfant, je vous assure qu'il est positivement vert-pomme; voyez.....

Puis s'arrêtant aussitôt : — C'est pourtant vrai, ce papillon est brun, et brun foncé encore.

— En vérité, repris-je à mon tour sans répondre à sa dernière remarque, il est vert comme une émeraude.

Puis nous nous regardâmes l'un et l'autre en riant, nous demandant du regard si nous étions sous l'influence d'une hallucination fantastique. Notre papillon était-il en effet brun et vert, ou tantôt brun tantôt vert; c'était à s'y perdre.

— Oh! c'est par trop drôle, s'écria mon intrépide petit chasseur, et j'en veux avoir le cœur net.

Et à ces mots il disparut à travers les broussailles à la poursuite de ce lépidoptère caméléon.

Je me mis à herboriser pendant son absence; l'île, avec sa luxuriante végétation, en donnait d'amples facilités. Au bout d'un quart d'heure, comme j'étais profondément absorbé par la dissection d'une *mentha piperita rotundifolia*, j'entendis, de l'autre côté du rideau d'arbustes qui me cachait la rivière, comme le bruit d'un corps pesant qui tombait dans l'eau, et au même instant des cris désespérés. Effrayé, éperdu, je sautai en deux enjambées par-dessus les ronces et les broussailles et je fus au bord de l'eau. Là, j'eus sous les yeux un spectacle navrant, affreux ; deux jolis enfants de sept à huit ans venaient de tomber dans la Seine et se débattaient au milieu d'une sorte de crique ou rond-point long de quelques brasses et n'ayant qu'un accès très-difficile du côté du fleuve.

D'un bond je m'élançai dans le batelet qui nous avait amenés dans l'île et voulus me mettre en devoir de voler au secours de ces pauvres petits infortunés qui perdaient déjà pied ; mais, par une déplorable fatalité, ce maudit petit batelet n'avait plus ses avirons, que le marinier avait emportés par précaution, et était amarré à un pieu par une forte corde enchevêtrée par d'inextricables nœuds, que Gordien lui-même n'eût pas désavoués. Le danger était trop imminent pour que j'attendisse, et si, comme Alexandre le Grand, je ne coupai pas ce nœud gordien, du moins, réunissant toutes mes forces, je brisai le pieu et me laissai aller à la dérive en me maintenant au bord au moyen des branches de saules qui du rivage pendaient échevelées sur les flots.

Mais le temps que je mis à prendre ces dispositions aurait suffi certainement à l'accomplissement du malheur que je redoutais, si un miracle ne s'était opéré sur le lieu même de la scène. Mon neveu, témoin de l'accident, avait su prendre un chemin plus court, et ne consultant que son cœur, il s'était, du haut de la berge, précipité dans les flots, et nageant de l'un à l'autre enfant, il les soutenait le plus qu'il pouvait à la surface.

Cependant l'aîné de ces deux petits garçons, saisi tout à coup d'une défaillance complète, coulait déjà à fond, et sentant probablement l'imminence du péril, venait, par un effort désespéré, de se cramponner à la jambe de mon malheureux neveu, qui se trouva ainsi subitement paralysé dans ses mouvements et ses moyens d'action, quand un nouvel acteur dans ce drame terrible vint apporter un secours providentiel.

Ce nouveau venu, c'était un magnifique chien de Terre-Neuve. Avec un tel auxiliaire un heureux dénoûment ne pouvait se faire attendre, et en effet, l'intelligent animal qui venait de reconnaître ses petits maîtres dans les deux enfants qui se noyaient, plongea résolûment, et happant l'aîné par ses vêtements, il le rapporta aussitôt sur la rive.

Pendant ce temps, je recueillais heureusement le plus jeune et mon neveu, près desquels j'avais pu enfin arriver avec mon batelet.

Une foule de promeneurs était accourue sur le rivage ; on nous aida à remonter les enfants et à les déposer sur un tertre de gazon. Parmi les premiers arrivés, se trouvait le père lui-même de nos petits naufragés..... Je ne décrirai ni son effroi ni sa douleur à la vue de ses deux enfants inanimés. Je dirai seulement que, dominé en ce moment par une seule pensée, il les prit dans ses bras et les porta tout d'une haleine près de sa femme éperdue et mourante, qui venait de tomber évanouie à quelques centaines de pas de là, en apprenant l'affreuse nouvelle.

Pendant ce temps, mon brave petit neveu s'arrachant aux félicitations de la foule, me disait :

— Passons vite la rivière, mon oncle ; je n'ai rien fait que de très-naturel et tant de remercîments et d'éloges m'effraient. Voilà-t-il pas un beau mérite d'avoir pris un bain au mois de juillet et d'avoir poussé sur la berge deux marmots qui barbotaient dans l'eau ! Allons-nous-en vite.

Ce noble désintéressement, cette modestie dans le triomphe me toucha plus encore, je crois, que l'action même. Le batelier était arrivé avec ses avirons, et sans m'opposer le moins du monde au désir de l'enfant, nous poussâmes au large et fûmes bientôt à l'autre rive.

La figure de mon neveu était rayonnante.

— On est heureux et fier, n'est-ce pas ? lui dis-je, quand on a fait une bonne action !

— Oh ! il y a autre chose aussi, répondit-il, qui me rend bien joyeux, allez. Tenez, tenez, quelle chance j'ai eue.

Et il me montra d'un air triomphant une poignée de ces saules pleureurs auxquels les trois petits naufragés s'étaient accrochés ; parmi ces feuilles se trouvait, un peu froissé peut-être, notre petit papillon vert brun, brun ou vert, vous savez.

Je me tus, mais j'admirai.

Nous sûmes longtemps après que les parents des deux enfants étaient de riches personnages, M. le comte et Mme la comtesse de ***. Ils firent, à ce qu'il paraît, de longues et infructueuses recherches pour découvrir le brave et modeste sauveur de ces chers étourdis, qui, au résumé, en furent quittes pour une belle peur et un bain forcé. La cause de l'accident était tout simplement une pomme sauvage que le plus jeune avait cherché à atteindre, et qui, cédant trop facilement à l'effort qu'il avait fait pour la détacher, avait déterminé sa chute; c'était en voulant retenir son frère que l'aîné avait été entraîné avec lui.

Le bon Terre-Neuve qui avait si efficacement coopéré au sauvetage appartenait à cette famille; ce fut probablement le seul qui put être fêté et caressé, puisque mon petit neveu s'était cru assez largement récompensé par la capture de son papillon bicolore.

Comme je n'avais pas de prix Monthyon ni de médaille frappée à la Monnaie pour reconnaître dignement cette belle action du courageux et modeste enfant, j'ai voulu, cependant, pour en perpétuer le souvenir, que le fameux lépidoptère reposât sur la feuille civique du chêne.

Maintenant que vous pouvez le contempler sans risque ici, vous voyez que ce petit caméléon est tout bonnement un papillon dont les ailes sont brunes en dessus et vert-pomme en dessous, de sorte qu'on le voit de l'une ou de l'autre couleur selon qu'il se présente à la vue dans son vol capricieux.

La description n'en sera pas longue. Voyez, il est brun en dessus avec des nervures fauves, et en dessous les ailes sont vertes, liserées de jaune mat avec quelques points blanchâtres.

Quant à moi, je trouve la feuille sur laquelle il repose plus intéressante encore que tout son petit individu, quelque joli qu'il soit.

L'ARGUS SATINÉ CHANGEANT OU POLYOMMATE CHRYSÉIS.

Dans les contes merveilleux des Mille et une Nuits, la princesse Boudroulboudour parle souvent, ce me semble, de belles dames vêtues de robes de pourpre glacées d'or, avec des aigrettes de diamant sur la tête. Quand, jeune encore et tout enthousiaste du merveilleux, je dévorais cette attachante lecture (j'en demande bien pardon à mon bon vieux professeur, mais c'était souvent en cachette), je me disais : Cela ne peut assurément se voir que dans le royaume des génies..... Eh bien! le croiriez-vous? j'ai aperçu, moi aussi, un beau jour passant dans un rayon de soleil, quelque chose de pareil. Et non pas dans un rêve, croyez-le bien, mais en pleine France, à deux pas du charmant village de Fontenay-aux-Roses. Je m'empresse de vous dire que ce n'était pas une belle dame de la cour du sultan Aroun-al-Raschid, mais bien un adorable petit papillon de la famille des Polyommates, l'*Argus satiné changeant*..... changeant, entendez-vous bien? et ce mot doit être pris rigoureusement dans ses deux acceptions, car si les riches reflets de ses ailes présentent au soleil de capricieux effets de pourpre et d'or, le petit infidèle est moralement plus changeant encore dans ses allures et ses habitudes; car on a trouvé comme une chose merveilleuse que j'aie pu le rencontrer dans les environs de Paris où il se montre à des époques indéterminées et très-rarement.

Enfin le voici dans toute sa beauté native, revêtu de son somptueux manteau rouge, bordé de velours noir et marqué de quatre boutons de même teinte. Pour aigrette il a deux antennes orgueilleusement portées et terminées par deux petites sphères d'un beau blanc d'argent.

LE POLYOMMATE ERIPUS OU PAPILLON DU CHÊNE NAIN.

Voici encore un petit individu aussi gracieux, aussi chatoyant sous son brillant costume et tout aussi merveilleux que le précédent. Bien que, sous un certain jour, la teinte de ses ailes apparaisse d'abord assez foncée, elle prend au soleil les riches nuances de l'améthyste scintillant sur un beau bleu de roi.

Ce riche vêtement se complète encore par un dessous qui n'est pas à dédaigner; l'envers, en vérité, vaut presque l'endroit, et en cela notre petit *eripus* a une certaine ressemblance avec ce fantastique argus vert-pomme dont nous avons parlé plus haut; c'est-à-dire que lorsqu'il se pose sur une fleur, avec ses ailes coquettement relevées, il semble avoir tout à fait changé de costume; ce ne sont plus du tout ces ailes violacées et miroitantes frangées d'un beau brun sévère, mais bien quelque chose comme de la nacre qui va s'éteindre dans des taches jaunâtres terminales bizarrement échancrées et coupées aux deux tiers par un liseré de bleu lapis glacé d'argent. Au sommet des ailes sont encore deux points circulaires à demi cachés sous un croissant de la même nuance et du même éclat que le liseré des taches.

Les antennes semblent formées de petites zones alternativement blanches et noires qui se succèdent ainsi jusqu'à la petite boule safranée qui les termine.

Je ne vous dirai pas, mes jeunes amis, que nous allons nous mettre en quête de ce nouveau petit caméléon; car il ne nous fait pas l'honneur d'habiter nos contrées et je ne sache pas qu'il y soit jamais venu. Il se tient dans les contrées méridionales de la France et n'a pas des goûts de touriste. Les hirondelles seules pourraient du reste lui procurer l'agrément d'un voyage de Marseille à Paris; mais ces gentilles locomotives aériennes ne sont pas dans l'habitude de se charger de paquets ni de voyageurs.

LE GRAND MARS (APATURA-IRIS).

Que diriez-vous, mes jeunes amis, d'un homme qui sortant de chez lui pour aller voir jouer une œuvre capitale au théâtre, perdrait son temps et laisserait passer l'heure en s'amusant aux parades du boulevard; à coup sûr vous blâmeriez cette flânerie intempestive. Eh bien! je crois en vérité que nous faisons comme cet étourdi et que nous nous amusons un peu trop aux bagatelles du dehors. Allons, chasseurs, debout! prenons nos raquettes, nos engins, nos chapeaux de paille et partons au bois. Là, je vous promets des conquêtes dignes de vous. Je vous promets... un *grand-mars!*

Qu'est-ce qu'un *grand-mars*, direz-vous? Voilà un nom bien pompeux, bien martial. C'est vrai; mais aussi vous saurez que ce beau papillon, un des plus magnifiques papillons de France, porte noblement son grand nom. Puis il a encore, pour petits noms,

ceux d'*apatura-iris*, noms signifiant à peu près *changeant comme l'arc-en-ciel*. Et en effet, ses titres à l'héritage de la brillante messagère des dieux, la belle fille de Thaumas et d'Électre, sont incontestablement écrits sur ses ailes bigarrées, comme disent les poëtes, « des couleurs de l'écharpe d'Iris. »

Ce sera donc une riche conquête pour notre muséum que de nous emparer de ce magnifique papillon; mais rassurez-vous, pour être si précieuse, elle n'en sera pas plus difficile; je connais le grand-mars de longue date et sais qu'il mettra beaucoup de bonne grâce à se laisser prendre. Partageons-nous en trois bandes, afin que chacun ait sa part de bonheur et de gloire; que les uns longent ce ruisseau qui se glisse sous les noisetiers et les prunelliers sauvages du bois; que d'autres s'enfoncent dans ces épais massifs dont les voûtes humides semblent braver les rayons du soleil, et, enfin, qu'une autre bande des chasseurs les plus intrépides suivent ce troupeau de bœufs qui se rendent à la prairie, et veillent attentivement au grain; ils ne tarderont pas à voir quelque essaim de nos beaux papillons iris voltiger autour des rustiques animaux et les accompagner jusqu'au milieu des fleurs.

Eh bien ! ne vous l'avais-je pas dit que nous ferions bonne chasse? Voyez; chacun de nous en a déjà deux ou trois dans sa boîte. En vérité, nos *grands-mars* se sont montrés bons princes. Nous devons leur voter des remerciments.

Examinons maintenant notre prise. Sur un fond brun semble courir un brillant reflet violet qui fait miroiter les ailes au soleil, une large bande brune harmonieusement fondue avec l'azur violeté local semble ajouter à son éclat. Du haut des ailes jusqu'au bas, des taches blanches comme les pétales d'un lis et groupées trois par trois, y dessinent une gracieuse écharpe.

Et comme une riche parure n'est jamais complète sans quelque joyau précieux, notre grand-mars a sur chacune de ses ailes de moire changeante un cercle noir portant au centre un point jaune entouré d'une auréole d'azur.

Les secondes ailes ont une teinte mordorée plus pâle que les ailes supérieures. La même écharpe blanche et le même cercle brillant d'or et d'azur s'y reproduisent encore.

Les antennes sont fort longues et se terminent par un globule jaune de chrôme.

Ne froissons, ne ternissons rien de ce merveilleux assemblage de beautés, et courons donner au grand-mars une place d'honneur dans nos cadres.

GENRE ARGYNNE.

1° L'ARGYNNE COLLIER ARGENTÉ (PAPILLON EUPHROSINE).
2° L'ARGYNNE GRAND NACRÉ (PAPILLON ADIPPÉ).

Le bois touffu qui nous a valu le grand-mars doit recéler encore très-probablement d'autres trésors de ce genre. Je me rappelle fort bien du reste que, quand j'explorais les lieux retirés et sombres des bois de Verrières ou d'Aulnay, j'étais toujours sûr, quand je trouvais ces jolis massifs de narcisses jaunes (les campanettes) qui croissent sous les châtaigniers, d'y rencontrer quelque petit individu de la famille des *argynnes*. Tout est gracieux, admirable dans cette petite race de lépidoptères. Le costume national chez eux est jaune et argent tigré de noir ; leurs noms mêmes sont doux à prononcer : c'est l'*argynne Euphrasie, Niobé, Chloris, Pandore, Daphné,* etc... Je ne connais à tout ce charmant petit monde-là qu'un défaut, c'est de ne jamais vouloir se laisser prendre !

Ceci semble déjà vous promettre bien des peines et des tribulations sans doute ; mais aussi quels seront notre triomphe et notre joie, si nous faisons des prisonniers !

Disons d'abord un mot du genre *argynne*. On le divise en deux classes : les *nacrés* qui ont des reflets d'argent, et les *damiers* des reflets métalliques.

La forme des ailes inférieures des argynnes n'affecte déjà plus autant la coupe triangulaire des papillons précédents ; elle est presque ronde et moins profondément dentelée.

Le papillon lui-même a l'air d'un petit manchot ; car ses deux pattes de devant sont courtes, repliées sous son corps, et lui semblent tout à fait inutiles.

La chrysalide n'est jamais enveloppée dans une coque ; elle se suspend la tête en bas en s'attachant par l'extrémité postérieure à quelque branche ou quelque saillie de muraille.

Mais je m'aperçois que, tout en causant argynne, nous voici arrivés dans une des parties basses du bois déjà parsemée de campanettes dorées (narcisse des bois). Poussons nos explorations jusqu'à ce massif de fleurs que je vois là-bas dans la clairière, peut-être y ferons-nous fortune.

Là ! dites-moi, n'avez-vous pas vu, à l'instant même, quelque chose de brillant, comme serait un miroir qu'on vous passerait devant les yeux ; c'est, je vous l'assure, ou un éclair..... ou une *argynne argentée.*

Eh ! c'est en vain que vous ferez des bonds comme le chevreuil sur ses montagnes de l'Helvétie ; c'est en vain que votre filet s'élèvera et s'abaissera vingt fois..... c'est bien une argynne nacrée que vous avez vue, mais vous ne la tenez pas.

Il n'en faut plus douter, voilà toute la famille qui papillonne, bruit, étincelle autour de nous. Là-bas est la vive *Euphrosine*, rasant d'un vol capricieux le feuillage de ce thuya ; ici c'est *Dia*, froissant de ses ailes les violettes de ce tertre embaumé, puis à droite, à gauche, et tout autour de nous *Lathonia, Palès, Adippé, Pandore*, exécutant mille passes ou contre-passes plus ou moins folâtres.

Il nous faut tout ce petit monde-là ; mais tout est de bonne guerre avec cette malicieuse engeance. Prenons ces branches de feuillage et formons un grand cercle dont le rond-point où nous nous trouvons sera la limite ; puis agitons tous, comme feraient des bacchantes, nos pampres et nos thyrses. L'air seul refoulé ainsi vers le centre, suffira pour rejeter nos légers papillons vers les narcisses, leur demeure de prédilection.

Alerte maintenant, mes jeunes chasseurs, nos petits étourdis ont donné dans le piége., En voilà bien six ou huit de pris. Quelle bonne journée ! nous en ferons une adorable guirlande d'or pour encadrer les gros matadores du milieu.

Voyons-les donc maintenant les uns après les autres. Voici d'abord l'*argynne collier d'argent*, connue aussi sous le doux nom d'*euphrosyne*. Ce genre de papillon a cela de particulier que l'envers des ailes est beaucoup plus riche en reflets colorés et argentés que n'est l'endroit ; c'est donc par ce premier côté que nous allons examiner nos argynnes. Une belle teinte chaude variant du fauve pâle à l'orangé, semble être la couleur locale de toute la petite famille. Voyez celle-ci, le jaune vif se noie vers l'extrémité supérieure dans une vaporeuse nuance pourpre. Puis des taches satinées de gomme-gutte pâle courent capricieusement çà et là toutes tigrées de points noirs inégaux et donnent à ces ailes ainsi diaprées l'apparence de riches tapis d'Orient. Ce qu'il y a d'admirable encore, c'est la bordure des ailes inférieures toute composée de dents de festons qui occupent l'intervalle de chaque nervure et qui, comme vous le voyez, brillent d'un éclat argenté qui miroite au soleil.

Le corps du papillon, vu également en dessous, semble couvert d'un duvet verdâtre qui le fait ressembler au chaton d'un jeune châtaignier.

Puis voici, toutes gracieuses et toutes parées, les belles sœurs de notre euphrosyne, c'est l'*argynne petite-violette* ou *Dia* (surnom d'Hébé, déesse de la jeunesse), avec ses festons d'argent posés en écharpe sur des ailes aux reflets cuivrés. Voici maintenant *Lathonia* (ou le petit *noiré*), toute parsemée de taches noires et de points argentés. Cette autre est l'argynne *grand-nacré*. Ne reste-t-on pas émerveillé, ébloui, en voyant cette harmonieuse combinaison de nuances orange, gris-perle, soufrée et ces effets argentés qui brillent et ondoient comme l'intérieur d'une conque marine?

Ses deux sœurs *Aglaé* (le nacré) et *Niobé* (petit-nacré) sont deux jolies variétés, plus petites, mais aussi richement vêtues que leur aînée.

Allons, mes jeunes amis, quand on a fait une conquête comme celle d'aujourd'hui, on peut ainsi que Jason, tout chargé de cette toison d'or, aller retrouver ses pénates et s'endormir sur ses lauriers.

GENRE MÉLITÉE.

MÉLITÉES. — ARTÉMISE. — CINXIA. — DIDYMA ET PHŒBÉ.

Si vous trouvez appenduc à quelque grisâtre bouleau une chrysalide aux formes heurtées, à la superficie rugueuse, ce sera une bonne fortune, je vous en préviens. Emportez-la tout de suite, et posez-la bien soigneusement sur un lit façonné avec de jeunes bourgeons d'arbres forestiers, au fond d'une boite; puis attendez..... Bientôt vous vous applaudirez d'avoir suivi mon conseil, car à votre jolie famille d'argynne vous aurez alors à joindre celle des *mélitées* (doux nom qui signifie miel). Si je vous conseille ce moyen, assez commode du reste, de vous procurer ces charmants papillons, j'ai de bonnes raisons pour cela. Les argynnes ont la bonhomie de se laisser prendre assez facilement, comme vous venez de le voir; mais les mélitées sont vraiment plus fines qu'elles, et quelles que soient les tentatives qu'on fasse pour les happer au filet, on a toujours la fatale chance de les voir vous passer sous le nez et d'aller se perdre dans les plus hauts feuillages.

Mais il y a encore tant de gentillesse, de grâce, de riches reflets dans ces petits moqueurs de papillons que je les soupçonne fort d'être cousins-germains des argynnes. Il nous les faut donc absolument pour que notre collection soit complète.

Par un caprice bizarre des entomologistes, toutes les mélitées ont un nom mythologique.

C'est d'abord l'*artémise* aux ailes brun-rouge agréablement bigarrées de bandes fauves bordées de noir, qui ont elles-mêmes à gauche des flammes noires et des points jetés pêle-mêle à leur droite. Des dentelures inégales noirâtres forment l'encadrement des ailes et leur donnent l'apparence d'un petit éventail chinois.

C'est ensuite la *cinxia* (l'un des noms de la fière Junon), vêtue d'une robe plus foncée que la précédente et bizarrement chevronnée de bandes noires qui se contrarient et se brisent dans chaque nervure.

C'est encore *didyma* (mot qui signifie jumelle, et qui était appliqué à Diane, sœur jumelle d'Apollon). Les ailes de ce joli papillon ont un beau reflet de cuivre foncé ; des bigarrures noires et des points de même nuance, un peu plus clairsemés que dans les précédents papillons, rompent avec goût et symétrie la monotonie de la teinte locale.

Enfin c'est *phœbé* (la chaste Diane), aux ailes élégamment découpées et colorées d'un jaune brillant et chaud, rehaussé encore par des plaques inégales d'un aspect métallique de cuivre artistique. Une bordure brisée accompagne très-convenablement ces dessins originaux.

La famille des mélitées s'appelle aussi *damier ;* ce nom lui vient sans doute de ce que ces taches et ces points noirs semés méthodiquement sur les ailes leur donnent en effet l'aspect d'un damier.

GENRE VANESSE.

LA BELLE-DAME.

Nous avons. je crois. assez bien complété cette guirlande multicolore de petits papillons *argynnes* et *mélitées* dont nous devons faire un riche encadrement à nos plus riches captures ; songeons donc maintenant à chasser le gros gibier.

Longeons, si vous le voulez bien, cette grande route bordée, de chaque côté, de hautes futaies. Je connais les allures des seigneurs hantant ces parages, et j'ai bon espoir que nous ne perdrons pas tout à fait nos pas.

Les *vanesses* que j'espère y rencontrer composent une famille qui est on ne peut pas plus considérée chez la gent papillonne, et en vous citant les *vulcain*, les *morio*, les *paon du jour*, c'est nommer la haute aristocratie des lépidoptères français.

Allons, je vois déjà que mes prévisions n'étaient pas trop témérairement avancées, car je vois scintiller là-bas sur cette fleur lie de vin d'un chardon quelque chose de mordoré tirant un peu sur le rouge-cerise, qui se pavane coquettement au soleil et picore sans souci le doux suc de la plante épineuse.

Oh ! ne courez pas si fort. Nous avons tout notre temps ; je viens de reconnaître une *belle-dame*, et je sais d'avance qu'elle aura la courtoisie de ne pas nous laisser nous essouffler pour se laisser prendre.

Il n'est pas un petit berger de la campagne de Rome, pas un

chasseur de chamois des monts d'Helvétie, pas un caballero de Pampelune à Cadix, pas un gitano de Bohême qui, rentrant à sa demeure le soir après un beau jour d'été, n'ait à sa coiffure une *vanesse bella-dona*..... Je doute même que le fameux diamant qui scintille à la couronne du Grand-Mogol y fasse un plus resplendissant effet que n'en produirait notre lépidoptère.

Maintenant que vous en voilà à deux pas, ouvrez adroitement votre filet à raquette et..... vous le tenez, n'est-ce pas? Eh bien! examinons-le de près.

Sur la teinte carmélite un peu foncée qui glisse, comme un nuage chargé d'orages sur le bord des ailes supérieures et inférieures, se dessine quelques zigzags d'un blanc éblouissant entouré capricieusement d'une bordure d'ébène déchiquetée. Ne dirait-on pas un éclair déchirant la nue?

Puis, en suivant la dégradation de la sombre couleur, on arrive, vers le milieu des ailes, à un ton chaud de pourpre... et si nous tenions à continuer la métaphore, nous pourrions le comparer à ces nuées de bronze que le soleil jette à l'horizon lorsqu'il se couche menaçant et terrible.

Les secondes ailes ont de plus à leur bord cinq taches fauves qui en dessinent agréablement le périmètre.

Faisons donc, comme tous ces petits promeneurs que nous citions plus haut, attachons cette fulminante aigrette à notre front, et nous pourrons rentrer en ville avec un certain orgueil.

Le genre *vanesse*, dont nous venons de voir un échantillon, vient d'une chenille hérissée de longues épines dures et régulièrement plantées. Sa chrysalide a deux lobes anguleux bossués de quelques tubercules, et est tachetée de blanc et de jaune satiné.

VANESSE GRANDE TORTUE.

Il me semble, mes jeunes amis, que nos courses en plein soleil, à travers les guérets et la poudre des grands chemins, demanderaient bien quelque temps d'arrêt, et qu'il deviendrait en vérité déraisonnable de continuer ainsi tout d'une haleine une chasse qui devient décidément un rude et fatigant métier. Quand Louis XIV chassait, il trouvait, dit l'histoire, au beau milieu de sa forêt de Compiègne ou de Fontainebleau un confortable déjeuner qui remettait le grand roi de la rude fatigue d'attendre l'arme au poing le gibier qu'on amenait à ses pieds. Or, nous qui chassons *nous-mêmes*, nous devons, ce me semble, avoir un bien plus grand appétit encore. Mais, hélas! nous voici loin de toute habitation humaine. Notre majordome n'a sans doute pas pensé à nous faire dresser la table dans quelque élégant rendez-vous de chasse. Voyons donc nous-mêmes à trouver tout seuls notre collation.

Avec la lampe d'Aladin nous aurions cela tout de suite.... Eh bien! sans la lampe d'Aladin nous l'aurons tout de même, car j'aperçois un petit page qui vient obligeamment nous inviter à nous mettre à table. Voyez-vous cet élégant papillon, à la couleur chatoyante, voltiger autour de notre tête, il semble nous dire, comme un laquais de bonne maison : Monsieur est servi. Suivons, suivons-le; je sais bien, moi, où il nous conduira, le gentil petit gourmand; ce sera là où les fraises, les alises, les prunelles, les cormes, les framboises sont le plus abondantes. Il m'est arrivé bien souvent, je me le rappelle, dans mes moments de grande soif, par 25 ou 26 degrés de chaleur, de désirer rencontrer la *vanesse grande tortue*, j'étais presque sûre qu'elle serait pour moi ce qu'est en Amérique certain petit animal au nez pointu, à l'allure vive et preste du lynx, à l'égard du lion, c'est-à-dire un obligeant pourvoyeur éventant pour moi une proie cachée et succulente.

Et maintenant, mes jeunes amis, que voilà le couvert mis sur le gazon sous les arbustes qui nous environnent, prenons un peu de repos sous ce frais ombrage, et puisque voilà déjà trois ou quatre *vanesses grandes tortues* qui ont eu la complaisance d'entrer presque toutes seules dans nos filets, étudions-les avec attention.

Voyez comme le contour des ailes est gracieux et géométriquement arrêté. Le fond en est d'une belle teinte jaune-cuivre. Une bordure veloutée noire s'y découpe en dents régulières agencées comme de petites draperies frangées de croissants bleu de ciel. Aux secondes ailes ces croissants ressortent mieux encore, étant comme posés sur un champ jaune d'or. La teinte locale est rehaussée encore par de grands triangles noirs irréguliers accompagnés de taches d'un jaune brillant.

Vous voyez donc au résumé que nous avons fait une bonne capture que nous pourrons placer avec une certaine distinction dans notre musée lépidoptérique.

VANESSE CARTE GEOGRAPHIQUE BRUNE OU PRORSA.

Puisque nous voilà en pleine forêt de Bondy, que tout est

mystérieux et sombre autour de nous, et que les grands chênes, les noirs sapins, les trembles au pâle feuillage se dressent là gigantesques et menaçants avec leurs bras énormes terminés par une myriade de doigts crochus plus ou moins feuillés, je vais vous raconter une histoire que me remet en mémoire l'horreur de ces lieux, histoire qui du reste a trait à ce petit étourneau de papillon *prorsa* ou *carte géographique* qui est venu, je ne sais comment, s'enferrer de lui-même au fond de notre filet.

C'était par un temps d'orage ; la pluie, les éclairs, le tonnerre et tous les accessoires d'une journée détestable, avaient surpris un mien ami, mon collaborateur le plus zélé dans la chasse aux papillons; voici comment il me raconta la chose.

« J'étais, me dit-il, dans la forêt de Bondy, à cet étranglement qui se trouve entre les deux villages de Bondy et de Livry, non loin de l'ancien abbaye de ce nom. La pluie tombait à torrents, et je m'étais engagé dans un labyrinthe de routes et de carrefours dont je ne pouvais sortir, bien que je fusse muni de ma boussole et de ma fidèle carte des environs de Paris. Je marchais d'un pas discret et prudent. » (Je vous préviens que mon ami n'est pas brave de son naturel.) — « Je ne sais quelle impression de vague terreur me poursuivait alors, et pourtant je savais que la terrible forêt de Bondy n'a plus rien de terrible que son nom, et que depuis longtemps elle est veuve de ses affreux brigands d'autrefois à bonnets de chauffeurs, à visages de Méduse. Toutefois je ne crus pas inutile d'avoir l'œil au guet et de marcher le plus légèrement possible sur de maudites feuilles sèches qui faisaient un bruit agaçant sous mes pieds, quand tout à coup.....

eh bien! vous avez peur..... quand tout à coup j'entends, non loin de moi, comme un frôlement à travers les broussailles et bientôt enfin comme des pas d'hommes......

» J'entrais en ce moment dans une clairière assez dégagée et me trouvais par conséquent tout à découvert et au milieu d'une coupe de bois; ma première pensée fut de saisir une bûche d'une honnête grosseur et de la faire pirouetter autour de ma tête comme si elle n'eût pas pesé une once. — Je crois bien qu'aujourd'hui il me faudrait au moins les deux mains pour la soulever. — Je devais être, en ce moment, aussi beau qu'Ajax fils d'Oïleus, lorsqu'il s'écriait sur son rocher : « J'en échapperai, malgré les dieux. »

» Je n'attendis pas longtemps l'événement et je me trouvai subitement en face de l'ennemi; c'était un grand homme long et sec. Je crois maintenant que si j'avais mesuré la circonférence de sa taille, je ne l'aurais pas trouvée excédant de beaucoup celles de ma bûche. C'est égal, cet affreux bandit me parut d'une figure atroce, sa figure était de ce blanc mat qu'on donne aux spectres des souterrains d'Anne Redcliff, d'énormes lunettes, jetant un feu vert ombrageaient ses yeux et déformaient horriblement son nez. Ses vêtements, oh ! dirai-je ce qu'étaient ses vêtements, sous le déluge qui les inondait ! Figurez-vous le dos noir, luisant et pelé d'un rocher de la mer Glaciale, dégouttant sous une avalanche fondante.... Un instant j'hésitai, je vous l'avoue, à croire que c'était un être humain que j'avais là devant moi; car il était si profusément parsemé, pailleté, moucheté, tigré de feuilles de toutes les formes possibles de mousses et de lichens de toutes les nuances imaginables, que je pris cette fatidique apparition pour un orang-outang ou toute autre bête *ejusdem farinæ*.

» Sur son dos, et quel dos ! pendait je ne sais quoi d'oblong accroché en sautoir ; cela me fit tout de suite l'effet d'un arsenal bourré de stylets, de poignards, de revolvers, de tromblons.

» Enfin, cet être indéchiffrable, impossible, s'avança ; mais voyant les formidables moulinets que je faisais avec ma bûche, il s'arrêta tout court et ouvrit une bouche démesurément grande...

» Ce fut tout ce qu'il me dit pour le moment.

— Ah ! m'écriai-je aussitôt — afin de rompre cette monotonie — je te vendrai chèrement ma vie, va... et maintenant avance si tu l'oses.

» Enfin, cette même bouche du vampire en lunettes vert-émeraude s'agita, et deux cris en *la* mineur en sortirent par notes saccadées.

— Il me la faut, il me la faut, glapit le géant.

— Est-ce ma bourse ? répondis-je en prenant d'une main crispée une seconde bûche, sœur jumelle de la première. Est-ce ma vie ? Es-tu donc un arrière-cousin germain de Cartouche ou le diable en personne ?

— Eh ! pas le moins du monde, répliqua le monstre ; je suis, mon bon monsieur, Jonas Popinet, pour vous servir, garçon herboriste de la rue Cloche-Perche, 7 *bis*, et n'ai pas l'honneur d'être tout ce que vous dites là. J'herborise pour ma maison de commerce en général, et je collectionne des papillons pour moi en particulier.

» A ces mots, mes deux bûches me tombèrent des mains ; je m'étais mépris, j'en conviens, et n'avais vu que par un verre

grossissant ce modeste mortel qui venait tout bourgeoisement
« chercher des simples en ces lieux. »

» Or, ce qu'il voulait, ce qu'il lui fallait à cet enthousiaste amateur, c'était un *prorsa carte-géographique* qui avait eu l'incon-
venante idée de s'attacher à mon chapeau et d'y faire ses œufs ;
c'était à la vue de ce satané papillon, le seul qui lui man-
quât dans sa collection des diurnes, que sa bouche dilatée
par l'excès de la surprise et de la joie s'était si démesurément
ouverte.

» Nous nous expliquâmes, nous nous donnâmes la main, — ce
que je ne fis pas de mon côté, je l'avoue, sans un arrière petit
frisson de je ne sais quoi. Je lui remis sa prorsa tant enviée, et
je reçus en échange... l'assurance de son parfait dévouement en
toute occasion. »

Tel fut le récit de mon ami. J'ajouterai encore qu'une fois entré
en connaissance avec son Jonas Popinet, ce devint une liaison des
plus intimes, que cimentaient à chaque rencontre les petits présents qu'ils se faisaient réciproquement de papillons plus ou
moins beaux, plus ou moins rares ; ce à quoi je gagnai aussi de
magnifiques sujets que nous admirerons plus tard dans mes cadres,
si le dieu Pan, notre divinité tutélaire, refusait de nous les faire
trouver nous-mêmes.

Maintenant que nous tenons notre *prorsa carte-géographique,*
examinons-la. C'est en vérité une belle vanesse brune ; son nom
lui vient sans doute de cette variété de lignes et de couleurs qui
semblent former des limites dans tout le périmètre des ailes ;
outre cela, une large bande blanche se dessine, comme un ruban
de soie un peu froissé, sur l'une et l'autre paire d'ailes ; on dirait
presque l'image d'un fleuve aux ondes argentées qui coupe, en

s'arrondissant gracieusement, toutes les contrées dessinées sur le fond brunâtre du papillon.

La vanesse *carte-géographique fauve*, que plusieurs naturalistes ont appelée *levana*, et que je tiens de la munificence du terribilo-pacifico Popinet, est plus chatoyante, plus gracieuse, plus belle encore que la brune. Le fond local est d'un beau fauve brun tout moucheté de plaques veloutées noires, qui lui donne l'aspect d'une peau de tigre. Vers l'extrémité supérieure des ailes, des teintes d'un beau jaune d'or font un brillant contraste avec ce ton sévère, et deux yeux ou cercles blancs satinés placés assez près du bord et noyés dans un cercle noir, semblent être le sommet de quelque pic neigeux.

Des croissants d'un beau violet pâle dessinent agréablement en festons réguliers le bord des ailes inférieures.

Maintenant, si vous me demandez pourquoi ces deux papillons, le brun et le fauve. s'appellent, l'un *prorsa*, l'autre *levana*, je vous dirai que je soupçonne un peu messieurs les entomologistes de baptiser assez capricieusement leurs sujets. Quand le nom qu'ils imposent ainsi arbitrairement a un rapport intime à la couleur, à la forme, aux habitudes de l'animal, je trouve cela rationnel; mais qu'ils appellent un papillon Prorsa, du nom d'une divinité qui prenait sous sa protection les enfants avant qu'ils fussent au monde; qu'ils le nomment *Levana*, autre divinité que l'on invoquait lorsque l'enfant était né et de là présenté à son père, je ne vois rien de bien rationnel dans ces singulières appellations. Pardonnez-moi cette digression, que je n'ai faite que pour prévenir vos questions à ce sujet.

GENRE SATYRE.

SATYRE SYLVAIN.

Il y a un vieux proverbe qui dit « qu'il faut toujours suivre sa première pensée. » — Le sceptique Talleyrand, ce Machiavel de l'idée, changeait ainsi l'axiome : « Il ne faut jamais obéir à sa première pensée, *parce que c'est toujours la* MEILLEURE. » Pour mon compte, je ne suis partisan ni de l'ancien ni du nouveau dicton, ou du moins, en les modifiant l'un par l'autre, je dis qu'en fait de pensée, il faut toujours suivre la meilleure.

Vous allez voir, par ce qui suit, qu'on peut y gagner quelque chose.

C'était un jour de fête à Saint-Cloud. Le bois de Boulogne, qui alors n'était que le pauvre bois de Boulogne, rachitique et poussiéreux, et non, comme aujourd'hui, un véritable Éden tout rempli de merveilles; le bois, dis-je, était en ses jours de saturnales. Pas une allée qui ne fût foulée par des milliers de Parisiens en délire, pas un recoin, pas un écho qui ne résonnât du bruit assourdissant des crécelles et des mirlitons, si ce n'est pourtant vers la partie nord-est, du côté de Bagatelle, où le silence se faisait encore, où le désert commençait.

Pauvres hamadryades cachées dans le creux de vos chênes, et vous, chastes napées, protectrices des bocages et des prairies, vous aussi, sauvages oréades qui présidez aux rochers et aux montagnes, de quel frisson n'étiez-vous pas saisies en voyant la violation impie de vos retraites aimées ! Comme vous, je fuyais devant l'orgie, comme le navire démâté devant la tempête ; je cherchais au loin la fraîcheur, le silence… et des papillons.

Je venais de m'arrêter dans un carrefour du bois qu'on appelle le Rond-Royal (vieux style), et je demandais à toutes les fleurs champêtres, à tous les fruits sauvages quelques lépidoptères, pour l'amour de Dieu, et ne trouvais même :

> Pas un seul petit morceau
> De mouche ou de vermisseau,

quand, à quelques pas de moi, j'entendis comme des pleurs d'enfant. Je courus de ce côté, et vis à la bifurcation de deux ou trois allées une pauvre petite fille de huit ans à peine toute en larmes. Dans une de ses mains était une baguette de saule dont elle fouettait impatiemment l'air ; dans l'autre une bride veuve de la tête du quadrupède qui avait dû naguère l'enharnacher.

— Que fais-tu là, mon enfant ? lui dis-je.

— Monsieur, me répondit-elle, c'est ce Gris-Gris qui *s'a* sauvé et qui va me faire joliment gronder par père Antoine, si je rentre à la maison sans lui.

— Et qu'est-ce que c'est que Gris-Gris ? Ton petit frère ?

— Est-il… drôle, ce monsieur ! fit l'enfant en laissant échapper un charmant sourire à travers ses pleurs. Il prend l'âne à père Antoine pour mon frère.

— Et tu l'avais donc en garde, ce vagabond de Gris-Gris ?

— Dame, j'étais venue au bois faire des branches mortes, — avec la permission de M. Morin, le garde, bien sûr, — quand tout à coup il a entendu — pas M. Morin, mais l'âne — une troupe de vilains petits gas de Sablonville qui jouaient du mirliton à tue-tête, alors il s'est ensauvé ; j'ai eu beau le tirer, le gronder, le battre, il s'est moqué de tout cela, et tout ce qui m'est resté de lui, c'est son licou... et voilà !

— Et sais-tu, ma petite fille, dans quelle direction il s'est échappé ?

— Ah ! ça me serait bien difficile à dire, mon bon monsieur, car Gris-Gris m'a si bien fait pirouetter que je ne peux plus reconnaître l'allée.

— Eh bien ! écoute, voici deux grandes allées ; mon chemin, à moi, est de prendre celle-ci pour me rendre à Bagatelle, prends l'autre ; à nous deux nous finirons peut-être par trouver le coupable, et aussitôt que.....

— Prendre l'autre, murmura la petite villageoise, ça vous est bien facile à dire à vous, mais vous ne voyez donc pas comme j'ai les pieds enflés d'un effort que je me suis donné en voulant retenir ce vilain méchant de Gris-Gris.

Je réfléchis un instant et raisonnai ainsi en moi-même. — Mais quand au lieu d'agir on commence par raisonner, c'est qu'on a déjà refoulé un peu en arrière une bonne pensée. — Je ne puis, me disais-je, me mettre décemment à courir par monts et par vaux après cet âne ; du reste, c'est horriblement têtu un âne, et par-dessus le marché celui-ci est peut-être rouge. (Mauvais raisonnement, me direz-vous, s'il était rouge, on ne l'appellerait pas *Gris-Gris*. Puis j'ajoutai encore mentalement, pour mettre à l'aise ma paresse et cette pointe d'égoïsme qui poussait, — cet âne a bien certainement le nez plus fin que nous deux, il aura senti son écurie et sera déjà, je le gage, chez père Antoine. Mes petits calculs ainsi établis, je me dirigeai la conscience ainsi mise à peu près en repos, vers mon allée de Bagatelle....... Mais vous savez bien, mes jeunes amis, qu'il y a en nous deux *moi ;* il y a, comme dit Buffon l'*homo duplex,* le double personnage ; la nature agissante et la nature délibérante, en un mot, le bon et le mauvais côté. Or, le *moi* qui voulait que je m'en allasse ainsi tranquillement fut aussitôt pris au collet par le *moi* délibérant. — Et cet enfant qui pleure, disait ce dernier à son frère jumeau, que va-t-elle devenir sur le bord de cette route ? Et son entorse, et la nuit et la faim..... Je n'avais pas fini cette longue énumération de misères, que déjà j'étais à travers les fourrés, quêtant mon âne perdu, et cherchant ses deux longues oreilles par-dessus tous les buissons du bois.

Mais rien, rien n'apparaissait, l'introuvable Gris-Gris se faisait invisible et me désespérait. — Oh ! que ne donnerais-je pas, me disais-je, pour voir seulement un petit bout de son oreille..... A peine eus-je formulé ce souhait, que j'aperçus..... le bonnet de coton d'un gros villageois qui, accroupi dans un fossé, cueillait des morilles.

— Hé ! l'homme, lui criai-je, n'avez-vous pas vu un âne ?

— Connais pas, répondit le rustre, sans se déranger.

— Cependant, répliquai-je, sans trop me formaliser de son sans-gêne, je tiendrais énormément à retrouver Gris-Gris, et si vous vouliez m'aider un peu dans mes recherches, je saurais reconnaître ce bon office.

Et je fis voir une belle pièce de monnaie bien reluisante au soleil.

— Mais vous ne parliez pas, aussi ! fit le chercheur de morilles, qui me regardait en tapinois. Attendez, s'il y a un grison dans les environs, nous allons bientôt avoir de ses nouvelles.

Puis remontant sur le revers du fossé, et faisant un entonnoir avec ses deux mains appliquées de chaque côté de la bouche, il se mit à braire d'une manière formidable.

Dieux! que cet homme faisait bien l'âne!

Personne cependant ne répondit à son appel.

— Voyons par ici, dit-il, en faisant volte-face. Et reprenant l'intonation sur le diapason d'un gros tuyau d'orgue, il fit frémir le feuillage tout autour de lui.

Oh! cette fois nous eûmes un plein succès, et Gris-Gris répondit sur le même ton.

En vérité, si j'avais été appelé en ce moment à décider lequel avait le mieux chanté, je ne sais à qui j'aurais donné la palme. Bref, je jetai ma pièce à cet habile homme et courus dans la direction du véritable âne.

Gris-Gris était tout bonnement dans un carré de choux, non loin de la maison du garde..... le malheureux! Je ne m'amusai point à lui représenter à combien de jours de fourrière il s'exposait, je le saisis par une oreille (on sait qu'il était sans licou), et l'entraînai du côté de sa petite maîtresse.

Soit que mon baudet eût eu conscience de sa peccadille, soit qu'il eût mis à néant un assez bon nombre de choux pour en être suffisamment repu, il se laissa conduire le plus docilement du monde; mais, ô surprise! ô bonheur! tout autour de la bête ne vis-je pas voltiger un admirable essaim de tous les papillons satyres que peut désirer un amateur.

Dites donc après cela que la morale des contes de mère l'Oie est fausse et que « la vertu n'est pas toujours récompensée! »

Jamais, non jamais de mémoire de chasseur, triomphe ne fut plus facile ni plus éclatant, capture ne fut plus ample et plus heureuse. C'était par douzaine que, tenant d'une main mon baudet par l'oreille, de l'autre j'enfermais les papillons dans mon filet.

En moins de cinq minutes ma provision de papillons fut au complet, et je m'acheminai leste et joyeux vers le point où j'avais laissé la petite-fille du père Antoine.

Chemin faisant le *moi* bon conseiller vint encore souffler à l'autre *moi* cette nouvelle admonestation : — Eh quoi ! ne vois-tu pas que cet âne n'a qu'un de ses paniers rempli de bois mort ? et faut-il te faire remarquer que tu foules aux pieds je ne sais combien de brindilles sèches, de branches abattues, qui sont de légitimes épaves qui ne demandent qu'à faire contre-poids avec les autres. Allons, allons, il ne faut rien faire à demi ; et Fénelon, le grand Fénelon, en ramenant à Cambrai la vache égarée de pauvres paysans, n'ajouta-t-il pas un bienfait de plus en rendant l'ingrate et vagabonde bête à ses maîtres ?

Je ne pouvais, en vérité, ne pas suivre un si bel exemple, et lorsque j'arrivai près de ma petite paysanne, Gris-Gris pliait sous le poids de ses deux paniers enfaîtés.

Je ne parlerai pas des remercîments de la petite estropiée, dont la blessure était heureusement peu de chose. Je l'aidai à monter sur le dos de Gris-Gris, et lui remettant en main sa baguette de saule, je lui souhaitai un bon voyage et me hâtai d'aller prendre la voiture pour Paris ; car, je l'avoue, cette double chasse à l'âne et aux sylvains m'avait mis aussi sur les dents.

Maintenant je vais vous parler de ma capture. Toute la

famille de *satyres* est une honnête famille vêtue modestement, n'admettant pour son costume qu'une sage économie de couleurs et de teintes, et point de ces reflets éblouissants qui distinguent les princes de la grande famille des papillons. Le *satyre* n'a pas non plus hérité de ses homonymes, les enfants de Mercure et de la nymphe Nicé, cette détestable réputation de gens à vilaines mœurs ; c'est un paisible et chaste habitant des bois, vivant comme un bon cénobite et ne se mêlant nullement des affaires du monde.

Le *satyre-silène* a certes une belle envergure ; mais n'a pas l'excentrique ampleur de ce silène le père nourricier de Bacchus. Il porte sur ses grandes ailes, d'une coupe élégante, une large et longue tache blanc-jaunâtre qui court, en se chiffonnant sur une nuance veloutée d'un beau brun carmélite. Deux taches bleu-sombre, entourées de noir, marquent l'extrémité supérieure de ces bandes.

Le *satyre-ermite* est plus petit que le précédent, son habillement est assez semblable au premier ; cependant il en diffère par une teinte verdâtre qui glace le fond brun de ses ailes ; des points bruns rehaussés de bleu sont placés à distances égales sur le ruban blanc-sale qui s'étend d'une extrémité à l'autre des ailes supérieures.

Voici encore le *satyre-sylvandre*, toujours de la famille des sylvicoles ou habitants des forêts. Ce papillon est magnifique de forme, c'est le plus grand des satyres. Son costume ressemble à celui de ses frères, cependant il semble viser un peu plus à la coquetterie ; car l'agencement des teintes brunes et fauves produit un reflet soyeux et brillant qui n'est pas sans agrément ; sur la bande gris-blanc qui court le long des ailes il se trouve des yeux cerclés de noir, à prunelles blanches qui font en vérité très-bien.

Le *satyre-fidia* me fait en vérité l'effet de ces gens à fortune modeste qui, en un jour de bal ou de gala, voulant *se bien mettre*, vont emprunter à quelque obligeant voisin plus huppé qu'eux quelque bijou de circonstance. Et en effet, voyez sur ce fond brun qui ressemble à la lévite d'un capucin, voyez ces ornements posés avec une certaine coquetterie consistant en plaques noires éclairées par un point d'argent au centre et cerclées tout autour d'une auréole chatoyante comme l'or. Et avouons que ces petits vaniteux portent très-bien ces décorations.

Si vous n'avez pas peur des bêtes noires, venez voir mon *grand nègre des bois*, cet affreux moricaud que l'on appelle aussi, je ne sais trop pourquoi, le *satyre-phœdra*. Quels sucs noirs de prunelles ou de mûres sauvages a-t-il donc sucés comme lait pour être devenu absolument de la même teinte que le plus noir des habitants du Congo ? Tout ce qu'on voit sur ce sombre habillement ce sont deux yeux blancs légèrement cerclés d'azur qui brillent là comme des taches de cire sur un habit noir.

Heureusement que ce sombre personnage est seul de son espèce, car s'il est singulier, il n'est pas beau. Après cela, vous me direz qu'un homme tout de noir habillé n'en n'est pas plus laid pour cela, je vous répondrai franchement.... qu'il n'en est pas plus beau non plus.

En voici un qui vous paraîtra encore bien sombre de vêtement. A coup sûr, si ce n'est un conspirateur c'est quelque Lauzun, quelque Fronsac au petit pied avec son manteau couleur de muraille cherchant les aventures *en catimini*. Le ton brun et parfaitement uniforme de ses ailes n'est cependant pas désagréable, d'autant plus qu'il a un reflet soyeux et deux jolies petites mouches blanches qui lui donnent en vérité un ton de papillon de bonne maison. C'est le *satyre-actéon*.

Nous venons d'admirer Actéon le fils de Tristée. Actéon le doux ami de la chaste Phœbé, eh bien ! maintenant c'est le redoutable *aello* qu'il nous faut oser regarder en face. Aello, vous le savez, l'une des trois Harpies qui avait des griffes aux pieds et aux mains, des oreilles d'ours, et, avec cela, le masque d'une vieille décrépite. Cependant notre *satyre-aello* n'est pas encore si diable que noir et n'a de commun avec son homonyme que le nom. Pour mon compte, je le trouve fort bien. Sa couleur café au lait un peu fort, se fondant vers l'extrémité des ailes en une teinte plus claire et fauve comme l'or des moissons, ses yeux en taches d'inégale grandeur, formés d'un point blanc d'argent serti dans un encadrement noir, en font vraiment un joli papillon.

Voilà déjà une honnête quantité de ces satyres, et cependant si je voulais vous décrire le reste de la famille, je n'en finirais pas. Si tous ces petits sauvages ne sont pas, comme le corbeau de la fable, le phénix des hôtes de ces bois, au moins, par compensation, et sans doute en raison de leurs mœurs douces et aimables, on leur a donné les noms les plus gracieux possibles : C'est le satyre *amaryllis*, le satyre *ida*, le satyre *bathséba* et tous ces satyres frères ou cousins *myrtile, eudore, bacchante, ariane, tircis, psyché*, toutes charmantes petites bêtes, d'un ton généralement brun-obscur n'ayant pour toutes distinctions entre elles que des bandes plus ou moins

fauves ou des taches blanches cerclées de noir, ou noires cerclées de bleu.

Ces charmants sylvicoles, s'ils sont modestes dans leur costumes, ont au moins le mérite et la conscience de leur condition ;
ils vivent en bons frères loin des pompes et des vanités du
monde, et... (ce qui n'est pas à dédaigner pour un chasseur de
papillons) ils sont si innocents et si confiants qu'ils se laissent
prendre presque à la main... Je vous recommande donc la nombreuse famille des satyres.

LES HESPÉRIES.

Les papillons que nous avons chassés jusqu'à présent complè-
tent à peu près notre collection des *diurnes* (c'est-à-dire papillons
de jour). Il nous reste cependant encore les *hespéries*. Ce nom,
vous le voyez, indique l'origine de ces nouveaux lépidoptères.
L'Hespérie était autrefois la Grande-Grèce ou Italie et l'Espagne.
On en trouve en effet dans les forêts de la chaîne des Alpes, aux
confins de la France et de l'Italie, et pour cela je les ai classés
parmi les papillons français. Mais peut-être serez-vous curieux,
mes jeunes amis, de savoir comment ceux-ci sont tombés en mon
pouvoir, et surtout à quel aide-naturaliste on a eu recours pour
s'en emparer. Je vous le donne en cent à deviner quel est cet
obligeant individu... Je vous préviens d'abord que ce n'est pas
un chasseur ordinaire. Par habitude et par goût il habite cependant le fond des bois. Vous pensez peut-être que c'est quelque
braconnier, quelque contrebandier... point. — Que c'est... mais

pourquoi vous faire languir sur cette introuvable origine. Je vais vous le dire, c'est… c'est un ours, un véritable ours brun-rouge du mont Cenis, au marquisat de Suze, en pleine Savoie.

Or, écoutez donc le récit de cette chasse plus qu'originale avec un tel acolyte.

Il y a bien vingt ans de cela. Un voyage d'agrément dans le Piémont m'avait conduit jusqu'à Suze, cette ancienne cité surnommée, je crois, *la porte de l'Italie*, et encore *la porte de la Guerre*, à cause de sa position à cheval sur la frontière de France. J'étais donc sur ce versant du mont Cenis qui regarde la riante et belle Italie, et tout en attendant le visa de mon passeport, que les lenteurs bureaucratiques ajournaient de jour en jour, je faisais chaque matin quelques excursions entomologiques aux environs de la ville, et j'en rapportais chaque fois un précieux butin.

Un jour donc que je m'étais avancé jusque dans une gorge creusée au pied du mont Cenis, et que je regardais avec admiraration les neiges et l'hiver étincelant sur la cime du mont, à 4,600 mètres au-dessus de ma tête, et les fleurs et le printemps à sa base, j'entendis tout à coup le roulement d'une chaise de poste lancée à fond de train. Bientôt cette voiture fut près de moi. Un homme jeune encore, aux cheveux blonds tirant légèrement sur une nuance briquetée, au visage allongé et grave, un Anglais en un mot, fit arrêter le rapide véhicule, puis s'élançant jusqu'à moi, il s'écria, sans autre préambule :

— L'avez-vous vue, Monsieur… Oh ! vous avez dû la rencontrer. Où est-elle ? où est-elle, dites-le-moi, je vous en prie, rendez-moi la vie.

Tout cela était dit en fort bon anglais, langue que je comprends heureusement assez bien.

Je pris d'abord cet individu effaré et hors de lui pour un fou, et je cherchai par précaution première à détacher ses mains qui s'étaient cramponnées au col de mon habit. Cependant je remarquai bientôt qu'il y avait une telle douleur dans sa voix et des larmes si véritables dans ses beaux yeux bleus, que je lui répondis doucement :

— Je n'ai vu personne, Monsieur, je ne sais ce que vous voulez dire ; cependant si je puis vous être bon à quelque chose, disposez de moi.

— Oh ! pardonnez à ma brusquerie, reprit-il, la douleur, le désespoir me rendent insensé. Oh ! puissent-ils me faire mourir si je ne retrouve mon enfant perdue dans ces gorges affreuses ! Ma pauvre Lisey !

— Une enfant ! m'écriai-je. Oh ! Monsieur, cherchons-la, cherchons-la ensemble, car sa position doit être horrible dans un endroit si sauvage. Cependant rien n'est désespéré encore ; je ne sache pas que les abords de cette montagne soient trop dangereux. Il n'y a ici ni fondrières, ni précipices, ni étangs ; elle est peut-être égarée à quelques pas seulement. Mais, repris-je, à quel endroit précis l'avez-vous quittée ?

— A quelques centaines de pas d'ici, là où vous voyez cet énorme roc qui semble détaché de la montagne et forme un chemin tournant ; mais j'ai tout exploré, tout fouillé, mes recherches et mes cris, tout a été en vain. J'ai fait plus ; j'ai parcouru avec ma voiture tous les environs à plus d'un mille à la ronde... rien, rien ne s'est révélé... et ma Lisey est perdue !!...

Et le pauvre jeune homme se tordait les bras de désespoir.

— Ne perdons ni confiance ni courage, lui dis-je ; menez-moi là même où votre enfant a disparu. Nous recommencerons nos explorations sur nouveaux frais. Vous, ce postillon et moi nous prendrons chacun une route différente, et peut-être obtiendrons-nous cette fois un meilleur résultat.

Je calmai ainsi quelque peu ce malheureux père, et m'acheminai avec lui à l'endroit désigné. Il me raconta en chemin qu'il était un touriste-archéologue courant par tous pays pour trouver des ruines et des souvenirs d'autrefois ; qu'étant arrivé à Suze depuis huit jours, il avait été obligé de s'arrêter dans cette ville parce que lady Stanley, sa femme, s'y était trouvée indisposée ; qu'enfin, désirant visiter les environs, où il savait que devait se trouver l'ancien aqueduc d'Oscela, bâti par Jules-César, il avait eu la fatale idée d'emmener dans sa voiture sa petite fille âgée de cinq ans pour la distraire. Puis il ajouta :

— Ce bloc erratique que vous voyez a dû, en se détachant du mont Cenis, couvrir l'emplacement de l'ancien aqueduc ; car j'ai cru reconnaître qu'il repose sur un mur de soutènement fait de main d'homme. J'étais enchanté de ma découverte, et prenant aussitôt mon mètre et mes instruments de précision, j'ai voulu mesurer la longueur et les angles de ce mur. Alors j'ai installé ma petite Lisey là parmi les fleurs, et tandis qu'elle jouait j'ai commencé mes opérations de métrage. A chaque pas, je découvrais quelque chose de nouveau, d'intéressant pour moi ; mon amour ou plutôt mon enthousiasme d'archéologue s'est enflammé, je me suis un peu trop éloigné sans doute sans le savoir ; puis quand revenant au souvenir de ma petite Lisey j'ai couru... jugez de mon désespoir, elle n'était plus là !!... J'appelai ce postillon qui faisait brouter ses chevaux à quelque distance de là, et nous nous mîmes à la recherche de la pauvre enfant ; mais, hélas ! rien jusqu'ici n'a été découvert.

Ce malheureux père, dont les sanglots étouffaient la voix, me faisait une peine affreuse, et je me mis de grand cœur tout à sa disposition. Nous convînmes de partir par trois routes différentes de ce point fatal où se trouvait tout à l'heure l'enfant, et de sonder le moindre buisson. Pour signe de ralliement, lord Stanley nous remit à chacun un pistolet, qu'il était convenu que nous déchargerions en l'air à la première bonne nouvelle que nous aurions à nous communiquer. Les choses ainsi réglées, nous nous séparâmes.

Resté le dernier parmi ces fleurs qu'avait foulées tout récemment la jeune fille, je me posai cette question. — Que peut faire ici, sur un gazon émaillé de tant de fleurs, une enfant de cinq ans ? — se composer un bouquet ou courir après les papillons.

Quant aux papillons, il n'y en avait pas un seul; pour des fleurs, il n'y avait qu'à prendre à pleines mains. Là se trouvait l'euphorbe ponceau à bractées (ou folioles) du rouge le plus éclatant, le câprier à fleurs blanches, la lavande odorante, le romarin, les cythises, les bruyères de toutes les nuances et de toutes les formes, puis des caroubiers, arbres toujours verts, ayant de jolies fleurs disposées en grappes rouges et produisant une sorte de gousse aplatie, nommée carouge dont les semences ont un goût mielleux, mais légèrement soporifique.

Je me baissai jusqu'à terre pour voir si je ne trouverais pas l'empreinte des pas de la petite fugitive ; mais quelles traces auraient pu rester sur un gazon aussi touffu? Cependant je remarquai un jasmin blanc dont les branches couraient à terre et se prolongeaient ainsi par une succession non interrompue de rejetons, jusqu'à une grande distance; je fis encore cette remarque que ces branches se trouvaient dénudées de fleurs dans une certaine direction, elles paraissaient avoir été arrachées pêle-mêle et à la hâte, quelques-unes même toutes fraîches cueillies jonchaient encore le sol.

— Ma petite fourrageuse a passé par ici, me dis-je, et s'est tracé elle même un sillon qu'il faut suivre avec persistance.....

Ce chemin à travers les fleurs me conduisit jusqu'à un fourré d'arbustes de toutes sortes. Là je perdis la trace de mon sentier de jasmin. Il paraît que le bouquet était arrivé au grand complet. Mon embarras redevint extrême, et je portai des regards inquiets tout autour de moi. Où me diriger maintenant? me dis-je. J'en étais là de mes perplexités quand j'aperçus à quelque pas de moi, vers l'entrée d'une charmille touffue, un adorable petit soulier bleu, que j'estimai tout de suite devoir être de la grandeur d'un petit pied de cinq ans. Mon cœur bondit de joie en pensant que je me retrouvais sur la piste de la petite fugitive.

L'ombre dans ce lieu était telle que je me trouvai dans une demi-obscurité peu favorable à mes recherches; les caroubiers, s'enchevêtrant les uns aux autres, formaient là d'inextricables labyrinthes. J'avançai toutefois avec précaution, et comme j'étais arrivé sous un dôme de verdure, marchant un peu à tâtons, tout à coup j'entendis à mes pieds une petite voix douce et mutine dire en bonne langue anglaise. — Mais prenez donc garde, Monsieur, vous écrasez mes jasmins.

Je m'arrêtai en tressaillant de bonheur, et sous un buisson de feuillage et de fleurs, j'aperçus une charmante petite fille blonde, rose et fraîche comme on l'est à cinq ans.

— Mon Dieu, ma pauvre petite enfant, que fais-tu donc là ?

— J'attends papa, me répondit-elle, sans trop se déranger de sa position à demi couchée.

— Mais ton papa meurt d'inquiétude et te cherche dans toute la montagne; et tu restes là tranquille et insouciante.!

— Oh! papa viendra bientôt, allez, il mesure ses vilaines pierres grises, et quand il aura fini. il viendra m'aider à chercher mon petit soulier bleu, et puis à mon tour je le gronderai bien fort d'avoir été si longtemps.

L'enfant, à qui je venais de rendre, à sa grande joie, ce soulier qui m'avait si heureusement guidé jusqu'à elle, paraissait en train de babiller; mais je la prévins de n'avoir pas peur et que j'allais appeler son père, au moyen du signal convenu.

Je tirai en l'air un coup de pistolet, et presque aussitôt j'entendis dans le lointain deux coups qui y répondaient. Je me plaçai alors sur une petite éminence, à quelques pas de la petite Lisey, et me tins là en observation pour diriger le père de cet enfant sitôt que je l'apercevrais.

Mais quand je voulus renouer la conversation avec ma petite Anglaise, je fus tout étonné de ne l'entendre me répondre qu'en balbutiant, comme quelqu'un que le sommeil emporte. Je courus à elle tout inquiet; mais je me rassurai néanmoins assez promptement en la voyant sourire tout en s'efforçant de tenir ouvertes ses paupières qui se fermaient malgré elle. L'énigme me fut bientôt expliquée. car je vis sur elle et tout à l'entour une provision complète de carouges, ces fruits somnifères que sans doute la petite friande avait mangés sans raison.

L'effet n'en pouvant être dangereux, je la laissai dans sa demi-somnolence et retournai à mon poste, d'où mes cris et mes gestes eurent bientôt piloté lord Stanley jusqu'à nous.

Enfin le père et l'enfant furent réunis. Je n'essayerai pas de vous dire quels furent la joie, le délire du pauvre lord Stanley, lorsqu'il serra dans ses bras son enfant adoré.

— Ah! vous me câlinez, Monsieur papa, lui disait la petite fille tout à fait réveillée, c'est pour que je ne vous gronde pas de m'avoir laissée toute seule... mais c'est bien, c'est bien, ce soir petite mère saura tout cela.

Le pauvre lord n'écoutait guère le gentil petit babillage de son enfant; mais continuait à l'embrasser avec transport. Enfin quand il fut devenu un peu plus calme, il demanda à sa fille comment il se faisait qu'elle se trouvait si éloignée du lieu où il l'avait déposée, et surtout comment elle, ordinairement si gaie, si éveillée, s'était endormie d'un sommeil tel que ses cris n'avaient pu la réveiller.

— Ah! c'est toute une histoire, dit Lisey, et je vais.....

— Mais, interrompit lord Stanley, quittons préalablement ces lieux qui m'inspirent, je ne sais pourquoi, une sorte d'effroi. Remontons dans notre voiture et nous causerons tout à notre aise.

Je me disposai à ces mots à quitter le père et l'enfant.

— Non pas, me dit l'Anglais, qui, revenu enfin tout à lui, s'était jeté dans mes bras pour me remercier; puis, quand il m'eut presque étouffé, il s'écria avec animation :

— Non pas, non pas, vous ne nous quitterez pas. Vous êtes le sauveur de mon enfant, vous êtes par conséquent de la famille. Venez, je vous en supplie, recevoir de lady Stanley ses remercîments. Son bonheur ne serait pas complet si elle ne pouvait vous témoigner toute sa reconnaissance pour l'immense service que vous venez de nous rendre.

Je me défendis de tout mon pouvoir; j'alléguai toutes les

raisons que je pus trouver; mais ce fut en vain, et bon gré malgré, je dus monter avec eux dans la chaise de poste.

— Voyez, lui dis-je entre autres choses, vous m'obligez ainsi d'interrompre ma chasse aux papillons, je m'en voudrai à moi-même de rentrer en ville sans avoir encore rien pris, ni même rien vu.

— Votre journée ne sera pas perdue pour cela, répliqua mon obstiné Anglais, j'ai dans mes bagages quelques cadres d'assez beaux lépidoptères d'Europe, et je serai trop heureux de vous les offrir.

Il ne fallait pas moins que ces magiques paroles pour me déterminer, et je m'installai enfin dans la voiture entre lord Stanley et sa fille, et le postillon reprit le chemin de Suze.

Ce fut alors autour de la petite fugitive à nous raconter son odyssée à travers les fleurs.

— Tu m'avais laissée, dit Lisey à son père, au beau milieu d'un joli parterre de narcisses, et sans avoir besoin de me déranger de ma place, j'en cueillais tout autour de moi, et m'en étais en peu de temps fait une énorme botte. Alors je voulus t'appeler pour te la faire voir; mais tu étais si occupé avec tes règles, tes cordes, et les chiffres que tu ne m'entendis pas. — C'était déjà bien vilain de ta part cela, petit père, de ne pas répondre à ta petite Lisey. — Bientôt je vis s'approcher de moi une toute petite, toute petite biche qui marchait bien doucement comme si elle avait peur, pourtant elle ne me voyait pas encore, elle allongea son cou jusque tout près de moi; j'ai cru d'abord que c'était pour que je l'embrasse; mais la méchante petite bête avait bien autre chose en tête vraiment; car elle attrapa mon bouquet de narcisses du bout des dents et faisant une grosse cabriole qui me fit une peur affreuse, elle emporta mes fleurs et disparut...... certainement cette petite sournoise n'était pas si gentille que la bonne grosse bête que j'ai vue un peu plus tard, et qui avec ses quatre grosses pattes, sa petite queue et ses oreilles toutes droites......

— Grand Dieu! s'écria lord Stanley, tu as vu un tel animal! mais c'était un......

Il n'osa achever. Nous comprîmes tous deux que c'était un ours qu'avait vu l'enfant; nous la laissâmes continuer.

— Je n'avais plus de fleurs, je voulus en chercher d'autres, et je fis quelques pas sur l'herbe. Je ne tardai pas à voir de longues branches de jasmin qui rampaient sur le gazon. J'en cueillis d'abord plein mes deux mains; mais plus j'avançais, plus je les trouvais belles; ainsi je jetais les unes pour reprendre les autres. Il paraît que je fis pas mal de chemin comme cela; car je me trouvai là où ce monsieur, qui m'a écrasé ma plus belle guirlande avec ses pieds, m'a vue. — Décidément, je n'ai pas eu de chance aujourd'hui. — J'aperçus alors, pendant à tous les arbres verts qui m'entouraient — on sait que c'étaient des caroubiers —, des espèces de fruits semblables à de longues cosses de pois; quelques-uns étaient ouverts, j'y goûtai; c'était doux et sucré comme du miel. Plus j'en mangeais, plus j'en voulais manger; mais bientôt je sentis un gros sommeil me tomber sur les yeux; je dormais malgré moi et j'eus à peine la force d'aller me coucher à l'ombre de ces arbres. Avant de m'endormir tout à fait cependant, je vis passer à trois ou quatre pas de moi ce bon gros... je ne sais quoi; il était plus haut que Zampa, ton beau chien de chasse, et surtout plus épais et plus fourré; mais je crois qu'il avait du chagrin, car il grognait tout en marchant; cependant il s'est conduit bien plus honnêtement que la vilaine petite biche, car il a passé près de mes fleurs sans y toucher. J'ai voulu l'appeler pour jouer avec lui... Eh bien! qu'est-ce que tu as donc, petit père, tu deviens tout blanc?

— Rien, mon enfant, rien; continue, répondit l'Anglais, dont le corps était inondé de sueur et dont les dents claquaient comme dans un accès de fièvre, à l'idée de l'horrible danger que venait de courir son enfant.

— Malheureusement, continua la petite Lisey, je ne pus prononcer un seul mot; car le sommeil m'emporta tout à fait et je ne sais combien de temps j'ai dormi. C'est égal, ajouta l'enfant, en faisant une charmante petite moue, je n'ai pas eu de bonheur aujourd'hui, je le répète; car j'ai perdu mes narcisses et mes jasmins, et je n'ai pu caresser la bonne bête qui avait un poil qui devait être au moins aussi doux que le manchon de maman.

Nous laissâmes babiller l'enfant en nous jetant, le père et moi, un regard significatif qui exprimait tout ce qui se passait en nous d'anxiétés et de terreurs indicibles. On arriva ainsi chez lady Stanley, qui m'accueillit d'abord avec le froid cérémonial dont les Anglais usent habituellement envers les étrangers; mais lorsqu'elle sut tous les détails de cette récente aventure, le caractère de l'Anglaise disparut pour faire place à celui de la mère tendre et reconnaissante. Je sortis de chez ces nouveaux amis confus des témoignages d'affection dont ils m'accablèrent.

Le soir même je reçus les papillons que le père de Lisey m'avait promis. Les voici. Bientôt nous les examinerons ensemble en détail; mais ce dont je veux vous parler auparavant, c'est de cette famille des hespéries recueillies, comme je vous l'ai déjà dit, avec la collaboration de ce fameux ours noir-brun, la meilleure pâte de tous les ours passés, présents et à venir.

Je vais bientôt vous raconter cette chasse originale et toutefois assez fructueuse, comme vous le voyez. Admirons d'abord nos lépidoptères franco-italiens.

Les hespéries sont de petits papillons, et cependant assez trapus de corps et munis d'ailes fortes dont les inférieures sont comme chiffonnées. Leur chenille est dépourvue de poils et en forme de fuseau. On trouve ces lépidoptères dans les bois, dans les champs, dans les marécages.

HESPÉRIE FRITILLAIRE DE LA MAUVE ET DE L'IMPÉRIALE.

Ce petit papillon n'est remarquable que par sa gentillesse et ses mouvements vifs et gracieux. Son costume est une sorte de livrée fond brun avec des galons blancs. Il nous apparaît donc là le premier comme un laquais de bonne maison qui précède ses maîtres pour les annoncer.

HESPÉRIE DU CHARDON. LE TACHETÉ.

De la taille de son précédent, celui-ci n'est pas moins leste et frétillant; allure qui, pourtant, ne va guère avec ses habits demi-deuil; c'est-à-dire gris tachetés de blanc.

HESPÉRIE GRISETTE. (LE POINT DE HONGRIE.)

Toute sa robe est grise ; mais des nervures noirâtres et certaines taches méthodiquement placées sur les ailes établissent une harmonie agréable dans tout l'ensemble de ce modeste petit papillon.

HESPÉRIE MIROIR (ARACINTHUS.)

Ce nom de miroir lui est parfaitement appliqué si nous regardons ses ailes en dessous ; car elles ressemblent à ces appeaux à facettes brillantes qu'on fait tourner dans les champs pour attirer les alouettes. Voyez, ce sont de nombreux compartiments blancs comme une glace et encadrés d'une bordure noire sur un champ jaune d'or. C'est le fashionable de la famille, ce petit papillon-miroir.

HESPÉRIE PANISCUS (L'ÉCHIQUIER.)

Ses ailes ressemblent en effet de loin à un jeu de dames. Sur un fond brun-noir se détachent des compartiments jaunes placés assez méthodiquement. Tout cela miroitant au soleil fait un fort bel effet.

1 — Satyre Evias
2 — Satyre Aello
3 — Satyre Coante

4 — Espérie Paniscus
5 — Satyre demi deuil *(Clotho)*
6 — Satyre Euryale

HESPÉRIE-COMMA.

Sur un fond brun s'épanouissent, en se dégradant jusqu'au bord, des nuances fauves d'un ton chaud, voilà pour le dessus des ailes; pour le dessous, ce sont des taches blanches, au nombre de neuf, qui font les frais de l'ornementation; de sorte qu'en voyant voler et pirouetter au gré de la brise ce petit papillon à deux faces, on ne sait trop d'abord quelle couleur lui donner.

HESPÉRIE-SYLVAIN.

Ses ailes sont d'un beau jaune de cuivre rouge encadré dans de larges bandes terminales et zébrées de nervures noires qui font l'effet d'une marqueterie de bon goût. Tout l'ensemble, en un mot, a un reflet métallique particulier qui n'est pas sans charme.

HESPÉRIE BANDE-NOIRE.

La nuance cuivrée de celui-ci a des tons moins chauds que le précédent papillon; les bandes noires qui limitent les ailes sont également moins prononcées. Au soleil, cette teinte jaune papillote comme du drap d'or.

Nos petites hespéries sont, comme vous l'avez vu, d'honnêtes papillons, modestes dans leur tenue, vives et gracieuses dans leur allure ; c'est en un mot une bonne acquisition ; mais j'avoue que les péripéties qui ont accompagné leur capture ont été telles que j'ai eu à regretter en vérité d'avoir manifesté à mon enthousiaste anglais le désir d'avoir ces papillons... d'autant plus que la plupart de ces petits individus se trouvent dans les environs de Paris.

Je reviens maintenant au récit que j'ai promis de vous faire de cette chasse pittoresque.

Le lendemain de l'aventure de la petite Lisey, lord Stanley était chez moi une heure avant le lever du soleil. — Mon cher monsieur, me dit-il, il m'est revenu à la mémoire que votre obligeance, votre dévouement pour ma fille et pour moi ont interrompu une chasse aux papillons que vous aviez projetée au mont Cenis ; vous plairait-il de recommencer aujourd'hui la partie avec moi ? Vous voyez, je suis monté en chasseur de papillons ; voilà mes filets, mes pinces, etc..... et de pius un excellent fusil à deux coups en cas d'éventualité.

— Mille remercîments, dis-je à mon Anglais ; mais comme je viens de recevoir mes passeports et que je pars demain dans l'après-dînée, je voudrais consacrer cette journée à quelques courses indispensables et à faire mes malles. Quant aux hespéries, je me consolerai d'autant plus facilement de n'en point avoir que j'ai eu le bonheur d'employer mon temps beaucoup plus utilement.

Un serrement de main expressif fut d'abord toute la réponse de lord Stanley. Puis après une légère pause :

— Vous autres Français, me dit-il, vous êtes ainsi faits. Il vous pousse une idée, vous vous disposez à la mettre à exécution, puis une réflexion vous vient, et l'idée s'efface et s'évanouit comme un rêve.

— C'est un peu vrai, répondis-je, nous ne connaissons guère cette ténacité britannique qui va quelquefois jusqu'à.....

— Tranchez le mot, allez, jusqu'à l'entêtement, et vous serez dans le vrai. Eh bien! lord Stanley veut vous prouver qu'il est bien de son pays. Adieu donc, cher monsieur, et à bientôt.

— Mais où courez-vous?

— Au mont Cenis, me cria l'Anglais en dégringolant les escaliers quatre à quatre, et vous ne me reverrez qu'avec les dépouilles de la guerre.

J'aurais voulu pour beaucoup retenir cet enthousiaste, mais il était déjà bien loin quand j'arrivai dans la rue.

Toute ma journée se passa en soins donnés à mes affaires, et le soir je rentrai tout fatigué et me couchai de bonne heure.

J'avoue qu'en m'endormant mes pensées n'étaient guère aux choses présentes, mais bien au bonheur que je me promettais de rentrer en France; mon Anglais était donc tout à fait oublié, quand vers minuit, je fus réveillé en sursaut par de vigoureux coups de poing frappés à ma porte.

— Eh! mon Dieu, m'écriai-je en sautant en bas du lit, le feu est-il à l'hôtel, ou l'ennemi aux portes de la ville?

— Ouvrez, ouvrez, me cria une voix retentissante de l'autre côté de la porte. Je les tiens, j'ai toute la famille piquée sur mon chapeau.

J'ouvris à l'instant. C'était lord Stanley.... Non, jamais, au grand jamais, je n'oublierai cette entrée ni cette figure. Il était méconnaissable des pieds à la tête; son front, son nez, ses joues, ses mains, tout n'était qu'égratignures. Ses habits étaient déchiquetés et couverts de vase et de poussière, et ses cheveux se dressaient hérissés sur sa tête.

Je reculai stupéfait et effrayé; mais, l'Anglais, sans rien perdre de la raideur de son maintien, posa près de ma lampe son grand chapeau de paille tout miroitant en dessus et en dessous de papillons de toutes les formes et de toutes les couleurs.

— Excusez, me dit-il, le sans-gêne de ma toilette; mais le valet de chambre qui m'a accommodé ainsi n'est pas fort, vous le voyez, sur le service.

— Enfin, expliquez-moi donc.

— Plus tard, cher monsieur, nous causerons de cela; quant à présent, le plus pressé c'est d'aller rassurer lady Stanley sur mon absence. Voici toujours vos lépidoptères. Vous voyez bien que quand un Anglais a une idée..... Mais à demain les détails.

Ces mots étaient à peine prononcés que cet extravagant me laissant son chapeau entre les mains disparut comme un éclair.

Le lendemain de bonne heure, j'étais chez lord Stanley. Je le trouvai en train de se faire poser par sa femme des mouches de taffetas d'Angleterre sur les huit ou dix écorchures dont sa figure était zébrée.

— Et c'est pour moi, m'écriai-je, c'est pour un malheureux caprice de je ne sais quels papillons que vous vous êtes mis dans cet état!

— Bah! dit l'entêté chasseur, ce n'est déjà plus rien, et cela m'a valu dix bonnes pages de souvenirs à mettre sur mon album; mais prenons le thé d'abord, et nous causerons après.

Le saisissement et le désir de savoir nous avait ôté l'appétit à lady Stanley et à moi, et nous le suppliâmes de nous dire tout de suite qui l'avait ainsi maltraité.

— C'est *il signor Orso*, nous répondit-il.

— Un ours, m'écriai-je.

— Grand Dieu! exclama la pauvre lady en pâlissant, les pressentiments et la tristesse que j'avais pendant cette mortelle journée ne me trompaient donc pas.

— Pourquoi s'émouvoir ainsi, mes amis, dit gravement l'Anglais, ne suis-je pas là devant vous, bien entier... ou à peu près? Mais écoutez mon aventure, cela vous divertira, je l'espère... si cela ne vous effraye pas trop.

J'étais hier, dès le lever de l'aurore, au pied du mont Cenis, comme Jason partant pour la Colchide; seulement la toison d'or était cette fois un essaim de papillons, et le dragon monstrueux un très-honnête homme d'ours qui s'est conduit assez courtoisement avec moi... sauf quelques égratignures sans importance. Arrivé près de la partie boisée du mont, j'avisai un pâtre qui arrivait avec son bétail et je lui demandai où je pourrais trouver des papillons.

— Ma foi, me répondit-il, je ne me suis jamais trop occupé de ce petit monde-là; voilà le bois; en suivant cette rampe qui tourne à gauche, vous arriverez à la chênaie *di mele Silvaggio*, et je crois que vous trouverez là votre affaire..... Mais gare au signor Orso; il est bon enfant, mais il n'aime pas à être taquiné.

— Ah! il y a là un ours de votre connaissance, dis-je en armant mon fusil?

— Oui, un rôdeur de bois, bonne personne du reste, malin comme une singe; car on ne peut jamais mettre la main dessus, mais sobre comme un ermite, attendu qu'il ne vit que de racines, de fruits et de miel.... Cependant il a griffes et dents, je vous en préviens.

Je quittai le pâtre et m'enfonçai dans le bois, ne songeant que médiocrement au signor Orso, ce sobre philosophe dont on ne me faisait pas un trop méchant portrait.

Le hasard me favorisa, car ce fut sans grande peine que je trouvai la belle collection de lépidoptères alpins que vous verrez au fond de mon chapeau. Les genres thaïs, parnassiens, polyommates, vanesse, etc..... venaient s'offrir d'eux-mêmes à mon filet. Je battis ainsi une grande partie de ce beau versant du mont Cenis qui regarde l'Italie. Bientôt je m'aperçus que mes courses en zigzag m'avaient ramené à l'endroit même où se passa la scène des jasmins, là même où ma petite Lisey avait vu sortir de sa tanière ce gros animal fourré comme un manchon, et qui n'avait pas voulu jouer avec elle. Je ne pouvais m'empêcher de frémir au souvenir de toutes les péripéties de ce drame heureusement avorté, quand tout à coup j'entendis à quelques dizaines de pas devant moi un frôlement de feuilles et de cailloux. Je me mis en arrêt, le fusil à l'épaule. C'était en effet mon ours philosophe qui, d'un pas grave et insouciant, gagnait un petit sentier qui me faisait face. Il me donnait la partie belle, car il me présentait sa tête bien facile à frapper. Je le visai en effet..... et je... et je relevai mon arme sans tirer. Une idée venait de surgir en moi. Ce serait un acte lâche et méchant, me dis-je; il a respecté les jours de ma fille, et j'aurais l'ingratitude de le tuer! Oh! non, certes.

— C'est ainsi que nous sommes, nous autres Anglais, ajouta lord Stanley avec un air d'orgueil national.

Il reprit ensuite son récit. — L'animal marchait lentement,

fourrageant çà et là quelques baies de plantes sauvages et mangeant des pommes épineuses dont la terre était jonchée en cet endroit·la pomme épineuse, ou *datura stramonium*, est essentiellement assoupissante.

— Il ne s'en tiendra pas là, me dis-je, en le suivant à une honnête distance; après son repas, il lui faudra le dessert, et je parie que c'est lui qui va me conduire à la chenaie *di mele Silvaggio*, où je trouverai sans doute mes hespéries..... car je m'étais bien promis de ne pas rentrer à la maison sans hespéries..... C'est comme cela que nous sommes, nous autres Anglais.

Il signor Orso poursuivit en effet son chemin, et je vous avoue qu'il m'a fallu mes bonnes jambes de chasseur et ma persistance opiniâtre pour suivre ce capricieux animal. Tantôt il fallait grimper les rampes abruptes des rocs à pic, tantôt me glisser dans les fourrés les plus enchevêtrés, les plus piquants, les plus difficiles qui se puissent voir. Nous fîmes ainsi une bonne traite sans nous arrêter, si ce n'est le temps que mettait mon éclaireur à fouir la terre pour en extraire çà et là des racines ou des tubercules de sa connaissance. Enfin nous arrivâmes à un rond point du bois formé par des chênes vieux comme le monde. La plupart de ces arbres avaient leurs troncs entr'ouverts, et dans ces interstices béantes, je vis de nombreuses ruches de mouches à miel.

Tout était vie et mouvement dans ce lieu; les abeilles allaient et venaient avec une activité incroyable. Les guêpes, les bourdons, les insectes les plus variés se croisaient en tous sens. De nombreuses bandes joyeuses de lapins s'ébattaient parmi la lavande, le romarin et mille autres plantes aromatiques, des écureuils grimpaient aux arbres, des bouquetins passaient sous la feuillée, et des papillons, des papillons hespéries, mon cher monsieur, formaient là comme un nuage bigarré qui me fit trouver ce lieu un vrai paradis.

Mon ours, qui paraissait connaître parfaitement les localités, était à peine entré dans cette enceinte qu'il était déjà à table jusqu'au menton. Il s'était dressé sur ses pattes de derrière contre un gros chêne tout ruisselant de miel, et allongeait, sans se gêner, sa grosse patte dans la ruche, tandis que de l'autre il s'efforçait de chasser ou d'écraser les milliers d'abeilles qui cherchaient à lui piquer les paupières pour défendre leur bien. Je ne m'amusai pas longtemps à regarder cette comédie, et je me mis à jouer des raquettes et du filet tant que je pus. Il faut avouer que les papillons y mettaient de leur côté beaucoup de complaisance, car c'était par demi-douzaines qu'ils se laissaient prendre.

Dans l'ardeur de la chasse, j'avais oublié, ma foi! mon compagnon fourré, et mal m'en a pris, comme vous allez le voir.

En poursuivant de ci et de là une obstinée *hespérie fritillaire*, je me reculai de quelques pas, pour mieux la happer, quand tout à coup j'allai marcher en plein sur les talons d'il signor Orso..... Oh! alors toute bonne harmonie cessa entre nous deux; car cette familiarité ne parut pas être du tout du goût de l'animal. Il retomba prestement sur ses pattes et me toisant des pieds à la tête, il m'apostropha d'un immense grognement dont toute la forêt retentit... je commençai à craindre que le mangeur de miel ne soit aussi quelque peu mangeur d'hommes. Je me reculai de dix pas et j'attendis l'événement.

L'ours ne me laissa pas longtemps dans l'incertitude, car il s'avança sur moi au trot.

Je jetai rapidement un coup d'œil sur le site qui m'environnait et vis à deux pas de moi un bloc de rocs superposés et formant une sorte de promontoire qui se terminait en pointe à deux mètres à peu près du sol. Grimper sur ce monticule et aller me loger à l'extrémité fut pour moi l'affaire d'un moment. Mon agresseur n'hésita pas à m'y suivre ; mais outre que les ours sont très-prudents de leur nature, celui-ci avait encore ce désavantage sur moi que la grande quantité de plantes narcotiques qu'il avait absorbées, telles que jusquiames, mandragores, morelles, pommes épineuses, etc., l'avaient tellement allourdi que ce ne fut qu'en trébuchant qu'il grimpa sur le monticule où j'étais. Le temps qu'il mit à cette ascension me permit de lui jouer un tour de mon invention ; car je ne voulais en venir à le tuer qu'à mon corps défendant et à la dernière extrémité.

Ce promontoire sur lequel j'étais juché se terminait, comme je l'ai dit, en une pointe avancée qui surplombait sur le sol ; je m'assurai qu'il me serait facile, au moyen de quelques arêtes vives du rocher, de glisser, puis de sauter à terre de ce côté. Je mis donc le pied sur les premières aspérités, de telle sorte que ma tête n'était plus qu'au niveau du plancher de mousse et de broussailles par où signor Orso devait s'avancer jusqu'à moi. Alors vidant la moitié de ma poire à poudre sous une pierre plate qu'il devait forcément franchir, j'établis de là à mon poste de bataille une traînée à laquelle je devais mettre le feu en temps opportun.

Et je pus bientôt dire comme dans Lafontaine :

Seigneur ours, comme un sot, donna dans le panneau.

Car lorsque la lourde bête fut arrivée à l'endroit fatal, je mis le feu à ma poudre, au moyen d'une allumette phosphorique, et la pierre enlevée et chassée violemment par l'explosion frappa sa seigneurie en plein mufle et lui fit faire un tel saut de carpe en arrière qu'il alla rouler en bas du monticule, en beuglant comme un misérable.

Il voulut se relever, mais soit douleur, soit assoupissement naturel, il ne bougea bientôt plus. Était-il réellement sens sentiment ou faisait-il le mort, comme un vilain sournois? c'est ce que vous verrez tout à l'heure.

J'avais sauté en bas de mon rocher et je me trouvais encore maître de la vie de la bête sauvage; mais je me rappelai qu'elle avait épargné ma Lisey et je voulus l'épargner aussi..... Nous autres Anglais, nous sommes faits comme cela.

Je me remis donc à ma chasse aux papillons, laissant il signor Orso ou cuver ses drogues assoupissantes, ou passer dans cet état léthargique un temps de repos réparateur. Je complétai, je crois, toute la famille des hespéries. — Ce sont ceux qui sont piqués au-dessus du chapeau : vous ne confondrez pas — et j'allais enfin me retirer, quand jetant un dernier regard sur mon dormeur dont les moustaches rudes et hérissées étaient encore imprégnées de miel, je vis un magnifique *vulcain* empêtré dans cette matière collante se débattant comme un beau diable.

Un *vulcain*, mon cher monsieur, un *vulcain* tout flambé

de noir et de rouge ; je ne pouvais en vérité le laisser sur le museau d'un ours, quelle horreur! Je m'avançai alors à pas de loup et en retenant mon haleine jusqu'auprès de l'animal, puis je me penchai le plus possible, en allongeant le bras, et crac..... ce ne fut pas le papillon qui fut pris ; mais bien votre serviteur que cet hypocrite de faux dormeur happa par le bras avec ses ongles crochus, enleva et pelotonna comme un fétu de paille entre les quatre énormes piliers qui lui servent de jambes.

Dans ce moment suprême, j'eus encore cette pensée : heureusement, me dis-je, que mon chapeau a roulé loin de ce butor et que les ailes de mes lépidoptères ne seront pas froissées... vous voyez qu'on ne pouvait pas être plus heureux que cela.

J'étais toutefois rudement mené par la bête, ses griffes mettaient ma toilette dans un déplorable état. Tout mon soin consistait à éviter cette tête affreuse qui se soulevait par bonds (l'animal était alors sur le dos) ; j'étais outre cela assez embarrassé par mon fusil qui était passé en bandoulière sur mon dos, et je commençais grandement à voir que la partie n'était plus égale, et si même la lutte durait si longtemps, c'est probablement parce que mon ours n'était pas encore revenu tout à fait de son étourdissement. Cependant à bout de force et ne sachant plus comment me préserver de ces terribles crocs qui me menaçaient, je saisis mon fusil dont la bretelle venait de se casser et lui passai le canon à travers la gueule : ses dents s'y brisèrent de rage. J'eus cependant un instant de répit ; car j'étais parvenu à me dégager à moitié de cette affreuse étreinte..... quand une circonstance fortuite, inouïe, inespérée vint enfin à mon secours. L'ours, en se démenant avec ce fusil qu'il mordait de toute la force de sa mâchoire, en fit partir, je ne sais comment la double détente.

L'explosion fit des merveilles, il signor Orso, épouvanté de la détonation des deux coups de feu, ne fit qu'un bond tout d'une pièce et se retrouvant sur ses quatre pattes il se sauva au galop comme si toute l'artillerie d'un régiment était à ses trousses.

J'étais enfin hors d'affaire ; cependant je crus prudent de ne pas attendre que l'ennemi revînt à la charge et je quittai la place presque aussi lestement que mon antagoniste qui court encore probablement. Et me voilà, un peu chiffonné peut-être, mais au moins tout entier..... à peu de chose près.

Je ne vous dirai pas, mes jeunes amis, quels furent mes remercîments, mes excuses et mes adieux à cette bonne famille ; tout cela partit du cœur. Quelques heures après ce pittoresque récit de mon enthousiaste Anglais. Je montai en voiture pour rapporter ici mes *hesperies* dus à la coopération d'il signor Orso. Nous allons maintenant les examiner en détail.

THAIS HYPSIPYLE GENRE THAIS

Ce papillon est aussi nommé *la diane*. Il est fort joli et valait en vérité la peine d'aller le chercher en Savoie ; du reste il se trouve aussi dans les contrées les plus méridionales de la France. Le fond des ailes est jaune contrarié de bandes noires brisées qui font un charmant contraste. Le bas des ailes est admirable ; c'est un feston largement échancré dont chaque dentelure est surmontée d'un point rouge qui y brille comme un rubis ; ces dentelures formées de deux bandes noires et d'un rouge éclatant ajoutent encore à la richesse de l'individu.

L'APOLLON GENRE PARNASSIEN.

C'est l'indigène fidèle des Alpes. Comme son docte homonyme Apollon il habite, non sur le Parnasse, mais sur les hautes montagnes alpines.

On voit à ses ailes grandes et vigoureuses que ce papillon est de la patrie des aigles et qu'il doit comme eux planer dans les régions élevées. Sa couleur locale est d'un blanc teinté de jaune. Le bord terminale est ondé de nuances chatoyantes et le milieu est largement marqué de taches noires, ces mêmes taches se reproduisent sur les ailes inférieures, mais elles sont rouges, avec l'iris blanc.

LE PHŒBUS OU DELIUS GENRE PARNASSIEN.

Les allures de celui-ci sont plus modestes que celles du précédent ; il n'habite les montagnes qu'à leur base et dans les parties marécageuses. Son envergure est moins puissante et les taches et les yeux rouges qui décorent ses ailes ont aussi moins d'éclat. Il ressemble du reste d'autre part à l'Apollon son frère aîné.

LA PIÉRIDE COLLIDICE.

Les piérides sont généralement jolies; celle-ci n'a que la beauté de l'innocence, elle est blanche et simple comme une jeune pensionnaire en tenue de procession, quelques mouchetures noirâtres pointillent à peine le bord des ailes.

PIÉRIDE DE LA BRYONNE (LE NAPI).

Ses ailes sont d'un blanc jaunâtre et semblent avoir été légèrement ombrées d'une teinte noirâtre entre chaque nervure, ces nuances étendues comme avec un pinceau moirent agréablement le fond local.

COLIADE PALONO (LE SOLITAIRE).

Voici encore un fort beau sujet qui mériterait à lui seul qu'on allât le chercher en Savoie, sa patrie. Le fond de ses ailes est d'un ton jaune d'or très-agréable, bordé d'une très-large bande veloutée noire et portant sur les ailes inférieures deux mouchetures blanches qui semblent deux taches de lait; mais ce qui le rend tout magnifique et tout coquet, c'est une belle frange satinée rouge-vif qui fait la bordure de ses ailes.

COLIADE CLÉOPATRE.

Aussi fastueuse, aussi éblouissante que devait être sans doute
sa royale homonyme la reine d'Égypte, cette coliade est or
sur toute sa personne, si ce n'est une large nuance orangée
qui occupe le milieu des ailes et en relève encore l'éclat.
Deux points rouges sont implantés sur les ailes inférieures
et ressemblent à deux rubis.

POLYOMMATE DE L'ORPIN.

Ce tout petit papillon, avec son costume fort modeste, car il
est de cette couleur douteuse tellement chagrinée de noir mélangé qu'on ne peut lui assigner un nom, n'en est pas moins fort
prétentieux au fond dans son ajustement: voyez le bord de
ses ailes, comme il est frangé de brun relevé par de petits points
noirs et blancs, comme de petits joyaux d'ivoire et d'ébène.
Aux ailes inférieures ces points sont bleuâtres et en forme de
petites couronnes.

Où la vanité, dites-le moi, va-t-elle se nicher !

POLYOMMATE ICARIUS (AMANDUS).

Il est d'un brun foncé, glacé de bleu, ce qui en certaines positions lui donne un reflet velouté fort agréable. Une petite frange blanchâtre lui fait au bord des ailes une collerette assez agréable.

POLYOMMATE MÉLÉAGRE (LE DAPHNIS).

Dans toute sa petite personne, forme, couleur, harmonie, tout est à louer. Ce petit papillon est bleu glacé d'argent. Ses ailes ont une bordure noirâtre égayée par un liseré argent mat qui tranche heureusement. Sur les ailes inférieures la bordure est un feston échancré avec grâce dont chaque dent à un petit coup de pinceau bleu d'azur qui égaie encore tout cet ensemble un peu sévère à la vérité.

LUCILE (GENRE NYMPHALE).

Celui-ci est de moyenne grandeur. Son costume, quoique bien brun, n'est cependant pas sans agrément ; car il a à chaque nervure et placée longitudinalement une large et belle écharpe blanche composée de taches oblongues tellement rapprochées que leurs lignes d'intersections ne semblent être que les plis de ce large ruban. Un léger et bien mince feston borde, outre ses segments blanchâtres, l'extrémité des deux paires d'ailes.

147

PALIS (GENRE ARGYNNE)

C'est un joli petit papillon aux allures innocentes et douces, et cependant habillé comme un petit tigre américain. Sur un fond fauve d'une teinte chaude on voit courir des dessins noirs droits, courbes, arrondis, absolument comme sur la peau d'un jaguar. Un léger duvet donne encore à ce bel habit une apparence veloutée fort agréable à l'œil.

VULCAIN (GENRE VANESSE)

Voici, mes jeunes amis, un des princes de la nation papillonne. Nous ne pouvons nous dispenser de lui rendre l'hommage qu'on doit au mérite et à la beauté. Allons, mon beau papillon, laissez-vous louanger un peu ; à tout seigneur, tout honneur, et vraiment si maître Renard était là, il vous encenserait certainement d'un « Vous êtes le phénix des hôtes de ces bois. » Montrez-nous, je vous prie, ces magnifiques ailes noires traversées par une bande couleur de feu, puis ces taches blanches comme la neige, ressortant, avec tant d'éclat, sur un fond brun ondé de nuances diverses. Étalez-nous complaisamment ces belles et grandes ailes dont l'envergure a tant de grâce et de puissance, et nous vous proclamerons un des plus beaux papillons d'Europe.

CORDULA (GENRE SATYRE).

Ce papillon est d'un brun foncé fort agréable, quoique modeste et sans éclat; cependant il n'est pas sans avoir quelques joyaux de bon goût sur son costume; ce sont de beaux yeux noirs entourés d'une auréole fauve et éclairés au centre par un point blanc du plus vif éclat.

AELLO-SATYRE.

Il semble, en examinant le costume de ce papillon couleur carmélite, voir un de ces pauvres cénobites de quelque misérable monastère d'Espagne, se promenant dans les sierras avec son froc d'un sombre aspect, de diverses nuances. Ainsi notre aello est en général carmélité, mais vers les deux tiers des ailes, il y a une large partie plus claire, puis un peu plus loin une bande noirâtre et enfin, par ci, par là, des maculatures qui font en vérité l'effet de trous sur ce pauvre habillement.

CLOTHO-SATYRE.

Le dessin qui orne les ailes de ce papillon résout le pro-

1 — Le Paon du Jour (à couleurs variées)
2 — [illegible] Mégère
3 — [illegible]
4 — [illegible]
[illegible]

blème de peinture qu'il n'est pas impossible avec du noir et du blanc seulement de produire de très-jolis effets.

Ce papillon est aussi, comme quelques-uns de ses pareils, nommé *demi-deuil*. Il a les ailes d'un blanc que je ne dirai pas pur, car il est légèrement sali de jaune pâle ; sur cette teinte se dessinent, d'abord vers le milieu des ailes, des taches de formes bizarres, heurtées en pointe, en angle, en scie, etc. ; puis vers les bords ces mêmes dessins se contournent en ogives, au nombre de six. Quatre de ces ogives, aux ailes inférieures, sont surmontées de points noirs cerclés, comme la planète de Saturne d'un anneau formé d'autres petits points infiniment plus petits. En un mot le compas semble avoir passé par là : à coup sûr l'élégance et le bon goût n'y font point défaut.

Là se termine la riche nomenclature des papillons que m'avait donnés lord Stanley quand nous nous quittâmes. Je veux cependant, avant de finir de parler de mes relations avec cette bonne famille anglaise, rapporter ici un secret de chasseur de chenilles que lady Stanley m'a appris et dont elle s'est souvent servie pour aider à son mari dans ses recherches entomologiques.

— Ma petite Lisey, me dit-elle, a de tout temps eu la passion des oiseaux. Elle avait en Angleterre, dans notre domaine, une volière qui en contenait près d'un cent. Pour recruter sa petite république volante, la chère enfant puisait à pleines mains dans ma bourse — et je vous assure y puisait largement — elle achetait tout ce qui avait ailes et pattes, quelles que fussent la couleur, la figure ou la race.

Un jour, elle revenait, avec sa bonne, d'une longue promenade dans les champs ; elle était fatiguée et avait une soif extrème. Le petit panier de voyage qu'elle emportait ordinairement avec elle était bien encore fourni de pains au lait, de gâteaux, de chocolat, etc. ; mais la bouteille qui contenait le sirop de groseilles était vide depuis longtemps, et Lisey et sa bonne hâtaient le pas afin de venir au plus vite à l'hôtel étancher cette soif ardente qui les tourmentait l'une et l'autre. En passant près d'un moulin, ma fille crut entendre des sanglots et des plaintes au delà d'une haie qu'elle longeait depuis quelques minutes ; elle s'arrête et bientôt acquiert la certitude qu'elle ne s'est pas trompée et que c'est une petite paysanne, assise sur le revers d'un fossé, qui pleurait et se lamentait amèrement.

— Qu'as-tu donc à te chagriner ainsi, petite? lui dit Lisey.

— Miss..... répondit la petite désolée, en redoublant ses sanglots, c'est que..... c'est que papa va nous quitter.

— Et pourquoi cela ?

— Parce que nous sommes tout plein, tout plein d'enfants, et qu'il dit qu'il ne gagne pas assez pour nous nourrir. Il va se faire soldat... de garde-moulin qu'il est.

— Eh bien ! mais, s'il vous abandonne, ce sera encore pis, ce me semble.

— C'est ce que maman lui a dit, mais il lui a prouvé le contraire. « Toi, lui a-t-il répondu : en raccommodant les sacs du meunier John Burley, tu gagnes la nourriture que tu partages avec les six enfants, et vous avez bien juste de quoi vivre ; mais moi, qui n'ai qu'un bien petit salaire chez cet avare meunier, je suis obligé quelquefois de prendre sur votre part. Tout cela est trop humiliant pour un homme, et je veux absolument sortir de cet état de choses qui me fait honte. Je vais me vendre au gouvernement; le prix de ma liberté vous fera vivre plus largement et vous sortira tous de cette affreuse misère. Eh bien! au bout de mon temps de service, nos enfants auront grandi et seront tous en état de gagner leur vie, et Dieu, qui récompense les bonnes intentions, me prendra peut-être en pitié et aura changé le cœur dur et avare de ce meunier.

Ce simple et touchant récit arracha des larmes des yeux de ma Lisey; elle se hâta de tirer sa petite bourse et de présenter une pièce d'argent à l'enfant.

— Oh! non, non, miss, dit la petite paysanne en repoussant doucement son offrande, papa ne le voudrait pas; il dit que jamais la main ne doit se tendre à l'aumône, tant que les bras sont encore bons. Et d'ailleurs, ajouta l'enfant en redressant sa jolie tête blonde avec une sorte de fierté... je travaille aussi, moi.

— Et que fais-tu donc, pauvre petite? demanda ma fille.

— Si je vous le disais, miss, ça vous ferait bien rire certainement.

— Eh bien! qu'est-ce donc?

La petite paysanne hésita un moment à répondre; puis se levant et essuyant tout à coup ses yeux :

— Eh bien! venez le voir, et quoique vous ne pourrez pas vous empêcher de trouver cela un drôle de métier, ça vous amusera bien sûr.

La curiosité piqua un peu, j'en conviens, ma petite fille; cependant autre chose l'occupait bien encore un peu: c'était cette soif incommode qui lui brûlait le gosier, et tout en parlant à la paysanne, elle lorgnait avec une certaine convoitise de grosses pommes vertes qu'elle avait dans son tablier; l'enfant s'en aperçut sans doute, car elle lui dit : en voudriez-vous une?

— Certes, répondit Lisey en souriant; mais je me rappelle comme toi, ma petite, qu'on ne doit rien prendre... à moins cependant, continua-t-elle en ouvrant son panier aux provisions, que tu ne veuilles recevoir...

Puis elle étala ses petits pains au lait et ses gâteaux.

De part et d'autre les enjeux étaient, convenez-en, bien tentants; aussi la résistance ne pouvait être éternelle; du reste, il y avait des offres faites des deux côtés avec une générosité de cœur parfaitement égale.

— Comme ces pommes doivent être rafraîchissantes! pensait Lisey... et la maison est encore si loin !

— Comme ces gâteaux sont dorés et appétissants! disait la paysanne à part soi; moi, qui n'en ai pas mangé depuis la dernière fête du village... il y a neuf mois de cela.

Tout alla si bien, du reste, que les deux enfants n'étaient pas encore arrivés à la porte du moulin que les pommes et les gâteaux n'étaient plus qu'un souvenir.

Trois heures sonnaient comme on avalait les dernières bouchées ; c'était pour la petite-fille du garde-moulin l'heure du travail.

— Montons à *l'atelier*, dit-elle à ma fille, et vous allez me voir à l'ouvrage, moi et mes petits ouvriers.

— Comment, les ouvriers? dit Lisey.

— Mais, certes, miss, mes ouvriers, et de fameux travailleurs, allez. Attendez, attendez un moment encore, et vous allez être émerveillée.

Lisey, toujours accompagnée de sa bonne, monta une assez

raide échelle de meunier, et bientôt on se trouva dans un immense grenier dans lequel était un monceau de blé qui en remplissait la presque totalité.

Les regards de ma fille interrogèrent ceux de la paysanne, semblant lui dire : Jusqu'à présent il n'y a pas encore trop de quoi rire.

La fille du garde-moulin ne répondit que par un sourire à cette provocation, puis se dirigea vers l'unique fenêtre qu'il y avait à ce grenier, et l'ouvrant, laissa voir un épais rideau de verdure composé de jasmin, de lilas et de clématite.

— Allons, fit-elle de sa voix la plus douce, allons, petits paresseux, à l'ouvrage! Il faut gagner notre souper.

Aussitôt une volée de quatre charmants bouvreuils s'échappa du feuillage et vint s'abattre sur le monceau de blé; puis tous, avec une ardeur et une émulation extraordinaires, se mirent à travailler des pattes et du bec, comme s'ils étaient payés à la tâche.

Ce petit manége amena bientôt son résultat, car il ne tarda pas à s'élever du blé ainsi fouillé et remué, des nuées de papillons dont les petits ouvriers ailés firent une ample déconfiture. Ce fut là la partie la plus amusante, la plus risible du drame, et Lisey riait aux éclats de voir ces intrépides bouvreuils courir et voler çà et là après les papillons, les happer au vol, puis se remettre au grain et se démener comme des petits fous pour en avoir d'autres.

Tout ce que pouvait dire pendant cette scène divertissante, ma petite Lisey, qui pleurait à force de rire, c'était : Oh! si j'avais un petit oiseau comme cela, je donnerais tout ce qu'il y a dans ma bourse, je donnerais ma grande poupée à robe de satin rose.

ma petite corbeille en chenilles ; je donnerais tout ce qu'on me demanderait.

— Petite, petite, dit-elle à la paysanne en lui prenant les deux mains, veux-tu m'en vendre un, rien qu'un, hein ?

La fille du garde-moulin prit alors un air réfléchi :

— C'est que... voyez-vous, miss, dit-elle, ces oiseaux sont mon gagne-pain ; le meunier me donne huit sous par jour pour nettoyer ainsi son blé, et, en conscience, si je lui retranche un ouvrier, je ne pourrai plus recevoir de lui ces huit sous tout entiers.

La raison était péremptoire ; c'était la justice et la probité qui la dictaient ; les commentaires et les arguties n'avaient rien à faire là. Aussi Lisey parut-elle accablée de l'impossibilité où elle était réduite de n'avoir rien à répliquer.

Après dix bonnes minutes de réflexion cependant, ma Lisey fit un bond de joie.

— J'ai trouvé un moyen, s'écria-t-elle, un moyen que tu ne peux t'empêcher toi-même d'approuver ; le voici :

— D'après ce que te donne ton avare de meunier, je vois que huit sous par jour pour les quatre oiseaux, cela fait... attends... Cela fait juste deux sous par oiseau.

— Comme vous comptez bien, miss! fit la petite paysanne : c'est vrai, ça fait deux sous par oiseau. Eh bien! si je vous en donne un, je ne pourrai plus recevoir en conscience, comme je vous le disais tout à l'heure, que... attendez aussi, que... six sous. Est-ce cela ?

— Parfaitement. Eh bien! voilà mon plan. Je vais te donner tout de suite autant de deux sous qu'il y a de jours dans l'année, et tous les ans je renouvellerai ma rente. Mais combien cela fait-il, deux sous par jour?

— Ah! dame, miss, faudrait savoir combien il y a de jours dans un an. Le savez-vous, vous?

— Je crois que oui, mais j'ai peur de me tromper. Fanny, dit ma petite arithméticienne dans l'embarras en s'adressant à sa bonne, dites-nous donc cela?

— Trois cent soixante-cinq, miss.

— Bon! et quelle somme cela fait-il?

— Trente-six francs cinquante centimes, miss.

— Pas possible! s'écria la petite-fille du garde-moulin; mais il faut être une princesse pour avoir cette somme tout entière à soi.

— Bah! une princesse; maman, qui n'est que lady Stanley tout court, en a bien d'autres, va. Tiens, petite, voici dix francs dont je puis disposer. Prends-les, et dès ce soir je demanderai le reste à papa. Il est si bon qu'il ne me refusera pas.

Bref, après quelques combats de générosité de part et d'autre, le marché fut conclu et l'oiseau livré.

Lisey le rapporta à la maison triomphalement perché sur son épaule, car la gentille petite bête était si bien apprivoisée qu'elle s'attacha tout de suite à mon heureuse petite fille qui vint naïvement raconter à son père les *dettes qu'elle avait faites.*

Lord Stanley et moi, qui n'avons au cœur qu'une pensée, qui est de rendre heureuse en tout et partout notre adorable enfant, nous ratifiâmes aussitôt le traité. Mon mari trouva même moyen, continua l'excellente mère de Lisey, d'arranger les choses beaucoup mieux encore, et d'augmenter la pension promise sous un spécieux prétexte qui ne devait blesser en rien l'honnête susceptibilité du garde-moulin. Voici ce qui fit naître ce prétexte : en jouant avec sa fille et ce cher petit rouge-gorge dans le jardin, il remarqua que l'oiseau que l'on avait placé par hasard au pied d'un cep de vigne s'étant mis à gratter avec ses pattes et son bec (on voit qu'il n'avait pas oublié son ancien métier) avait mis à découvert très-promptement plusieurs chrysalides du sphinx de la vigne. Prenant de là le motif que le rouge-gorge allait rendre un immense service à sa vigne, en détruisant les sphinx qui, au printemps, en dévoraient les bourgeons, il tripla la pension.

Et ma petite Lisey ne manque pas, à chaque trimestre, d'aller, toute gaie et toute heureuse payer *son quartier* à la petite fille du pauvre garde-moulin, qui, en raison de ce petit surcroît de fortune, a tout à fait abandonné son funeste projet d'aller se faire soldat.

Voilà donc un petit rouge-gorge qui a fait bien des heureux à la fois : d'abord en conservant un père à ses enfants, puis en nous révélant, quoique indirectement, tout ce qu'il y a de sensible et de bon dans le cœur de notre fille bien-aimée. Et enfin en défendant la vigne de notre jardin de ses insectes destructeurs..... Toutefois, ajouta en souriant l'heureuse mère de Lisey, ce dernier motif est jusqu'à présent le moins prouvé, en comparaison des autres. »

Vous voyez, mes jeunes amis, que voici encore un aide-naturaliste que je vous propose pour la chasse aux chenilles, c'est le rouge-gorge apprivoisé. Toutefois je pense, moi, qu'il ne faudrait pas avoir une confiance illimitée dans ce petit acolyte emplumé, et qu'il serait bon de faire avec lui, comme font les chercheurs de truffes, dans le Périgord, à l'égard de ces bonnes grosses bêtes qui les leur déterrent avec leur groin, c'est-à-dire veiller au grain dès que l'objet est découvert, car on pourrait bien voir le rouge-gorge se faire la part du lion.

J'ai connu un jardinier qui élevait des vanneaux et les dressait à la chasse aux chenilles dans son jardin; ces intrépides petites bêtes en faisaient une effrayante destruction; mangeant indistinctement les *apollons*, les *vulcains*, les *belles-dames*, les *sylvains*..... Les petits monstres qu'ils sont.

Mais éloignons de nous ces sanglantes Saint-Barthélemy; du reste, une autre série, bien intéressante, vous le verrez, nous réclame : ce sont les crépusculaires. Et si ce n'est pas par trop professeur que de vous citer deux beaux vers du prince des poëtes latins, je vous dirai :

> Et jam summa procul villarum culmina fumant
> Majoresque cadunt altis de montibus umbræ.

C'est vous dire : le jour baisse, le soir arrive; songeons aux papillons du soir.

DEUXIÈME PARTIE

CHASSE AUX PAPILLONS.

--->>>>►◄◄◄--- · ·

LES CRÉPUSCULAIRES.

Nous sommes, ce me semble, mes jeunes amis, en possession d'une très-honnête collection de papillons de nuances et de forme admirables, et déjà nous pouvons être fiers de nos cadres tout miroitants, tout éblouissants de ces diamants ailés. Il nous reste cependant beaucoup à faire encore pour compléter notre muséum lépidoptérien. Et les *crépusculaires* qui nous attendent, et les *nocturnes* qui comptent sur nous, tout en s'ébattant joyeusement par les beaux clairs de lune! Attendez, attendez encore un peu, petits insouciants, nous saurons bien nous lever assez matin pour avoir les premiers et nous coucher assez tard pour découvrir les seconds dans leurs ombreux bocages.

Cette fois encore, mes braves chasseurs, je viens faire appel à votre constance, à votre ardeur. Je ne vous sonnerai point cependant avec le clairon guerrier cette fanfare :

« A vaincre sans péril on triomphe sans gloire. »

Nous n'avons franchement pas de grands périls à redouter, et notre part de gloire dans nos faciles conquêtes ne sera jamais que bien modeste ; mais enfin nous allons avoir une petite dose de patience et de fatigue de plus à ajouter à nos travaux entomologiques.

C'est ici surtout qu'il nous faut prendre au sérieux notre métier de collectionneur ; car nous n'aurons plus que rarement de ces surprises, de ces éblouissements des yeux à la vue d'une capture toute étincelante de pourpre et d'or... Non, il faut nous attendre à voir aller *decrescendo* nos points d'exclamation. Les crépusculaires, je vous en préviens, sont des gens modestes de leur personne, et les *nocturnes* souvent plus que modestes. Mais, vous et moi, mes jeunes amis, nous sommes certes par trop artistes pour avouer tout naïvement que nous préférons par exemple la peinture chinoise, ce barbouillage où tout est éclat et lumière sans ombre ni perspective, à cette bonne et sage peinture italienne ou française, où la pénombre et les demi-teintes viennent si savamment donner de l'harmonie à l'ensemble, du charme, du mouvement et de la vie au tableau.

Vous sentez donc bien maintenant qu'à nos *diurnes* trop coquets, trop chamarrés et tout dorés sur les coutures, il nous faut absolument des *crépusculaires* et des *nocturnes,* ombre et pénombre.

Vous pensez sans doute, en m'entendant vous parler ainsi,

que je cherche un tant soit peu à vous dorer cette pilule d'une chasse matinale et d'une chasse aux flambeaux, et que je n'ai en vue que de vous glisser cette insinuation d'Argan, dans le *Malade imaginaire* : « Passez-moi la casse, je vous passerai le séné. » Ce qui pourrait se traduire par cette variante : Passez-moi les papillons bourgeois, je vous passerai les grands seigneurs... Eh bien ! en vérité, je vous l'avoue, je ne saurais employer des moyens subreptices, et je me hâte de vous dire que vous avez deviné juste.

Ceci posé, causons un peu des papillons *crépusculaires*, avant de courir après.

Cette classe, je vous l'ai dit, a moins de brillant, moins d'attrait que ceux de la classe précédente ; cependant ne nous décourageons point, nous trouverons encore parmi eux de forts jolis sujets aux couleurs harmonieusement distribuées, aux nuances douces et agréables. Le caractère distinctif de la race les fera facilement reconnaître : c'est que leurs ailes, au lieu d'être tenues relevées à l'état de repos, se couchent horizontalement sur le corps et quelquefois s'abaissent en forme de toit. Le vol de ces papillons est précipité et bruyant. Vous devez vous rappeler que le matin ou le soir vous avez entendu parfois passer sous vos yeux quelque chose de rapide comme la flèche et bourdonnant comme un frôlement assez sonore. Eh bien ! ce devait être quelque sphinx crépusculaire qui prenait joyeusement ses ébats à l'heure où les autres dorment encore ou vont se coucher.

Leurs chenilles sont ordinairement munies d'une corne à la partie supérieure : elles ont le corps ras et marchent avec seize pattes.

Si vous suivez un papillon crépusculaire, vous pourrez croire qu'il ne mange jamais ou qu'il méprise souverainement les fleurs ; car on le voit rarement s'arrêter sur aucune d'elles ; cependant, observez bien son petit manége et vous remarquerez qu'en effleurant un lis, une rose ou un œillet, il plonge, avec une promptitude presque inappréciable, dans leur calice l'extrémité d'une longue trompe qui se déroule et va fort habilement humer une parcelle du divin nectar qu'on suppose qu'il dédaignait.

Notre raquette nous sera donc dans cette chasse tout à fait inutile. Nous n'avons de chance, pour attraper les *crépusculaires*, que de les guetter patiemment et surtout l'oreille toujours aux aguets, et de jouer habilement du filet quand nous entendrons ce bourdonnement qui heureusement annonce de loin leur présence.

Le nom générique de cette tribu est *sphinx*, de même que celui des nocturnes est *phalène* ou *bombyx*.

Maintenant, mes jeunes amis, partons, si vous le voulez bien ; il est six heures... Reculeriez-vous vraiment à vous lever de si matin ?... Vous ne savez donc pas tout ce qu'on gagne de contentement, de bonheur et de santé à aller voir se lever l'aurore? Écoutez ce qu'en dit un auteur de nos jours :

« Mille voix d'oiseaux s'éveillent à leur tour. Voici la cadence
» voluptueuse du rossignol ; là, dans le buisson, le cri moqueur
» de la fauvette ; là-haut, dans les airs, l'hymne de l'alouette
» ravie qui monte avec le soleil ; l'astre magnifique boit les va-
» peurs de la vallée et plonge son rayon dans la rivière dont il
» écarte le voile brumeux. Tout s'embrase, tout chante... etc. »
(G. SAND.)

Et le soir. Qu'en pensez-vous encore ? Croyez-vous qu'une

bonne promenade, là-bas, loin de la ville, loin des tracas, loin des souvenirs d'une fatigante journée, et par un beau soleil couchant, nous ne serons pas heureux de nous trouver un peu seuls?... Laissez-moi encore vous citer un délicieux passage d'un poëte de l'école romantique :

» Plus loin, allons plus loin... aux feux du couchant sombre
» J'aime à voir dans les champs croître et marcher mon ombre,
» Et puis la ville est là : je l'entends, je la voi,
» Pour que j'écoute en paix ce que dit ma pensée,
    » Ce Paris, à la voix cassée,
    » Bourdonne encor trop près de moi.

» Je veux fuir assez loin pour qu'un buisson me cache
» Ce brouillard que son front porte comme un panache,
» Ce nuage éternel sur ses tours arrêté,
» Pour que du moucheron qui bruit et qui passe.
    » L'humble et grêle murmure efface
    » La grande voix de la cité.

Victor Hugo.

LES SÉSIES.

Je vois que notre chasse aux *crépusculaires* va commencer par une famille de petits originaux qu'il ne sera pas très-facile de classer rigoureusement, car, dans cette race, nous allons trouver les cousins de tout le monde. Tenez, en voilà justement une bande tout entière happée d'un seul coup. Eh bien ! tout en les piquant sur nos liéges, demandons-leur un peu leurs noms de

baptême, qui, du reste, seront faciles à deviner ; car leur physionomie nous est déjà à peu près connue d'ailleurs.

La sésie a, en général, un corps allongé et fluet qui se termine
par un petit bouquet de soie, semblable à un pinceau de blaireau ;
ses ailes sont étroites, allongées et semblent s'écarter assez osten-
siblement du genre *lépidoptère* (c'est-à-dire ailes à écailles),
car elles sont transparentes, à peu près comme celles des libellules (ou demoiselles). La teinte en est presque toujours bleu-
cendré, fortement tranchée par des nervures plus foncées. L'extrémité, frangée de noir, a une jolie tache rouge, noire ou jaune
qui fait un bel effet quand le petit voltigeur vient tournoyer, dans
ses mille caprices, tout autour de nous.

Maintenant cherchons à désigner chacune de ces sésies par
leurs petits noms. La conformation et même l'ornementation des
ailes étant presque en général la même dans tous les individus,
il ne nous reste plus qu'à chercher les petites variantes que présente la forme du corps. Ainsi, celle-ci dont le corselet aminci
et l'abdomen brusquement renflé nous rappellent l'abeille, s'ap-
pellera la sésie *api-formis* (forme d'abeille), cette autre au corps
allongé semblable à celui de l'ichneumon, cette variété de la libel-
lule, sera la sésie *ichneumoni-formis*. Voici la *formicæ-formis*
(forme de formi), la *tipuli-formis* (forme de tipule, ou cousin), la
crabro-formis (forme de frelon), la *culici-formis* (forme de cousin), la *muscæ-formis* (forme de mouche), la *myopi-formis*
(forme de guêpe), l'*œstri-formis* (forme de taon), etc., etc.

Vous voyez que la famille est belle et nombreuse, et je puis
dire encore : « J'en passe, et des meilleurs. »

Nous allons cependant conserver ces jolies petites bêtes moitié papillons, moitié insectes, afin qu'on n'ait pas à nous repro-

cher une lacune dans notre collection, puis nous nous hâterons de courir à un plus gros gibier, et les *sphinx*, sous ce rapport, ne nous laisseront rien à désirer.

GENRE ZYGÈNE.

Tout en courant après le gros bétail, traversons, si vous le voulez bien, mes jeunes amis, ce beau domaine qui s'étend le long de cette riche et luxuriante vallée toute émaillée de trèfle incarnat, de marguerites, de coquelicots et entrecoupée de pièces d'eau et de bouquets de saules ou de châtaigniers; non-seulement j'en connais le propriétaire, mais je veux aussi vous le faire un peu connaître, si ce n'est toutefois sa personne, au moins un de ses actes dont je vous laisserai à apprécier la valeur et le mérite.

Du reste, si je vous fais passer par cette amirable propriété, c'est que j'ai mes raisons pour cela et que je sais d'avance que nous ne serons pas sans faire une belle et bonne moisson de charmants petits papillons rouges, roses, aurore composant la gracieuse famille des zygènes; cela nous tiendra en appétit pour les grosses pièces que nous trouverons au delà, un peu plus tard.

Mais, tout en cheminant, écoutez l'épisode que je viens de vous promettre sur le propriétaire de ce domaine, M. de Champ-rosé; peut-être cela vous intéressera-t-il, car le récit d'une bonne action ne peut manquer de faire plaisir.

Voyez d'abord là-bas ce modeste enclos de haies de troëne

ceignant un champ de quelques arpents au milieu duquel s'élève une vaste et jolie chaumière qui disparaît sous l'ombrage des châtaigniers, des faux-accacias et des sorbiers. Cette bien modeste propriété semble implantée là par le caprice, ou plutôt paraît y avoir été oubliée lorsqu'on a dessiné les belles et riches dépendances qui l'entourent. Tout ce domaine en miniature s'appelle *le clos des Porthmann*, et en voici l'histoire.

Julien Porthmann, qui l'habite avec ses cinq enfants, est un ancien militaire, fils de militaire lui-même. Il était maître armurier dans un régiment de dragons et avait femme et enfants. Obligé de suivre son corps dans tous les dépôts où on l'envoyait tenir garnison, il parcourut ainsi avec sa petite famille une partie de nos départements et alla même passer une dizaine d'années en Afrique, où il eut le malheur de perdre sa femme qui n'avait pu résister au climat brûlant de la Mitidja.

Pendant ces pérégrinations forcées, son vieux père, qui s'était usé et énormément fatigué au métier des armes, avait pris son congé et s'était retiré avec une toute petite pension au clos des Porthmann, lieu héréditaire de ses aïeux et dont la possession, non interrompue, remontait déjà à plus d'un siècle.

C'était là que tous les Porthmann venaient mourir ; ce fut là aussi que le vieil André vint finir ses jours. Mais les derniers moments du vieillard avaient été bien rudes ; car ses mains affaiblies n'avaient pu cultiver à profit ce champ de pommes de terre et de légumes qui devait le nourrir, et puis ce bon père savait que son fils Julien (celui qui est là aujourd'hui) avait de bien lourdes charges à supporter ; il se saigna donc bien des fois pour lui envoyer quelques secours et s'obéra lui-même, au point qu'un jour, atteint subitement d'une paralysie générale, il se trouva réduit à manquer de tout. Les habitants du village vinrent bien à son secours, car André Porthmann était aimé de tout le monde ; mais, vous le savez, à la longue la charité se lasse, l'élan des cœurs n'est pas éternel ; on donna d'abord, puis on prêta, en hypothéquant ces petites créances sur le clos et sur la chaumière.

Le pauvre paralysé ne comprenait plus guère sa situation et ne se doutait même pas que chaque jour il aliénait l'héritage sacré de ses aïeux.

Enfin il mourut... La justice et tous ses accessoires, ses lois et ses paperasses, surgirent tout aussitôt sur le pauvre héritage, comme un corbeau qui vient implanter ses serres sur un corps mort. Tous ceux qui avaient ménagé l'homme se crurent dispensés de ménager la chose ; bref, le clos des Porthmann fut mis en vente.

Je vous ai déjà fait remarquer que ce petit coin de terre posé comme un annexe disparate tout près du château de M. de Champrosé, contrariait énormément la symétrie du domaine princier qui l'entoure. Le seigneur du château vit tout de suite que l'occasion était superbe pour se débarrasser de cet incommode voisinage. Il acheta toutes les créances éparses dans tout le village et se rendit seul créancier. Cependant, bien qu'il réunît une somme de dettes équivalente à la valeur de l'immeuble, il ne put s'en emparer immédiatement ; car la loi exigeait que l'abandon lui en fût fait par le légitime et actuel propriétaire, Julien Porthmann, fils du défunt. M. de Champrosé ne vit plus alors là-dedans qu'une question de temps, bien certain que le pauvre armurier avec ses cinq enfants ne serait jamais en mesure de purger l'énorme hypothèque qui pesait sur l'héritage.

Il attendit donc.

De son côté, Julien Porthmann, qui ne connaissait pas toute l'importance de la dette depuis la mort de son vieux père, se sentait pris de nostalgie, c'est-à-dire de l'ennui du pays.

Son congé expirait, ses enfants grandissaient. L'exemple de ses pères, qui tous étaient venus jouer là le dernier acte de leur vie, l'entraînant, il résolut tout d'un coup, de soldat, de se faire laboureur.

Un beau jour il débarqua donc au clos des Porthmann !

Là une partie de la triste vérité lui fut révélée. Le pauvre soldat courut au château de M. de Champrosé pour savoir à quoi s'en tenir; mais le seigneur du domaine était absent pour un mois et venait de partir. Emma, cependant, sa fille, qui consulta alors plutôt son cœur que les lois humaines, envoya les clefs de la grande chaumière à Julien Porthmann, l'autorisant préalablement à occuper la chère habitation héréditaire, au moins jusqu'au retour de son père.

Quoique bien tourmenté de l'issue de cette affaire, Julien s'installa avec ses enfants dans ce domicile contesté, dans lequel, du reste, rien n'avait été ni dérangé ni touché, et attendit avec anxiété le retour de M. de Champrosé.

Un mois se passa ainsi; enfin le maître du domaine revint; c'était un soir : M. de Champrosé, qui voulait surprendre agréablement sa fille, n'avait pas annoncé le jour précis de son arrivée. Il avait fait arrêter sa voiture à la grille du parc et s'acheminait en tapinois derrière les saules qui bordent une pièce d'eau, tout heureux déjà de la joie enfantine qu'allait montrer sa chère Emma lorsqu'il allait se présenter inopinément à elle, quand, en longeant la chaumière des Porthmann, il entendit des voix dans l'intérieur.

Tout étonné de savoir *sa chaumière* habitée, il s'approche doucement d'une fenêtre ouverte à laquelle un épais tissu de feuillage de clématite servait de rideaux; il prêta une oreille attentive.

Il se faisait alors entre le père et ses cinq enfants une de ces causeries amicales qui n'ont d'intérêt que pour la famille même.

— Les Porthmann installés chez moi, et sans ma permission! pensa M. de Champrosé, c'est assez singulier! Ces gens-là, à coup sûr, ont compté sans leur hôte. Écoutons cependant les belles médisances qu'ils peuvent faire de moi.

Or voici tout au long la substance de cette conversation intime.

— Père, disait une petite voix enfantine, voici ma moisson de papillons. Il n'y en a pas beaucoup, mais je crois qu'ils sont beaux et que Mlle Emma en sera contente.

— Comment donc, rumina en lui-même M. de Champrosé, savent-ils déjà que ma fille aime les papillons? j'avoue en effet qu'elle en fait sa passion.

— Mais, répondit le père Porthmann au petit bonhomme, as-tu bien fait attention à ne rien briser, rien déranger dans le parc, au jardin, à la ferme?

— Oh! que oui-dà! que j'ai pris garde à tout. D'abord dans le parc, j'ai *reratissé* les allées où j'avais marché et que le jardinier avait si bien peignées la veille; dans le jardin, j'ai donné la chasse à une poule qui labourait avec ses maudites pattes de la graine de réséda que Mlle Emma avait semée le matin.

— C'est encore vrai, dit mentalement M. de Champrosé, ma fille adore le réséda.

— Et puis, continua le bambin, en allant à la ferme, j'ai porté aux porcs (sur votre respect, mon père) plein ma serpillière de glands que j'avais ramassés la veille.

— C'est bien, petit Jacques, tu as agi là comme un bon enfant. Et toi, Germain, le voilà aussi de beaux papillons; où les as-tu eus?

— Père, c'est là-bas, tout près du haras. Et bien m'en a pris d'aller un peu courir par là; car au moment où j'arrivais, un cheval en caracolant venait d'enfoncer la porte de clôture, et déjà la jolie petite jument arabe du maître passait son nez et allait prendre son élan à travers champs, et Dieu sait quand et comment on aurait rattrapé cette petite enragée qui fait trois lieues à l'heure, quand même elle n'est pas en train de courir.

—Peste! pensa encore M. de Champrosé, miss Velox, ma petite jument! ce garçon a bien fait d'arriver.

— Quant à moi, dit une autre voix, voici aussi mes papillons; mais ce n'est pas le plus grand service que j'ai le bonheur de rendre à mademoiselle Emma; car je viens d'avoir une affaire, mais une affaire!...

— Dis donc vite, mon brave Antoine, fit le père Porthmann.

— Voilà, père; je cherchais, le long du mur extérieur du parc, des chrysalides de paon du jour, quand, arrivant au bas des fenêtres du petit pavillon de musique et de dessin de la fille de M. de Champrosé, je fus tout étonné de voir pendre au balcon une échelle de corde qui y était accrochée à l'aide de deux crampons. Je m'arrêtai tout court et regardai autour de moi. Bientôt je crus entendre comme un petit frôlement dans un buisson isolé qui était à quelques pas. La Providence

voulut que le garde-chasse passât non loin de là en compagnie de deux paysans; je leur fis signe en leur désignant
seulement du doigt l'échelle de corde et la haie; cela leur
suffit, car ils se précipitèrent vers l'endroit indiqué et en retirèrent par les pieds un petit homme armé de tenailles et de
ciseaux; c'était un voleur de plomb qui dévalisait dans le pays
toutes les maisons de leurs gouttières.

— Eh! mais, pensa encore M. de Champrosé, les Porthmann ne sont pas déjà tant à dédaigner; mais écoutons jusqu'au bout, il me semble qu'il y en a encore un grand gailllard
qui n'a pas parlé, ce doit être l'aîné.

— Tu as agi prudemment et courageusement, mon brave
Antoine, dit le vieux soldat; voilà comment j'entends que nous
payions l'hospitalité temporaire qu'on nous accorde dans cette
chère demeure de nos aïeux.

— Père, dit en s'avançant le dernier des fils Porthmann,
qui était en effet l'aîné de la famille, j'ai été encore plus
heureux que mon frère Antoine, car il m'est arrivé aussi une
aventure dans ces environs... mais une aventure presque tra-
gique.

— Dis-moi d'abord, mon Albert, interrompit Porthmann,
ce que tu as fait chez ce notaire où je t'ai envoyé.

— Je voulais à peine vous en parler, bon père; car j'en
suis sorti découragé, indigné. Un avocat se trouvait là. Il est
bien clair, m'a-t-il dit, que le clos des Porthmann va vous
glisser des mains, il est si grevé d'hypothèques! Les intérêts des intérêts des sommes qu'a avancées ce Champrosé ont
si bien grossi la créance qu'il faut renoncer à plaider au fond;
mais la partie vulnérable de l'affaire, c'est la validité même des

sommes payées. Le pharmacien, le boulanger, les voisins com-
plaisants, le médecin, tout cela doit-il être cru sur parole?
Or, dans l'espèce : *distinguo*.....

Ce bavard aurait sans doute parlé longtemps encore sur ce
ton-là, continua le fils aîné de l'ancien militaire, si je ne lui
eusse brusquement tourné le dos.

— C'est bien fait à toi, mon Albert; laissons aux chicaniers en
robe noire leurs arguties et leurs détestables expédients; pour
nous, ne voyons le code que dans notre conscience..... les
causes s'y plaident sans avocat; mais quelle est cette aventure
dont tu me parlais?

— Je revenais soucieux et triste au clos et je longeais lentement l'allée de saules qui borde la pièce d'eau, quand je
vis passer près de moi, comme un nuage, comme un sylphe,
une jeune fille qui poursuivait un groupe de beaux papillons.
Bientôt un cri d'angoisse vient frapper mes oreilles. Je me
précipite et vois cette jeune fille, que l'ardeur de sa chasse avait
emportée, suspendue à travers les jeunes branches de saules
au-dessus du gouffre écumant du canal. Elle n'avait pu sans
doute retenir son élan, et son pied avait glissé sur la pente
rapide d'un gazon satiné tout humide de rosée...

A ces derniers mots du jeune Albert, M. de Champrosé
saisi d'une émotion violente faillit tomber sans connaissance;
cependant s'étant appuyé contre la croisée, il se remit un peu
et put entendre ce qui suit :

— La position de cette pauvre enfant était des plus cri-
tiques. Si j'eusse essayé de la saisir à travers ces branches
enchevêtrées, le moindre mouvement l'eût précipitée dans l'a-
bîme; je ne vis donc qu'un seul moyen à employer, c'était de

tenter le sauvetage du côté de la rivière même. Je ne balan-
çai point et me précipitai résolûment dans l'eau ; puis remontant
non sans de grandes difficultés sur la berge, je pus soutenir
et repousser doucement le corps de la jeune fille jusqu'à ce
qu'elle eût pu reprendre l'équilibre et se dégager elle-même.

Elle n'eut donc que la peur pour tout mal, et bientôt elle
voulut elle-même m'aider à sortir de ce fond vaseux où j'é-
tais enfoncé jusqu'à mi-jambe ; mais je sus bien vite me tirer
d'affaire sans secours et je me trouvai si horriblement taché,
sali, verdi par le limon du canal que j'eus honte de me présenter devant elle, et que je m'enfuis à toutes jambes sans
répondre aux mille remercîments que je l'entendais m'adresser de loin.

— Tu es le digne fils des Porthmann, ô mon fils, s'écria
le père ému et transporté ! Viens dans mes bras, viens sur
mon cœur, et puisse le ciel te récompenser de la joie que
tu donnes aujourd'hui à ton père par ta probité et ta loyale
et courageuse conduite ! Maintenant nous pouvons quitter cette
pauvre chaumière, nous laisserons cet héritage de nos aïeux
digne d'eux.

Mais cette profonde émotion du vieux militaire était largement partagée par cet autre père qui se trouvait là en dehors,
écoutant le récit des vertus de cette noble famille, et pleurant de
bonheur de savoir sa fille sauvée.

M. de Champrosé ne voulut pas quitter ce poste, où il venait
de passer de si doux moments, sans que son cœur ne fût tout à
fait soulagé du poids énorme de reconnaissance qui l'accablait
maintenant. Il tira vivement son carnet et écrivit sur un des
feuillets :

« Du clos des Porthmann, le...

» Les honnêtes gens s'entendent toujours mieux entre eux
» qu'avec le secours des notaires et des avocats. Or, moi, Hector
» de Champrosé, propriétaire du domaine de Champrosé, fais,
» par ces présentes, remise entière de toutes sommes qui me sont
» dues par la famille Porthmann, et leur concède la propriété
» intégrale du clos et de la chaumière tels que le comportent les
» titres qu'ils possèdent de ce bien patrimonial.

» Ce don n'étant qu'un faible tribut de ma reconnaissance et
» de mon estime pour cette noble famille.

» Signé : HECTOR DE CHAMPROSÉ. »

Puis, pliant ce papier en plusieurs doubles, il le lança adroitement au milieu des enfants et se sauva précipitamment jusqu'à son château.

Depuis ce temps, mes jeunes amis, l'heureux Julien Porthmann est l'intendant général des biens du domaine de Champrosé, et, de plus, lui et ses enfants sont les commensaux et les amis de la maison.

Vous vous doutez bien que, tout en entendant le récit de ce trait d'intérieur, je ne perdais pas de vue certaine chose, c'est qu'on trouve dans ce beau domaine des papillons et des zygènes même; du reste, vous en avez la preuve sous les yeux; car nous en voici brillamment environnés. Il n'y a plus qu'à sauter et en prendre.

Voici déjà la *zygène minos*. C'est, vous le voyez, un fort joli papillon de moyenne grandeur; ses ailes supérieures sont d'un gris-bleu fort agréable, frangées d'une teinte d'ocre pâle; elles ont trois lignes longues et se renflant à l'extrémité, colorées d'un rouge-rosé assez peu foncé qui s'harmonise parfaitement avec la teinte locale. Cette teinte rouge passe au minium sur les ailes inférieures et se fond dans une bordure noir-bleu qui en relève encore l'éclat; c'est sur les feuilles rampantes et amères de la piloselle que se trouve la chenille de ce joli petit papillon, ce qui prouve qu'elle n'a pas le goût difficile.

Voici maintenant la petite *zygène punctum* ou ponctuée; ce nom lui vient des mouchetures roses dont ses ailes supérieures sont parsemées sur un fond à peu près semblable à la zygène minos. Une bordure fauve s'arrondit autour des ailes, de même qu'une noirâtre borde les ailes inférieures, qui sont d'un beau rose-foncé.

J'aperçois là-bas, voltigeant sur la fleur des veuves, la *zygène de la scabieuse*. Hâtons-nous de nous en emparer; car quoique, comme toutes ses sœurs, elle ait le vol un peu pesant, elle n'en va pas moins vite. La description de ce petit papillon est à peu près la même que celle des deux précédentes, si ce n'est que la teinte locale a une nuance plus bleue et que les ailes inférieures sont d'un rouge assez vif.

De cette scabieuse courons à un massif de chèvrefeuille, car j'y vois une charmante zygène *lonicerœ*, qui certes n'est pas à dédaigner. Le costume de cette petite coquette n'est du reste pas ordinaire chez la gent papillonne. On dirait que c'est en vérité pour amener une mode nouvelle qu'elle se donne tant de peine à se faire voir aux yeux de tous. Sous les ailes inférieures, qui sont d'un beau rouge carmin, est jeté un riche manteau, c'est-à-dire les deux ailes supérieures d'une belle nuance satinée bleue glacée de vert avec des ornements rouges et une bordure plus foncée.

Cet autre papillon, vêtu comme le précédent, s'appelle la zygène *filipendule* (plante basse assez commune dans les prés) et est presque semblable à la zygène précédente ; toutefois elle renchérit encore sur la magnificence du costume, car vue d'une certaine façon, elle présente des reflets bronzés fort riches.

Notre famille de zygènes semble un peu s'éclaircir, je crois. Il est vrai que nous n'y allons pas de main morte avec elles, et que chaque pas que nous faisons parmi ces fleurs, chaque coup de filet que nous donnons mettent un ennemi à bas. Changeons donc un peu le théâtre de nos exploits, et quittons le domaine de Champrosé pour nous aventurer tout à fait dans la plaine.

Que la campagne est belle et splendide aux approches du soir, surtout quand la journée a été si radieuse sous le soleil qui la dore et la vivifie ! Le foin, le mélilot, les plantes aromatiques qui composent ces gras pâturages répandent une délicieuse odeur ; les cigales fauves font entendre ce cri strident qui, sans doute, chez elles, est un appel ou un langage. Puis, entendez-vous encore dans le lointain le tintement particulier de la clochette qu'on suspend au cou des vaches... symphonie assez burlesque, direz-vous ; oui, mais on aime à l'entendre, on s'arrête, on l'écoute et l'on rêve. On compare ces bruits de la campagne aux étourdissants murmures de la ville, et, pour peu qu'on aime le silence, la solitude et la rêverie, on donne encore la préférence à ces harmonies de la nature.

Pardonnez-moi, mes jeunes amis, si écoutant ainsi, trop exclusivement peut-être, les impressions et les doux souvenirs qui me viennent de cette vallée en fleurs, de ces bois aux frais ombrages, du murmure de ce limpide ruisseau, j'oublie pour un instant nos chers papillons, c'est que, voyez-vous, le champ de luzerne que voilà, la belle et douce vache que vous voyez y brouter jusqu'aux genoux, me remettent en mémoire une aventure qui m'est arrivée ici même et qui m'a valu de bien doux moments, puisque j'ai pu être utile à une pauvre infortunée et y gagner de beaux papillons !...

Ceci vous paraîtra sans doute étrange, mes jeunes amis, que chaque incident, chaque aventure soit ainsi, comme un fait exprès, une occasion d'enrichir ma collection. Mon Dieu, pour peu que vous réfléchissiez au mobile qui me dirige dans toutes mes excursions, vous ne serez plus étonnés. Là où un autre cherche dans les circonstances fortuites qui lui incombent, ou du plaisir ou des récompenses, ou souvent rien de tout cela, moi je n'ai en vue qu'une chose, c'est l'amour des lépidoptères. Qu'y a-t-il donc d'étonnant que je rapporte tout à ce centre commun et qu'ainsi ce à quoi j'aspire uniquement, opiniâtrement, m'abonde presque sans peine?

Ceci posé, vous ne vous étonnerez plus, je pense, s'il me vient encore de ci et de là abondance de bien en fait de papillons. Je dois donc vous dire comment j'en ai acquis un certain nombre d'Allemagne et lieux circonvoisins.

Mais avant de nous mettre en campagne, permettez-moi, mes jeunes amis, de vous en faire la description; passons, si vous le voulez bien, dans mon cabinet et examinons ensemble mes conquêtes germaniques.

Dans ces cadres, vous verrez la *thyris fénestrée* ou le *sphinx pygmée*, nommée avec raison un pygmée, car c'est vraiment un lépidoptère lilliputien; ses ailes bigarrées de noir, de blanc et de brillants dessins de couleur d'ocre jaune, sont gracieuses et fines comme de la gaze.

Vous verrez encore le *sphinx d'hippophaï*, qui se trouve sur l'argousier, beau papillon aux couleurs savamment harmonisées. Les premières ailes sont d'un gris-cendré avec des ondulations qui se perdent vers les extrémités en une large bande olivâtre qui donne un ton doux et sévère à tout l'ensemble; et comme pour corriger ce ton, les ailes inférieures sont rosées au centre et bordées d'une large bande noire découpée sur laquelle se dessinent près du corps deux beaux croissants blancs; le bord de ces ailes enfin porte une sorte de ruban satiné de couleur fauve qui en circonscrit nettement le contour.

Le *sphinx vespertilio* vient ensuite; c'est un bon gros papillon à peu près semblable au précédent. Ses premières ailes grises ont de plus une tache d'un blanc indécis avec une tache noire au milieu, et la teinte des secondes ailes est plutôt rougeâtre que rose. Le corps de l'animal est énorme; son corselet a des barbes soyeuses qui se rabattent à l'origine des ailes, et des couleurs mi-partie jaune d'or, mi-partie noires descendent en deux bandes de son grisâtre corselet jusqu'à l'extrémité de son corps.

Près de ce papillon se trouve le *sphinx du pin*, personnage fort modeste et qui porte toujours, comme les beaux fils de famille dans leurs jours de bonne fortune, son manteau couleur de muraille. Les ailes sont en effet d'un gris-cendré assez monotone, quoique nuancé de blanc obscur vergeté de bandes noires étroites et méthodiquement agencées.

Entre ces deux gros corps que je viens de vous décrire, on a glissé un tout petit papillon tout coquet et tout brillant : c'est la *zygène punctum*, à la robe rouge-hortensia ombrée de reflets vert-noir ; ce rouge devient plus foncé sur les secondes ailes et est bordé d'une bande ardoise qui les encadre agréablement. Quelques points plus vifs que la couleur locale, qui courent çà et là, sont sans doute la cause qui a fait donner à ce papillon le nom de *punctum*.

J'ai aussi dans le même cadre la *zygène exulans*, un vrai bijou de papillon. Vous diriez une touffe de feuilles vertes et luisantes sur lesquelles sont des roses aux pâles couleurs ; ces ailes si gracieuses sont bordées d'une raie blanche qui fait là un très-bon effet. Ce joli petit lépidoptère est sans doute un étranger à qui l'Allemagne fait les honneurs de l'hospitalité si l'on s'en rapporte à son surnom d'*exulans*, exilé.

La compagne de cette zygène est la *zygène* (ou *sphinx*, de son nom générique), du *mélilot ;* même disposition de couleurs, seulement un peu plus foncées ; même gentillesse, même grâce.

A côté de ces deux gracieux petits insectes est encore la zygène du trèfle (ou sphinx des prés) ; c'est, comme couleur, une gradation de plus que celle de ses deux sœurs, le vert ici se fond en bleu, le rose y devient rouge cramoisi. Ce sont les hautes couleurs de la paysanne insouciante et fraîche près de la pâleur rosée de la citadine.

Enfin, pour en finir avec les couleurs vertes et rouges, je vous montrerai encore la *zygène du peucedani* (vilain nom toutefois qui signifie *queue* de pourceau) ; ses ailes ne sont plus ces feuilles d'un vert tendre de l'exulans ou du mélilot, avec des roses aux douces teintes pâlissantes ; c'est le vert foncé du sapin, et le rouge, ce sont de véritables pommes de reinette hautes en couleur et tout éblouissantes.

Vous ne remarquerez pas sans plaisir, dans ce cadre déjà si

richement pourvu, le géant *éphialtès* ; c'est à la vérité un géant d'une grosseur très-relative, en égard aux dimensions des individus de la famille des zygènes, qui sont en général de très-petits papillons. Cet *éphialtès*, dont toute l'envergure n'atteint pas cinq centimètres, a les ailes d'un fond local bleu, sur lesquelles sont six taches : deux rouges et quatre blanches.

Voilà en somme ce que contient ce curieux cadre, et encore si la nomenclature n'en devenait pas un peu monotone, pourrais-je vous en décrire encore bien d'autres qui forment à cette race des subdivisions à l'infini.

Mais hâtons-nous, mes jeunes amis, voici venir une époque désastreuse, funeste pour nous; c'est l'époque où les fruits, noués au printemps, se développent, s'imprègnent de ces doux parfums, de cette exquise saveur qui font la poire fondante, l'abricot si cher aux confiseurs, la pêche, cette ambroisie des dieux. C'est alors que les jardiniers redoublent de vigilance, de soins et d'activité. Ils recommencent leurs sanglantes expéditions, ils se font juges et bourreaux..... Ils procèdent à un nouvel échenillage; ils acclament, en brandissant leurs râteaux ou leurs bêches, une croisade, une Saint-Barthélemy, un massacre des innocents, ne s'inquiétant guère des orphelins qu'ils font, des familles éplorées qu'ils rendent veuves de leur chère progéniture..... Mais ceci me remet en mémoire un cauchemar affreux qu'eut un jour le pauvre Jacques, le jardinier de mon collège.

Voici à quelle occasion :

Jacques était un grand garçon de dix-neuf ans, bon ouvrier, j'en conviens, assez fort même sur la botanique, et quelque peu versé, je le reconnais ici, sur l'histoire naturelle; mais que

Jacques était donc naïf, mes jeunes amis, simple, crédule, superstitieux surtout! Les cheveux du brave garçon se dressaient sur sa tête à la vue d'un couteau et d'une fourchette en croix. Il avait un tremblement nerveux rien qu'en voyant quelques particules de sel répandues sur la nappe, et je crois qu'il aurait préféré manger sa côtelette ou ses choux au lard sans pain plutôt que de toucher à la miche s'il l'eût trouvée posée sens dessus dessous. Du reste, tous ces petits travers n'ôtaient rien aux bonnes qualités de Jacques qui avait un excellent cœur, comme on va en juger tout à l'heure.

Un matin, à cette heure où le crépuscule n'est déjà plus la nuit, mais n'est pas encore l'aurore, j'étais accoudé à la fenêtre du jardin, écoutant les dernières modulations d'un gentil rossignol qui m'avait fait l'amitié de venir se percher sur un haut acacia voisin de ma demeure, quand je vis Jacques sortir précipitamment de son logement. Il avait les yeux encore gros de sommeil, et une certaine pâleur répandue sur ses joues ordinairement vermillonnées accusait une nuit orageuse.

— Qu'avez-vous donc, Jacques? lui dis-je; vous êtes ce matin affreusement changé.

— On le serait à moins, répondit-il, après la belle nuit que je viens de passer.

— Qu'est-il donc arrivé, mon garçon? Les clôtures sont cependant intactes, le chien de garde n'a pas aboyé. Il n'y a en vérité de voleur par ici que ce petit coquin de rossignol qui, depuis un mois, me prend chaque matin une bonne heure de mon sommeil.

— Vous êtes bien heureux, Monsieur, de ne pas dormir; au moins vous ne faites pas de mauvais rêves.

— Ah ! c'est un rêve qui vous a mis dans cet état, mon pauvre Jacques ; contez-moi donc cela.

— Ma foi, je veux bien, Monsieur, au moins ça me soulagera. Eh bien ! voilà ce que c'est : Vous savez que cette maudite engeance de chenilles qui...

— C'est parler bien irrévérencieusement, interrompis-je, de ces pauvres insectes à qui nous devons les vulcains, les belles-dames, les apollons, les Paons du jour et *tutti quanti;* mais enfin, continuez.

— Oui, oui, grommela le jardinier, flattez-les, épargnez-les, nourrissez-les ; et puis vous mangerez des poires et des pommes, vous verrez.... Mais enfin voici la chose : Je me promenais hier au soir, par un beau clair de lune, de ci, de là, dans mes plates-bandes et me livrais de tout cœur à l'exercice de l'échenillage, secouant les arbustes et les plantes pour en faire tomber les chenilles que j'écrasais avec ma bêche.

— Et la loi Fitz-James sur l'humanité à observer envers les animaux, vous ne l'avez donc jamais lue, malheureux ?

— Votre M. Fitz-James mériterait de ne jamais avoir de dessert à son dîner, pour sa belle idée ; mais je reviens à mon échenillage. Je tapais donc comme un sourd à droite et à gauche, monchetant la terre des cadavres de toute chenille velue, tortue, bossue que j'attrapais, quand en furetant dans un cyprès où j'avais entendu comme un frémissement d'ailes, j'aperçus..... Oh ! Monsieur, j'ai vu, de mes propres yeux vu.....

— Eh bien ! quoi donc ? Est-ce Satan en personne.

— Non, Monsieur, mais sa messagère sous les traits d'un sphinx monstrueux, du *sphinx à tête de mort.*

1 — Sphinx Tête-de-Mort
2 — [illegible]
3 — [illegible]
4 — [illegible]

— Un sphinx à tête de mort, m'écriai-je, en faisant un bond. Oh! vous me direz où il est, Jacques. L'avez-vous bien ménagé, choyé, l'avez-vous posé bien douillettement sur une feuille?

— Ma foi, Monsieur, j'ai mis le pied dessus, et crac.....

— Vous l'avez tué, ô le plus barbare des jardiniers! et tué impitoyablement, comme cela d'un seul coup.

— Oh! la vilaine bête avait la vie trop dure pour cela, et je m'y suis repris au moins à cinq ou six fois, je vous assure.

— Et la lune qui éclairait ce forfait n'a pas reculé d'horreur?

— Non, pas la lune, mais bien moi ; car je ne sais comment cela s'est fait, mais chaque fois que je lui mettais le pied dessus, il relevait vers moi sa grosse tête barbue et me montrait son corselet tout brun et comme enfariné de poudre bleuâtre donnant à cette tête de mort qui est, comme vous savez, peinte dessus, une teinte blafarde, livide.

— J'avoue, maître Jacques que tout cela devait être terrible à voir.

— Si encore ce misérable sphinx m'avait en mourant dit son dernier mot, mais..... Monsieur, croyez-vous aux songes?

— Oui..... mais avec accompagnement de ce dicton bien connu : « Tout songe, tout mensonge. »

— Vous êtes heureux, Monsieur, d'avoir cette force d'âme: quant à moi voici celui que m'ont valu les grimaces affreuses de ce satané *sphinx à tête de mort*, écoutez et frémissez :

— Je me couchai, comme toujours, avec une furieuse envie de dormir — je tiens cela de mon père, qui le tenait de son grand père qui.....

— Je comprends, Jacques, mais si vous abrégiez un peu.

— Bien volontiers. Je me couchai donc, pensant toujours un petit brin à ce qui venait d'arriver et ressentant là, malgré moi, quelque chose que je ne définissais pas trop. — La tête à peine sur le traversin, je m'endormis... Hélas ! peut-on appeler cela dormir ? Tout à coup, je me vis transporté dans un immense jardin, véritable tohu-bohu des cinq parties du monde ; c'était une macédoine de tout ce que la terre peut porter. L'Europe y était représentée par ses chênes, ses chèvrefeuilles, ses roses ; l'Asie, par ses bananiers, ses lauriers, ses hybiscus ; l'Afrique, par ses boababs, ses dattiers, ses arbres à gomme ; l'Amérique par ses cocotiers, ses cannes à sucre, ses nopals, et enfin l'Océanie par ses cactus de toutes formes.

— Eh bien ! mais, Jacques, je ne vois pas jusqu'à présent ce que votre rêve pouvait avoir de si effrayant.

— Attendez donc, Monsieur. Chaque arbre, chaque branche, chaque feuille portait un insecte : chenille, papillon ou coléoptère, tous dans une attitude menaçante ; les uns avec leurs formidables mandibules, leurs scies, leurs tarières, leurs tenailles ; les autres avec leurs corps velus et affreux se contournant en mille ondulations épileptiques, et tous enfin dardant sur moi leurs yeux flamboyants aux mille facettes et me menaçant de leurs antennes échevelées. Puis, au beau milieu de cette infernale ronde, ce sphinx, ce vrai sphinx que je venais de couper en six morceaux. Oh ! il était bien entier cette fois. Je le vois encore avec ses grandes ailes brun-noir éclairées par des taches blanchâtres et des nervures noires, et portant sous ces mêmes ailes une autre paire d'un jaune d'ocre sévère, bariolée de deux lignes noires déchiquetées. Il se tenait au centre de l'horrible assem-

blée et semblait affecter de me laisser voir sur son corps cica-
trisé mes six malheureux coups de bêche et surtout cette sépul-
crale empreinte de tête de mort avec ses deux yeux creux, et la
place noire et vide d'un nez et d'une bouche absente. Le monstre,
comme posé théâtralement sur une pierre de mausolée égyptien,
n'en vint-il pas jusqu'à se redresser fièrement devant moi et à
m'adresser la parole en français... en trop bon français, hélas !

— Ceci, mon pauvre Jacques, commence à devenir bizarre,
surnaturel, intéressant.

— Vous trouvez, Monsieur? Eh bien! voici ce qu'il me dit :
« Jusques à quand, jardinier, abuseras-tu de notre patience? »

— *Quousquè tandem, Catilina, abuteris patientiâ nostrâ.*

— Vous dites, Monsieur?

— Rien; je récitais l'exorde de Cicéron à Catilina. Je vois déjà
que votre sphinx a dû faire *sa quatrième.*

— Ma tête-de-mort continua : — De quel droit oses-tu te faire
l'arbitre de la destinée des autres?...

— « Du droit qu'un esprit vaste et ferme en ses desseins
    « A sur l'esprit grossier des vulgaires humains. »

— Ah! Monsieur, s'écria Jacques, si vous m'interrompez toujours avec vos grandes citations.

— Allez toujours, Jacques... j'écoute.

— Eh bien! Monsieur, voici comment continua mon sphinx
orateur : — De quel droit, jardinier, t'arroges-tu le pouvoir de
disposer, dans ton insolent égoïsme, de tout ce que la nature a
créé? Puisqu'elle a donné une trompe à l'abeille, n'est-ce pas
pour qu'elle puise largement dans le calice des fleurs? un fort

stylet à tant d'autres insectes, n'est-ce pas pour qu'ils s'intro-
duisent dans la pêche, dans l'abricot, dans la fraise, dans ces
fruits exquis qui par là sont aussi bien leur propriété que la
tienne? Montre-moi le rescrit divin qui dit que tout est pour
l'homme, rien pour l'animal...

— Et qu'avez-vous répondu, Jacques, à ce virulent plai-
doyer?

— Ma foi, rien, Monsieur, parce que j'avais un peu peur que
le sphinx n'eût raison. Dame, comme dit le proverbe : « Chacun
pour soi et Dieu pour tous. » Et en effet, je ne sais pas trop
pourquoi nous trouvons mauvais que les animaux ramassent les
miettes de nos festins ; c'est bien ce que me disait, quoique d'une
façon un peu brutale et tout à fait sans gêne, ce gros sphinx
planté là devant moi comme un juge sur son tribunal.

— Ah ! vous trouvez, vous autres hommes, égoïstes potentats
que vous êtes, que lorsque mai tout en fleur a jeté sur les prairies, sur les forêts, sur le bord des lacs sa riche parure de printemps, vous trouvez que c'est chose admirable de voir un papillon aux ailes éblouissantes d'azur et de pourpre se poser sur
les roses, ou bien qu'il est intéressant de suivre à travers les
touffes de myosotis ou de violettes, les mille détours que fait la
cétoine au corsage d'or glacé de vert-émeraude, ou l'hoplie avec
sa robe d'argent teintée de bleu d'azur. Vous jetez des cris d'admiration quand le soir, parmi les blondes tiges du blé, étincelle
tout à coup cette étoile de feu que vous nommez la lampyre.

— *Lasciva puella* — Jacques — *et cupit antè videri.*

— Je ne comprends pas trop ce grimoire, Monsieur; mais
vous devez avoir raison. Et voici ce qu'ajouta mon sphinx tête-
de-mort.

— Et à tous ces êtres créés par Dieu, pour animer et embellir la création, pour charmer surtout vos yeux et votre esprit, vous refusez une parcelle des fruits sous lesquels plient vos arbres, vous refusez un fétu d'herbe, vous refusez une goutte de rosée.

— Mais, dis-je en tremblant comme le coupable qui hasarde une mauvaise excuse, nous cultivons les mûriers tout exprès pour les vers à soie, nous parsemons de thym, de marjolaines, de lis et de roses les abords de nos ruches de mouches à miel.....

— Ah! Monsieur, si vous aviez vu lorsque j'eus lâché ces malheureuses et imprudentes paroles, tout ce qui brilla de feu de la colère et de l'indignation dans les yeux démesurément épanouis de mon gros sphinx, vous en auriez pâli vous-même.

— Ah! tu laisses donc enfin déborder avec un effronté cynisme, de ton cœur d'homme, ce limon qu'on nomme égoïsme! Ah! tu nourris, dis-tu, des abeilles et des vers à soie; mais tu ne me dis pas que tu mesures aussi cette pâture au produit qu'ils te rapportent, produit toujours si savamment calculé par toi que s'il ne dépasse pas cent fois, deux cents fois, mille fois peut-être, ta dépense, l'abeille ou le ver ont le sort que m'a fait ta bêche hier, à moi, pauvre insecte si méchamment mis à mort pour avoir commis l'énormité d'avoir rongé deux feuilles d'un arbre qui en produit des milliards.

—Savez-vous, Jacques, dis-je au jardinier en l'interrompant, que ce sphinx parle fort bien? Que disais-je donc, qu'il avait fait au moins *sa quatrième?* je soutiens, moi, qu'il a dû faire sa rhétorique. Et que répondaient à cela tous ces auditeurs qui, comme vous dites, étaient perchés sur chaque feuille du magique jardin? Ils ont dû applaudir leur fier président de toutes les forces de leurs poumons d'insectes.

— Ils ne l'ont pas applaudi, Monsieur; mais ils ont fait chorus avec lui, et les oreilles me tintent encore du bruit de leur voix sifflante, bourdonnante, bruissante, glapissante.

— Oui, disait un moucheron en allongeant vers moi d'un air menaçant un dard luisant et affilé, oui, je soutiens que la race des hommes est le type le plus monstrueux qu'on puisse trouver de l'ingratitude et de la méchanceté. Je suis originaire de Barbarie; mes ancêtres ont été chantés par Pline le Naturaliste, le seul homme peut-être qui nous ait jamais rendu justice. Veux-tu maintenant savoir, stupide jardinier, quels sont les droits que nous avons acquis à la reconnaissance des humains, tes frères? Eh bien! sache que mes pareils et moi habitons ordinairement dans le fruit du *caprificus* ou figuier sauvage, et que lorsque le temps est venu, les Arabes du désert, et maintenant tous les habitants des îles Ioniennes et de la Grèce viennent nous prendre, ouvrent le fruit qui nous contient et nous portent sur leurs figuiers cultivés. Nous savons alors, avec notre aiguillon acéré, faire une piqûre à la figue, et cette piqûre seule hâte sa maturité. — Oh! les hommes nous estiment alors, ils nous choient; mais vienne la fin de la récolte, nos figues sauvages et nous-mêmes sommes livrés à leurs animaux immondes.... C'est tout naturel, on n'a plus besoin de nous.

— Après cet orateur, continua Jacques, deux autres se hissèrent sur leur feuille; c'étaient deux insectes microscopiques.

— Jardinier, dit le premier, veux-tu savoir qui je suis? eh! bien, je suis le *coccus* du nopal ou la cochenille d'Amérique; mon pays est le Mexique, et par les lois de la nature, orphelin en venant au monde, car ma mère meurt en me donnant le jour; c'est moi qui fournis à la palette du peintre la plus riche,

la plus précieuse de ses couleurs, le carmin. Mais pour le donner à ceux-là même que j'enrichis, il faut que je subisse les
plus affreuses tortures; ou l'on me plonge dans l'eau bouillante,
ou l'on me jette dans un four chauffé à une haute température,
ou l'on me tient sur des plaques de métal presque rouges. —
Oh! vous pouvez bien, bourreaux que vous êtes, appeler cela
le massacre des innocents, car il meurt ainsi, année moyenne,
pour votre Europe, la partie du monde *la plus civilisée*, cin-
quante-six milliards de mes pareils..... J'ai dit.

— Le second insecte microscopique parla ainsi à son tour : Mon
cousin coccus du nopal t'a fait à peu près mon histoire. Je suis,
moi, le kermès du chêne; mon petit nom est *graine d'écarlate*.
Toutefois, si je ne meurs pas par le feu, le supplice qu'on me
fait endurer n'en est pas moins atroce; c'est dans des flots de
vinaigre où je suis plongé tout vivant que je trouve l'asphyxie et
la mort...

— Nous autres, s'écrièrent tumultueusement des nuées de
fourmis ailées, interrompant le kermès, nous vous donnons la
laque; mais vous doutez-vous seulement, barbares que vous êtes,
lorsque nonchalamment accoudés sur vos guéridons chinois tout
miroitant de cette gomme transparente, vous prenez le chocolat
ou le thé en causant de choses joyeuses; vous doutez-vous que
cette laque n'a été obtenue qu'en faisant bouillir des millions de
fourmis comme nous et les écumant comme on fait d'un potage
trop gras? Eh bien! telle est notre mort... osez donc dire que
nous étions venus au monde pour cela!

— Après ces gallinsectes lilliputiens vint un bel insecte, son
corselet semblait de cuivre antique, ses ailes étaient peintes
de vert émeraude et d'or fondus ensemble, sa taille était élan-

cée et gracieuse; mais ses yeux étincelaient d'indignation.

— Je viens encore, dit-il, renchérir sur les récriminations des honorables orateurs qui tout à l'heure avaient la parole. Je suis une cantharide; c'est te dire assez, affreux jardinier, que j'ai énormément à me plaindre de l'espèce humaine. Plus encore que tout autre peut-être, j'ai le droit de vous accuser d'ingratitude, car c'est moi qui viens au secours des gens malades, des gens désespérés, je leur rends la santé et la vie, et comment... quand j'ai été pilée dans un mortier et réduite en une poudre impalpable dont on saupoudre la partie du corps d'où l'on veut faire sortir le mal qui vous tue.

— Savez-vous, Jacques, dis-je, en interrompant mon rêveur, que voilà de terribles vérités?

— Des vérités si vraies, Monsieur, que j'en étais tout pâle et tout déconfit, n'ayant rien à répondre; mais je vais abréger; car j'en ai eu pour toute ma nuit de ces assommantes récriminations. La séance du reste devint tellement orageuse, que mon sphinx président, eût-il eu pour sonnette le bourdon de Notre-Dame, ne se serait plus fait entendre; c'était des *scarabées,* des *stercoraires,* des *nécrophores*, mangeurs de toutes ces matières en putréfaction qu'on jette dans les champs, qui me disaient tous en chœur : C'est nous qui vous débarrassons de tous ces miasmes pestilentiels qui se formeraient à deux pas de vos demeures et vous donneraient des maladies contagieuses et la peste, si nous ne les faisions disparaître... et la récompense que nous recevons d'un tel service, c'est d'être écrasés sous vos pieds. Enfin il n'est pas jusqu'à une mouche, auriez-vous jamais supposé, Monsieur, qu'une mouche, animal si incommode, si entêté, si effronté, eût jamais eu l'outrecuidance de venir faire valoir son utilité dans ce monde.

— J'arrive de chez toi, me dit-elle ; mais j'ai la fièvre, j'ai le transport, j'ai peut-être la mort dans les poumons ; car je viens de respirer — horreur ! — l'infâme assiettée de mort-aux-mouches que ta femme, véritable ogresse, nous a préparée en punition d'une gouttelette de lait, d'un atome de confiture, d'une particule imperceptible à la loupe de viande fraîche que j'ai prélevés pour mon repas du matin.

— La vilaine bête se livrait elle-même en avouant ses méfaits, j'osai donc prendre la parole. — Je dois confesser ici que le président tête-de-mort me laissa jouir de ce droit dans toute sa plénitude.

— Mais, mouche aussi impertinente qu'importune, lui dis-je, comment oses-tu te mêler à la question, n'ayant que des méfaits à accuser ? au moins les honorables préopinants qui viennent de se faire entendre avaient-ils quelques raisons — assez plausibles, j'en conviens — à alléguer ; mais toi, comment excuseras-tu tout le mal que tu fais ? Tes piqûres, par exemple.

— Eh ! mon Dieu ! répondit l'effrontée, mes piqûres ont sauvé la vie hier à un gros banquier menacé, après dîner, d'une apoplexie foudroyante. Il était étendu paresseusement sur un divan et déjà sa face rouge bleuissait, quand moi et ma bande ayant pitié de cet homme qui tient entre ses mains la fortune de tant de personnes, nous nous mîmes à le saigner aux mains, au cou, à la figure, tant et si bien que nous parvînmes à détourner le coup fatal..... nous n'étions guère que 150 pour cela.

— Ainsi, madame la mouche, quand vous nous piquez si cruellement, si obstinément, c'est pour notre bien.

— La Providence ne nous a créées que pour cela, mon cher.

— Vous me permettrez d'en douter, sauf le respect que je vous dois, ripostai-je d'un ton un peu narquois, un peu provoquant, je l'avoue.

— Ah! tu te permets de douter de la puissance de la mouche, sceptique jardinier, répliqua le diptère offensé. Ignores-tu donc qu'une mère-mouche fait souche à une génération d'enfants et de petits-enfants qui au bout de trois mois peuvent faire ce que fait un lion de l'Atlas; manger un cheval.

— Je me permis encore, à cette forfanterie qui à mon sens passait toute mesure (et qui pourtant est la vérité selon M. de Buffon), je me permis, dis-je, comme un sourire d'incrédulité, peut-être même une de ces imperceptibles manifestations d'improbation usitées en certain lieu, en lançant en même temps un coup d'œil à la cantonnade.... Oh! alors, Monsieur, ce fut le signal de la plus terrible des explosions que j'aie jamais entendues de ma vie; toutes les feuilles frémirent comme si une étincelle électrique les eût frappées de commotion, l'air retentit de bourdonnements, de sifflements, de grincements affreux, et une nuée compacte, immense, effroyable se développa à mes yeux comme un grand éventail noir, et toute la gent lépidoptère, dermaptère, orthoptère, hémiptère, névroptère, diptère et bien d'autres encore, brandissant aiguillons, scies, coutelas, en un mot tout un arsenal coupant, tranchant, piquant se précipita, — je ne dirai pas comme un seul homme, — mais comme un seul moucheron, sur mes mains, ma gorge, mes yeux.

— Dieux, m'écriai-je, comme vous avez dû souffrir, mon pauvre Jacques!

— Non, Monsieur, car je me suis éveillé. Cet affreux cauchemar a fini juste où arrivait pour moi le moment des représailles, le moment de supplice.

— Qui donc vous a réveillé si à propos?

— Une mouche, Monsieur, une mouche en personne qui.... vraiment cela confond tous les raisonnements.

Les mouches ont donc une raison d'être? Leur piqûre est donc un bienfait? En vérité il faudra bientôt que je remercie humblement messieurs les frelons qui veulent bien me piquer jusqu'au sang quand je taille ma vigne ou mes poiriers, mesdames les puces quand elles me font passer une nuit blanche, et mes chères amies les fourmis quand elles me font l'honneur de goûter avant moi mes confitures que je serre dans ma huche.... Ah! mais non pas, s'il vous plaît, et dès à présent tout ce qui a patte ou aile va voir de quel bois je me chauffe. J'ai maintenant une vieille rancune à laquelle je ne laisserai pas le temps de s'aigrir dans mon cœur de stupide jardinier, — comme a dit cet insolent moucheron de Barbarie, mûrisseur de figues. — Et dorénavant, je pourchasse, j'écrase, je tue tout, je vous en avertis.

— Mais, mon pauvre Jacques, vous ne savez donc pas ce que Molière a dit dans une de ses admirables comédies aux gens sujets à la colère :

« Un certain Grec disait à l'empereur Auguste,

» Comme une instruction utile autant que juste,

» Que lorsqu'une aventure en colère nous met,

» Nous devons, avant tout, dire notre alphabet,

» Afin que dans ce temps la bile se tempère

» Et qu'on ne fasse rien que l'on ne doive faire. »

Molière. École des Femmes.

— Le conseil est bon, j'en conviens, mais celui qui l'a donné n'a sans doute jamais été vexé et harcelé par cent mille mouches ou moucherons, comme moi cette nuit.

— Que concluons-nous de là au résumé, maître Jacques? Que tout dans la nature est réglé avec une prévoyance, une sagesse infinie et que celui qui plaça le gland à la branche du chêne et la citrouille par terre, en savait long de son métier de Créateur.

— J'en conviens, dit le jardinier, en reprenant ses outils, mais tout de même j'aurai bien de la peine à réciter mon a, b, c, d, si jamais je rencontre sous ma main un *sphinx à tête de mort;* fût-il même président du cercle, je me verrais forcé de le détruire.

Lorsque Jacques m'eut quitté après cette boutade contre les papillons en général *et celui de la tête de mort* en particulier, je fis à part moi cette réflexion : « Ah, il y a des sphinx par ici!.... » C'est bon à savoir, et dussé-je assister, comme le jardinier, à une ronde de sabbat d'insectes, je mettrai la main dessus au premier que j'apercevrai.

En ce moment on vint m'apporter un petit mot d'un de mes amis; voici ce qu'il contenait :

« El senor Don Miguel Salvator d'Alcantara, noble Espa-
» gnol s'il en fut jamais, vient d'arriver de Tolède. Il loge
» à l'hôtel du Chat-qui-Pêche, rue Mouffetard, et est posses-
» seur d'une collection de papillons d'Espagne, qui pour-
» raient sans doute vous convenir. Vous ferez bien d'aller le
» voir. Il sera, j'en suis certain, de très-bonne composition
» avec vous.

» Je dois ajouter que le noble Hidalgo ne *vend pas* ses

» papillons. Fi donc ! un grand d'Espagne, un noble descen-
» dant des Salvator d'Alcantara !.... Je laisse donc à votre ima-
» ginative, à votre intelligence, à trouver de quelle manière
» vous devez vous faire faire ce cadeau, etc.... »

— Un grand d'Espagne, me dis-je, logé à l'hôtel du Chat-qui-Pêche, et rue Mouffetard encore ! Qu'est-ce que ce peut être? Sans doute, ajoutai-je, un réfugié politique qui cache sa grandeur, ou un pauvre hère qui n'a plus ni sou ni maille.... je m'arrêtai à cette dernière supposition.

Néanmoins le désir de voir des papillons espagnols l'emporta sur toutes mes hésitations, et je me rendis rue Mouffetard à l'adresse indiquée.

L'hôtel qu'habitait le senor Don Miguel Salvator d'Alcantara avait une apparence plus que modeste. Un traiteur occupait le bas, l'Espagnol habitait à l'entresol une chambre à laquelle on parvenait en traversant la cuisine.

Lorsque je demandai El senor Don Miguel, un petit fûté de marmiton me répondit :

— Ah ! le grand sec? On n'a encore vu de lui aujourd'hui que la fumée de son cigare, à travers les fentes de la porte.

Midi sonnait; j'allai discrètement à cette porte, effectivement à claires voies.

— *Quien llama tan de magnana?* qui frappe si matin? dit une voix de l'intérieur.

— Peste! me dis-je, trouver que c'est de si grand matin, à midi! Ce doit être un homme habitué à toutes ses aises.

J'allais toutefois répondre, quand je crus m'apercevoir qu'un œil braqué à l'une des fentes promenait sur moi un regard scrutateur.

— Ce monsieur, me dis-je encore, redoute sans doute les fâcheux..... ou peut-être les créanciers.

Je confesse que cette dernière supposition est loin d'être charitable, étant de celles qu'on peut nommer éminemment médisantes.

J'avais porté machinalement la main à mon gilet pour m'assurer si j'avais bien ma bourse. Probablement que ce mouvement fut aperçu et rassura complétement l'œil investigateur, car on ouvrit aussitôt.

Je me trouvai face à face avec un grand homme d'apparence sèche, jaunâtre, osseuse, ayant deux maigres moustaches grises relevées en croc, et une barbiche plus longue encore. A cette vue je me reportai aux doux souvenirs de mon enfance et me crus en vérité devant Don Quichotte lui-même; car c'était ainsi que je le voyais autrefois en rêve.

Cette figure avait en effet tout à la fois la fierté hautaine et la bonhomie du héros de Cervantes. Bref, je jugeai que cet homme devait être abordable sur tout point, à la condition qu'on ne froisserait pas sa susceptibilité d'Hidalgo de première classe.

— Monsieur, lui dis-je, je regrette sincèrement d'être venu, *aussi matin*, vous déranger; mais vous pardonnerez à nos habitudes françaises.... Voici du reste le but de ma visite : J'ai su que vous avez quelques papillons d'Espagne *à vendre*.....

Ce mot m'échappa.

— A vendre ! Monsieur, interrompit Don Miguel Salvator d'Alcantara. A vendre !.... je ne vendrais pas mon château d'Alcantara, je le donnerais, Monsieur.

— A plus forte raison des papillons, me dis-je en moi-même ; c'est égal, je pourrais bien les payer plus cher qu'au marché. Toutefois voyons-le venir.

— Cependant, ajouta l'Espagnol en descendant son ton d'un octave, asseyez-vous, senor. Je ne suis point offensé et je prends en considération votre qualité d'étranger. A mon château, j'eusse été peut-être plus sévère.

Je m'assis. Don Miguel se mit sur le pied de son lit ; par la raison qu'il n'y avait dans tout l'appartement que le malheureux fauteuil éclopé et manchot que j'occupais.

Voyez pourtant ce que c'est qu'une noble prestance. Mon homme, avec ses coudes usés, son jabot couleur gris perle, sa cape jadis marron, mais ondulée maintenant de nuances perfides dues à un usage excessivement prolongé de la chose, mais aussi avec son maintien grave, son front haut porté, et son attitude à la Talma, avait, tout juché qu'il était sur ce lit de sangle, un air vraiment royal, tandis que moi, tout modestement assis sur mon fauteuil, je ne devais avoir l'air que d'un simple mortel.

Nous nous toisâmes ainsi quelque temps en silence, nous jugeant sans doute réciproquement pour ce que nous valions. Enfin après ce muet examen, le senor d'Alcantara descendit de son trône et alla lentement et gravement vers un placard dissimulé dans l'angle d'un mur et en retira une boîte soigneusement ficelée qu'il posa entre nous. Sur le couvercle il y avait : « mariposa. »

— Ce mot, me dis-je, veut sans doute dire papillons, et je tressaillis d'aise.

— Voici, me dit Don Miguel, ces bagatelles que vous avez

eu l'idée que je pourrais vendre…. vendre !…. Enfin n'en parlons plus ; j'ai pardonné.

Puis remontant du ton de la mansuétude au diapason de la morgue nationale :

— Ce sont les gardes de mes domaines, dit-il, avec une petite moue mi-partie boudeuse, mi-partie satisfaite, qui se sont amusés à chasser ces papillons, et mon majordome — il a tant à faire cet homme, il faut bien l'excuser un peu — aura par distraction, compris cette boîte dans le fourgon qui portait mes bagages.

Enfin le haut seigneur d'Alcantara se mit en devoir de dénouer les cordons de la fameuse boîte ; mais le nœud gordine que jadis coupa le Grand Alexandre n'était qu'une rosette auprès de l'inextricable enchevêtrage de ces bouts de ficelle.

Il se fit tout à coup une diversion à cette délicate opération ; la porte de la chambre s'ouvrit à demi, et un petit cuisinier coquettement coiffé sur l'oreille d'un béret blanc passa le bout de son nez.

— Monsieur l'Espagnol, dit-il, ne vous impatientez pas trop après vos bottes ; mais le père *Lamanique* dit qu'elles étaient dans un si pauvre état que…..

Il ne put achever, car le seigneur Don Miguel se leva avec un tel emportement, et fit un bond si prodigieux vers l'impertinent qui lui venait faire de la prose de cette nature que Zéphirin (le marmiton s'appelait Zéphirin) n'eut que le temps de se rejeter en arrière et de tirer la porte sur lui.

— Vete al diablo, alma de caballo (va-t'en au diable, âme de possédé), cria l'hidalgo hors de lui.

Puis s'adressant à moi :

— Ce malheureux se trompe de porte sans doute, me dit-il, car je n'ai de bottes que celles que me fait el zapotero de rey (le bottier du roi), et, Dieu soit loué, il y en a assez de rechange dans mes bagages.

Mais l'impitoyable Zéphirin, qui tenait sans doute à se venger de la belle peur qu'on lui avait faite, revint bientôt à la charge.

Don Miguel en était alors au deuxième nœud de l'inouvrable boîte à papillons.

— Monsieur l'Espagnol, dit le malin singe à travers les fentes de la porte, avec votre verre d'eau et votre petit pain, prendrez-vous aujourd'hui du bric ou du gruyère.

— *Pecaros, tonterios, corsarios* (voleurs, bêtes, corsaires), hurla le pauvre homme cramoisi de la tête aux pieds, ont-ils donc juré de me faire mourir de colère; que n'ont-ils donc vu une seule fois au moins ce que la cuisine de mon château d'Alcantara contient de venaison, de volaille et de primeurs. Ils jugeraient de ce qui fait mon ordinaire.

Cette outrecuidance me parut trop forte cette fois; mais au lieu de m'indigner, j'eus pitié.

— Pauvre homme! dis-je, l'orgueil chez lui est encore plus fort que l'appétit, et je parie qu'il meure de faim.

Alors une idée lumineuse me passa par le cerveau.

— Un bon repas, me dis-je, payerait peut-être bien mieux ces papillons que tous les remerciments que je pourrais lui faire. Mais comment, ajoutai-je mentalement, pourrai-je lui faire accepter quelque chose de cette sorte? Il va encore monter sur ses grands chevaux et me rembarrer comme ce petit effronté de Zéphirin.

Mais don Miguel vint lui-même me tirer d'embarras. Toujours sous l'impression de sa bouillante émotion et de sa sotte vanité, il se mit à répondre à la voix qui parlementait du dehors.

— Ne sais-tu pas bélitre que le jeudi — et c'est aujourd'hui jeudi — je me contente de *chochas perdices* (perdrix), de *pastetillas* (petits pâtés), ou de *pollas con criadillas de tierra* (poularde aux truffes)?

— Je n'ai rien compris, dit le petit cuisinier entre ses dents; mais c'est égal. — Et quel vin prend Monsieur? à 12 ou à 15?

— *Champana et malvasia* (champagne et malvoisie), répliqua l'Espagnol avec une vibration dans la voix qui tenait d'un ton de duc et pair.

Puis se tournant vers moi :

— Occupons-nous de nos affaires; c'est une calamité en vérité d'être ainsi obligé de rappeler moi-même à ces gens l'ordinaire de ma table.

— Hélas! hélas! pensai-je, tout en regardant la face amaigrie et les habits percés du pauvre diable, — où l'orgueil va-t-il donc se nicher!

Enfin la boîte aux papillons fut débarrassée de ses entraves. Don Miguel en leva discrètement le couvercle et en retira un magnifique lépidoptère; c'était *la smérinthe du chêne.*

Voici, mes jeunes amis, ce sujet : vous voyez l'énorme envergure qu'ont ses ailes. La teinte locale est celle même de la feuille morte du chêne avec des éclaircies jaunes de Naples nuancées de bistre d'un ton chaud. Son corps, qui est fort gros, participe de la couleur des ailes et est annelé de jaune et de brun.

Bref, je fus ravi de cette trouvaille, et comme machinalement, je portai la main à la poche de mon gilet.

Ce mouvement tout naturel peut se faire certes pour prendre une montre ou toute autre chose..... le seigneur d'Alcantara jugea tout net que c'était pour en tirer ma bourse.

— De l'argent! s'écria-t-il. A don Miguel Salvator offrir de l'argent! ce vil métal dont il paverait, s'il le voulait, les douze cours de son château.

Puis, roulant des yeux étincelants d'indignation, il sembla chercher dans toute la chambre où était appendue sa bonne lame de Tolède.

A ses gestes furibonds, je vis qu'il lui fallait absolument quelqu'un à massacrer, et je pensai à ces vers :

« Je ne saurais résoudre
« Lequel je dois, des deux, le premier mettre en poudre
« Du Grand Sophi de Perse ou bien du Grand Mogol.

Aussi me hâtai-je d'éteindre ce grand courroux..... en tirant ma tabatière.

Dans ce moment, Zéphirin, le malin marmiton, se glissant par la porte entr'ouverte, se montra armé d'un poulet rôti.

Je lui indiquai en tapinois une crédence pour y déposer sa volaille, et rassurai son doute et son hésitation par un geste significatif.

Don Miguel avait vu du coin de l'œil ce petit manége; mais en homme habile, il feignit de n'avoir rien aperçu, et replongea sa tête sous le couvercle de la boîte, non sans promener, comme font les chats, sa langue sur ses lèvres.

— Je vais vous montrer, me dit-il, du ton le plus naturel du monde, un papillon qui a été pris *par un de mes gardes* dans les montagnes des Alpuxares, au royaume de Grenade..... Mais senor, ajouta-t-il, connaissez-vous l'Alhambra? L'Alhambra, merveille des merveilles, qui peut-être ne voudrait pas le Vatican pour une de ses petites chapelles, le Louvre pour lui faire une arrière-cour; l'Alhambra bâti par la main des génies.....

— Qui n'ont oublié qu'une chose, interrompis-je un peu piqué de l'outrecuidance de ses comparaisons, c'est d'y avoir apposé le cachet de l'immortalité; car le pauvre Alhambra n'est plus, je crois, qu'un monceau de ruine, la pâture du lierre et des lichens, ces puissants démolisseurs de toutes choses.

Je venais encore de toucher la corde sensible, et mon bouillant Espagnol recommençait déjà ses terribles œillades quand..... Zéphirin parut.

Le candide enfant portait une honnête tranche de jambon très-consciencieusement truffé.

Toute colère tomba aussitôt, et le seigneur Salvator se replongea la tête dans la boîte aux papillons.

Et moi de répéter le même jeu mimique qui, aux yeux de l'intelligent marmiton, signifiait :

— Posez cela, je paye.

— Voyez donc, reprit alors d'un air tout aimable mon pauvre Espagnol, comme ce *sphinx rayé* (le *sphinx livournien*) porte fièrement ses ailes. On les dirait faites en marqueterie, tant les nervures fortement dessinées en coupent artistement toute la superficie. Cette couleur bistre, qui en forme la teinte locale, a un reflet verdâtre, comme ces belles racines de hêtre fraîchement mises en œuvre. Au bord externe sont sept taches d'un beau blanc satiné, et vers le milieu se développe, comme une écharpe ondulée, une bande d'un jaune agréable. Mais ce qu'il a aussi d'admirable, mon sphinx rayé, c'est cet éblouissant mélange de rouge carminé, de blanc et de gris qui miroite sur les ailes inférieures, assortiment de couleurs que rehausse et limite une bande noire qui borde la partie terminale en y ménageant toutefois une dernière petite bordure mince.

Le portrait était exact en effet, et don Miguel se complaisait à me le faire si longuement, parce qu'il voulait se donner un air si affairé que ce fût pour lui une excuse honnête de ne pas s'apercevoir que l'intrépide pourvoyeur Zéphirin venait d'apporter successivement du pain, des fruits et quelques autres accessoires de dessert.

Mon sournois d'Espagnol, qui clignait admirablement de l'œil, ne perdait pas de vue un seul article, et à chaque nouvel apport retirait de son côté autant de papillons et les étalait devant moi. Mais quand le malin cuisinier entra une dernière fois, tenant en main deux couples de bouteilles, l'un composé de ce vin à 15 déjà proposé, l'autre de deux fines bouteilles de Bordeaux, et quand, sur un signe que je fis, ce fut le bordeaux qui resta pour couronner l'œuvre, oh! alors toute la boîte fut vidée.

Je ne pus m'empêcher de remarquer également qu'aux mouvements saccadés des longues et minces jambes de don Miguel qui semblaient trépigner de plaisir, et qu'à l'expression de jubilation répandue sur toute sa figure, il y avait chez lui une ardente impatience de se voir débarrassé de moi pour entamer une conversation plus intime avec les nouveaux venus qui l'attendaient sur la crédence.

Cependant, il fallait bien qu'enfin il se retournât et qu'il fît semblant d'être surpris. Ce coup de théâtre eut lieu après quelque hésitation de sa part.

— *Es eso posible! De veras, Dios mio!!!* (Est-ce possible! Est-ce tout de bon, grand Dieu!) s'écria-t-il.

Mais il vit bientôt qu'il se trahissait, en marquant un si grand étonnement à la vue d'un dîner qui pour un seigneur de sa trempe n'était qu'*un ordinaire* de tous les jours. Il balbutia donc quelques mots que je ne compris pas bien, puis faisant subitement un retour tout de conscience et de bonne foi, il vint à moi et me serrant la main.

— Ma foi, senor, dit-il, nous le mangerons ensemble.

Ce sans-façon, me plut bien plus — (je ne suis pas un hidalgo, moi,) que sa morgue grimacière ; cependant je lui assurai que je sortais de table, et j'ajoutai qu'ayant un compte à régler avec son hôte je le priais instamment de ne pas s'occuper de la bagatelle de ce déjeuner.

Une nuance coquelicot vint encore empourprer la face du seigneur Don Miguel Salvator d'Alcantara, mais ce ne fut qu'un nuage aussi fugitif que ceux qui colorent le ciel au lever de l'aurore..... La reconnaissance peut-être et la faim sans doute avaient refoulé bien en arrière cette recrudescence d'orgueil, et toute opposition tomba.

Nous nous quittâmes donc bons amis, Don Miguel nouant sa serviette à son cou et moi emportant mes papillons.

Je passai de chez lui à la cuisine où j'acquittai la note, sans oublier de glisser la pièce au brave Zéphirin qui m'avait si bien compris.

J'ajouterai encore que je touchai un mot du café et de ses accessoires, et qu'on dut les porter immédiatement à mon heureux Espagnol, heureux doublement, puisque dans cette affaire il voyait son pauvre petit pain et son verre d'eau quotidiens transformés en quelque chose de plus substantiel, et qu'en même temps l'honneur castillan était sauf.

Examinons donc maintenant cette précieuse boîte toute fourmillante de papillons, dont quelques-uns, vous le verrez, sont fort beaux.

Voici d'abord le *sphinx du laurier-rose*, énorme papillon d'une puissante envergure. Ses premières ailes sont un mélange de teintes qui quoique sévères sont parfaitement harmonisées; c'est d'abord à l'origine un point blanchâtre ayant au centre une sorte de prunelle vert-foncé, puis se dessinent sur une teinte brune ondulée de vert, trois raies d'un blanc rosé qui se confondent dans la teinte locale, coupée elle-même de dessins bizarres bordés de blanc ou de rose, et entre autres à l'extrémité de l'aile une sorte de chevron brisé composé de noir et de blanc.

Les ailes inférieures ont encore cette teinte verdâtre des supérieures et deux franges blanchâtres, mais le tout chargé d'ombres qui éteignent toute vivacité dans ces couleurs diverses.

Voici maintenant le sphinx *céléroi* (phonix. Ce papillon est moins lourd, moins sombre de couleur que le précédent: sur ses grandes ailes, à ton olive, courent un large ruban, puis un petit filet d'un blanc-jaunâtre qui font un charmant effet. Au milieu de ces ailes et à l'extrémité de ce filet qui s'arrête là, est un point de velours noir noyé dans une auréole de jaune-pâle. Mais les secondes ailes sont encore plus riches, elles sont mi-partie gris-perle, mi-partie rouge-garance et bordées d'une bande noirâtre qui ondule dans chaque extrémité de la nervure.

Le papillon *sphinx porcelles* (ou petit pourceau), qui vient ensuite, a là, vous en conviendrez, un sot nom, car au lieu d'avoir la moindre ressemblance avec l'immonde compagnon de saint Antoine, je ne lui vois que de riches couleurs sur une forme élégante. C'est d'abord une teinte locale rose, puis comme un nuage jaune se fondant avec une bande olive, tout cela vaporeux comme un beau ciel au moment de l'aurore. Les ailes inférieures présentent à peu près les mêmes dispositions de teintes avec une ombre noirâtre qui semble être une dernière couche des ténèbres de la nuit fuyant devant l'aube colorée.

Le *sphinx de la garance* est sous tous les rapports un admirable papillon. Formes gracieuses, vol hardi, couleurs brillantes et bien assorties, il réunit tout. Voyez ses ailes supérieures, comme elles s'étendent majestueusement de chaque côté du corps ! leur teinte est d'un beau vert-noir avec des reflets de velours, les bords ont une large bande gris-cendré, et le milieu est coupé transversalement par une riche écharpe jaune. Les ailes inférieures sont plus brillantes encore ; une partie est d'un rouge qui va en se fonçant et passant au ton de la garance, puis s'arrête brusquement à une tache d'un beau blanc d'argent, l'autre partie est noire avec une bande déchiquetée que borde une ligne jaune, qui en fait la limite extérieure.

Si jamais toilette d'été vert et rose fut bien portée, c'est assurément par ce charmant *sphinx elpénor* (ou sphinx de la vigne). Si nous en croyons Ovide, ce nom brillant d'elpénor signifie-

1 — Sphinx de la Garance
2 — ...d... de la Vigne
3 — Sphinx du Laurier rose
4 — Phénix
5 — Petit Pourceau

rait : *l'espoir des vendanges ;* mais si nous en croyons Juvénal, nous allons perdre tout d'un coup toute estime pour ce petit coureur de cabaret vert et rose; car son nom, qui veut dire espérance, est aussi celui d'un des compagnons d'Ulysse, que l'enchanteresse Circé changea en pourceau ; or, nous savons parfaitement que ces métamorphoses d'homme en bête ne doivent être prises absolument qu'au figuré, et que cet Elpénor, ou ce petit porc, n'était à proprement parler qu'un ivrogne de première force, — passez-moi le mot, — qui, nous dit encore la mythologie, en courant un peu plus fort que ses jambes avinées ne le lui permettaient, se laissa lourdement choir sur le nez et resta sur la place.

Félicitons donc notre elpénor, non de sa trop bachique dénomination; mais de son léger et élégant costume. Remarquez, en effet, ses ailes carminées si agréablement bariolées de vert tendre. Celles de dessous sont pourprées avec les mêmes ornements verts, et un joli liseré de satin blanc qui en égaye les bords extérieurs.

Et pour que tout soit uniforme dans notre sphinx elpénor, son corselet est du même uniforme, rose et vert, avec des boutons jaunes sur chaque flanc.

Tout cela nous prouve, en un mot, qu'il ne faut jamais se fier à la mine des gens; car on peut avoir une mise éblouissante, un ton de petit maître, et après cela n'être..... qu'un Elpénor.

Voici maintenant une *zygène-pythée* (ou zygène de la scabieuse). On reconnaît facilement les individus de cette famille à leur vol lourd quoique rapide; celle-ci ressemble en vérité à une petite fleur volante. Ses ailes sont d'un bleu d'azur vaporeux brillamment satiné, et sur cette teinte locale se dessinent des taches rouges au nombre de trois; mais plutôt allongées ou étranglées que rondes; on dirait des feuilles de rose jetées négligemment sur un tapis bleu. Bref, ce papillon est charmant de forme et de coloris, bien que c'en soit un de la petite espèce.

La *zygène-rhadamante*, qui vient après, semble être la sœur de celle que nous venons de décrire, avec toutefois quelque variété dans l'habillement, car celle-ci a le fond vert pâle au lieu de l'avoir bleu, et son vêtement de dessous est tout à fait rouge, absolument comme ces jeunes paysannes endimanchées des villages de la Suisse qui ont une robe bariolée et un jupon rouge.

Voilà encore un gentil petit personnage qui mérite une mention honorable, par la gracieuseté de sa taille et le brillant de son costume qui semble renchérir encore sur celui des deux précédents. Avec son jupon aurore (on comprend bien que nous parlons des ailes de dessous), la *zygène occitania* a ses deux ailes supérieures parsemées de taches rouges s'épanouissant brillamment sur une blanche auréole. De plus, cette petite coquette a autour de son corps une large ceinture rouge qui fait un singulier et fort bel effet, en vérité.

En voici un encore, je vous le montre là mort, bien mort, car il est transpercé de deux épingles bien solides, et il y a bien des années que son âme bourdonne dans la profonde demeure de Pluton, et pourtant il me prend des envies de vous dire : « Prenez garde! » C'est pourtant un bien chétif papillon, tout au plus gros comme un bourdon; mais sachez que c'est le terrible *asiliformis*, variété ou cousin germain du taon, de qui Virgile a dit :

« *Pestis acerba boum* (l'impitoyable fléau des bœufs).

Fiez-vous donc maintenant aux apparences! car le petit monstre est charmant, en vérité, avec ses belles ailes bleues transparentes, à nervures bien tranchées et d'un beau brun-noir velouté. Sa tête est bleu de roi avec un collier jaune; son corselet est pareillement annelé de noir, de bleu et de jaune.

Mais tous ces avantages extérieurs ne peuvent faire oublier que le premier de sa race a laissé de lui une détestable mémoire; c'est lui, nous dit ce bon M. Chompré, dans son dictionnaire mythologique, que la jalouse Junon chargea de harceler, de tourmenter cette pauvre Io, fille d'Inachus, que mons Jupiter avait changée en vache. La pauvre enfant, ajoute l'histoire, errant par toute la terre toujours cruellement piquée par l'obstinée *asiliforme* (ou taon), étant arrivée devant son père, et ne pouvant certes ni parler le pur grec qu'on parlait à Argos, ni se faire reconnaître dans le singulier travestissement qu'on lui avait donné, s'était avisée de tracer son nom sur le sable avec son sabot de corne; mais avant qu'elle eût fini, le taon la repiqua si rudement au naseau que d'un bond désespéré elle se précipita dans la mer où elle périt.

Dieu vous garde donc, mes jeunes amis, de la rencontre des cousins germains de l'asiliforme ici présente.

Vous pouvez voir, à côté de ce descendant du bourreau de l'infortunée Io, la sœur aînée de la famille des sésies; c'est la *sésie apiformis* (forme d'abeille), papillon à ailes toutes diaphanes bordées d'un ruban brun rouge, et traversées de fortes nervures avec un croissant central jaunâtre. Du reste, justifiant parfaitement son nom, car son corps ressemble à une abeille quoique le dépassant au moins de moitié en grosseur.

Enfin nous terminerons l'inspection de la boîte de don Manuel

Salvator d'Alcantara par une surprise. Vous savez que la divine Pandore, — nom qui signifie réunion de tous les dons, — possédait une mystérieuse boîte que Prométhée n'osa ouvrir, soupçonnant quelque nouvelle malice de Jupiter ; mais qu'Épiméthée, le mari de la belle protégée des dieux, ne fit pas de façon de briser aussitôt, et que de cette boîte s'échappèrent tous les maux pour se répandre sur la terre, l'*espérance* seule restant au fond. Eh bien ! la boîte de notre Espagnol est à peu près la même chose ; car la voilà maintenant vide, et ce qui reste c'est une charmante *zygène fausta*, — heureux présage, — son nom, du moins, nous le dit. C'est en vérité un charmant papillon nain, aux ailes d'un bleu-noir velouté, égayé de cinq taches d'un beau rouge vermillon avec une frange d'or à l'entour. Ses ailes inférieures sont de la couleur du coquelicot, bordées d'une bande noire qu'adoucit une légère nuance de brun sur les bords.

Le soir même de ma visite à mon hidalgo, comme je longeais une vieille muraille toute tapissée de mousse, mes yeux se portèrent sur quelque chose qui frétillait et cherchait à prendre sa volée. J'approche, je me précipite, et que vois-je !... un *demi-paon*.

Savez-vous ce que c'est qu'un demi-paon ? — Ah ! vous ne savez pas ce que c'est qu'un demi-paon. Eh bien ! cela vous vaudra, d'abord sa description, puis le narré d'un intéressant procès qui me revient en mémoire.

Les premières ailes de ce beau coléoptère du crépuscule sont de la teinte fauve-noisette la plus douce, la plus séduisante qu'on puisse imaginer, avec des dessus et des ombres très-savamment disposés.

Les secondes ailes sont d'un beau rose-vif nuancé et doucement ombrées de brun, ayant pour ornement un bel œil d'azur
entouré de noir, faisant sur cette nuance carmin un admirable
effet.

Voilà mon demi-paon.

Maintenant voici le procès :

Vers le mois de mai 1782, une jeune dentellière de la ville de
Caen, en Basse-Normandie, après avoir laborieusement rempli
sa journée, venait de quitter son atelier et courait insouciante et
joyeuse sur les bords de l'Odon, après un magnifique papillon de
la famille des smérinthes et nommé le *demi-paon*. Le capricieux
et léger petit insecte semblait prendre à tâche de lasser la jeune
fille tantôt en se posant à dix pas d'elle, tantôt en tourbillonnant
autour de sa tête et prenant aussitôt sa volée pour la mener plus
loin encore, semblable à ces feux follets qui dans les belles nuits
d'automne trompent et égarent le voyageur en l'entraînant loin
de sa route.

Marie Salmon, notre jeune dentellière, était, au dire de ses
compagnes et selon l'opinion de toute la ville, la plus modeste,
la plus vertueuse enfant qu'on eût jamais connue. Orpheline depuis l'âge de douze ans, elle avait su se suffire à elle-même par
son travail ; elle avait su garder surtout cette bonne réputation de
sagesse en restant sous la tutelle de deux bons vieux amis de ses
parents, les époux Bomare, habitant une petite maisonnette con-
tiguë à la sienne, à l'extrémité de la ville. Quand une maman
voulait citer un bon exemple à sa fille, quand on cherchait un
terme de comparaison pour exprimer ce qu'il y avait de plus
chaste, de plus parfait au monde, le nom de Marie Salmon venait tout naturellement à la bouche.

La chasse à ce petit obstiné de papillon aurait duré sans doute encore bien longtemps, si la petite dentellière, en longeant une haie, ne se fût arrêtée tout d'un coup en entendant des plaintes et des pleurs étouffés partant de l'autre côté de cette haie. Marie s'approcha tout émue.

— Eh quoi! s'écria-t-elle, c'est vous, monsieur Henri, qui vous chagrinez si fort! Qu'y a-t-il donc? Est-ce qu'il serait arrivé quelque malheur à la maison? Monsieur Bonnare est-il malade? Votre excellente mère ne va-t-elle pas mieux?

Celui à qui parlait ainsi la jeune fille était en effet le fils des vieux amis de sa famille, ou plutôt de son père et de sa mère adoptive, car les deux vieillards l'aimaient comme leur enfant.

— Oh! ma pauvre Marie, dit le désolé jeune homme, si vous connaissiez le sujet de mon chagrin, si vous saviez le coup terrible dont ma famille vient d'être frappée. Aujourd'hui, aujourd'hui même, Marie, je suis soldat... Et vous le savez, moi seul, par mon travail, je faisais vivre mes vieux parents; c'est donc la misère qui vient franchir leur seuil du jour où je le quitterai; c'est leur mort peut-être que va hâter mon départ.

— Monsieur Henri, dit la jeune fille en prenant malgré son émotion un air de gravité et de raison qui auraient pu sembler incompatibles avec son âge, lorsque vous quitterez ce seuil, un autre enfant le franchira pour le préserver de cette misère que vous semblez redouter déjà. Pensez-vous donc que j'aie oublié que, restée seule au monde, ce sont vos parents qui m'ont accueillie, soutenue, guidée... Oh! partez, partez plus tranquille, Marie a des bras pour les nourrir, un cœur pour les aimer, et dès aujourd'hui elle veut être leur fille et leur soutien plus efficacement que jamais.

A ces douces paroles, le jeune homme, transporté d'une joie
que rien ne pourrait décrire, allait franchir cette haie qui le séparait de la généreuse enfant pour lui exprimer tout son bonheur,
quand le bruit subit du tambour et l'apparition d'une troupe de
conscrits conduits par quelques officiers le retinrent cloué à la
même place. C'était lui que la loi, que le pays réclamait. Il fallait obéir.

Pour abréger, je dirai que le lendemain Henri de Bomare était,
le sac sur le dos, sur la grande route qui conduit au Havre, où il
allait tenir garnison, et que Marie Salmon était installée chez
ses vieux amis avec la ferme résolution de ne jamais les quitter
et de se dévouer toute à eux.

A l'époque où se passaient ces faits, il existait dans le bailliage
de Caen une antique coutume, qui était de donner tous les deux
ans un *prix de vertu* à la jeune fille réputée par l'opinion publique la plus vertueuse et la plus méritante de toute la contrée.
C'était une sorte d'imitation du couronnement de la rosière de
Salency, fête instituée du temps de Clovis par le vertueux saint
Bernard, évêque de Noyon, en faveur de la fille la plus sage du
hameau de Salency.

Cette année, les voix furent unanimes pour nommer Marie
Salmon ; toute autre candidature tomba devant celle-ci, et la
jeune fille apprit, non sans un grand trouble, non sans une vive
émotion, qu'une telle ovation lui était réservée.

Le bailli du lieu le lui fit savoir la veille et lui assigna le lendemain, à quatre heures de l'après-midi, comme jour et heure
fixés pour la cérémonie et la remise solennelle de la somme de
cent écus votée par la province à cet effet.

Un autre bonheur était réservé encore à notre jeune dentellière. Elle avait appris, il y avait peu de jours, qu'une parente éloignée venait de lui laisser en mourant une petite rente pour sa part d'héritage. Marie, qui reportait sur ses bons parents d'adoption tout ce qui pouvait lui arriver d'heureux, avait comploté en elle-même de leur faire une petite surprise; la maison qu'ils habitaient tombait en ruine, le pauvre champ qui les nourrissait tous venait d'être affreusement ravagé par des torrents de pluie qui, non-seulement en avaient enlevé la moisson, mais qui en avaient entraîné au loin toute la terre végétale, le rendant ainsi inculte et infertile à tout jamais. Eh bien! tous ces malheurs allaient être réparés. Marie avait écrit au légataire de cette parente qu'on vendît cette rente et qu'on lui en envoyât le capital. — Et cet argent en beaux billets de banque venait de lui arriver en même temps que l'annonce du choix fait par le bailli pour ces cent écus promis.

C'était donc le soir même de la cérémonie, qu'en revenant, la généreuse enfant devait tout remettre aux époux Bomare.

— Mes bons amis, dit-elle la veille aux deux vieillards, vous savez ce qui m'attend demain, une journée tout à la fois bien pénible, car je vais paraître en public et au grand jour, et bien heureuse, puisque votre fille sera fière de dire à tous que c'est à vous qu'elle doit cet immense honneur dont on va l'accabler. Mon plus grand regret, bon père, c'est que votre âge ne vous permette pas de m'accompagner et d'être encore là mon soutien et mon mentor, et vous, mon excellente mère, vous que vos infirmités retiennent forcément à la maison, vous me manquerez bien aussi, car c'est derrière vous que je me serais abritée pour cacher ma rougeur; mais je veux au moins que nous fassions, avant de nous quitter, une petite fête d'intérieur, je veux aujourd'hui vous servir un repas d'enfant prodigue et peut-être ce soir, pour votre dessert, ajouta-t-elle en portant involontairement la main à son corsage, où étaient cachés ces bienheureux billets, peut-être aurai-je à vous annoncer..... mais je me tais ; ce n'est pas beau de ne pas savoir garder un secret.

Allons, que tout le monde ici soit de cuisine, reprit Marie en riant après s'être mordu les lèvres de ce que sa langue avait manqué de la trahir. Voici des provisions que j'ai été chercher dès le matin. D'abord c'est une épaule de sanglier qui ne déplaira certes pas à mon père Bomare qui a un faible pour la venaison, puis voici des mauviettes.

— Ah ! rusée enfant, exclama la bonne vieille mère, tu sais donc que je les adore, les mauviettes, et qu'il y a vingt ans que j'en désire ? Quelle bonne fille nous avons là ! des mauviettes ! Dieu du ciel, des mauviettes !

— Tout cela, continua l'heureuse petite Marie, sera arrosé d'une excellente bouteille précieusement cachetée, et qu'on dit être venue au monde avant moi. Je ne parle pas du dessert, vous voyez que mon panier en est très-honnêtement assorti ; et enfin pour bouquet..... allons, fit-elle en se reprenant, j'allais encore parler ; mon Dieu, que j'ai donc la langue déliée aujourd'hui.

Une joie enfantine se répandit alors par toute la maison ; ce fut à qui se donnerait le plus de mouvement. Marie mit son épaule de sanglier dans la marmite avec les ingrédients et aromates nécessaires. Le père Bomare alla dans le jardin à la recherche de quelques brindilles de bois qui pussent servir de brochettes, et en ayant trouvé, il se mit à les aiguiser, tandis

que la bonne maman plumait et préparait ces fameuses mauviettes.

Deux voisines, la Renardot et la Sauvagère, qui étaient venues
pour babiller un peu, s'offrirent pour aides dans ce repas pan-
tagruéliste; mais Marie, qui voulait avoir le plaisir de tout faire,
les remercia tout net, et comme on était en vérité trop affairé
pour passer le temps à causer, nos deux commères se retirèrent
bientôt un peu piquées, je crois.

Cependant l'heure de la cérémonie avançait, et le dîner était à
peine cuit à point vers quatre heures, quand on vint prévenir
Marie que le cortége de jeunes filles qui devait la conduire à la
maison du bailli approchait. Elle se hâta donc d'installer ses vieux
amis à table, leur servit le potage et plaça devant eux ce fameux
plat de mauviettes à la brochette, puis les embrassant affectueu-
sement, elle leur souhaita un bon appétit, en leur disant : A
bientôt.

Elle s'abstint de toucher au festin, par la raison qu'elle devait
avoir ce jour-là l'honneur de dîner avec M. le bailli et MM. les
échevins de la ville à l'issue de la cérémonie.

Toutes les jeunes filles de la ville et des lieux environnants
étaient là avec leurs bannières, avec des couronnes de fleurs et
un élégant palanquin porté par les commissaires de la fête, et
de plus un grand concours de peuple formait une longue et
joyeuse procession.

Marie Salmon, l'héroïne de ce beau jour, fut obligée, malgré
sa modestie, sa rougeur, ses larmes mêmes, de s'asseoir sur ce
trône de fleurs qu'on lui avait préparé. Pour surcroît de déso-
lation, la timide jeune fille, qui pensait en être quitte pour une
course de chez elle au bailliage, se vit promener ainsi tout au-

tour de la ville, au milieu des acclamations de la foule et sous un déluge de roses blanches dont on l'inondait sur tout son chemin.

Cette marche triomphale dura trois grandes heures. Enfin, on arriva aux portes de la maison commune (ou mairie). Une grande allée de tilleuls y conduisait; mais, ô surprise! tout était silencieux et morne dans cette allée. On voyait des gens allant et venant, à la figure inquiète et bouleversée; quelques-uns avec des regards d'indignation, d'autres avec des regards de pitié.

Le cortége s'arrêta tout court. Personne ne retrouvait plus de jambes pour avancer, de voix pour proférer un chant ou un mot.

Bientôt le bailli, suivi de quelques hallebardiers, sortit de la maison, et s'avançant jusqu'au palanquin, il toucha la jeune fille à l'épaule.

— Au nom de la loi, dit-il, Marie Salmon, je vous arrète comme accusée du crime d'empoisonnement sur la personne des époux Bomare, décédés tous deux en ce moment.

Ces foudroyantes paroles n'étaient pas achevées que la pauvre jeune fille était tombée sans connaissance entre les bras de ses compagnes.

Marie fut portée de son trône de fleurs sur le banc humide d'un cachot.

L'incrédulité la plus grande fut tout d'abord l'impression générale de tout le peuple. Des milliers de voix protestèrent; mais les juges en avaient pensé autrement et maintinrent leur cruelle décision.

J'abrégerai les détails de ces tristes moments et dirai seulement que le lendemain, l'acte d'accusation qui accablait ainsi la fille adoptive des deux vieillards arguait contre elle ces charges accablantes :

« Dès le départ de Marie Salmon du domicile des Bomare, des symptômes d'empoisonnement s'étaient manifestés aux premières bouchées que ces deux malheureux vieillards avaient mangées.

» Or, ils n'avaient encore touché qu'à ces mauviettes apprêtées et servies par Marie seule ; deux témoins — la Renard et la Sauvagère — attestaient que la jeune fille avait voulu seule y mettre la main. »

En second lieu, on trouva dans les vêtements de l'accusée une somme assez importante en billets, somme qui avait nécessairement dû être soustraite aux deux victimes, — ou bien, disait le réquisitoire, somme qui, en supposant être la propriété de la dentellière, — ce qui était peu probable, — n'avait été réalisée et emportée sur elle que dans l'intention bien arrêtée de s'en faire une ressource pour aller vivre dans un autre pays après l'attentat commis.

La prévention dura un mois, et l'arrêt suivant ressortit de la cour suprême saisie de cette affaire.

« Le 17 mai 1782, vu l'affaire, etc... Marie Salmon, atteinte
» et convaincue du crime d'empoisonnement sur les personnes
» de Jean-Michel Bomare et de Gertrude Poitevin, femme Bo-
» mare, est condamnée à la question, de plus à être attachée à
» une potence avec une chaîne de fer, pour être brûlée vive, et
» son corps réduit en cendres, lesquelles cendres seront jetées
» au vent par la main du bourreau. »

En date du même jour cette sentence fut confirmée au parlement de Rouen.

Toutefois, le roi, à qui une supplique des bourgeois de la ville et des habitants de toute la province avait été remise, implorant un recours en grâce, le roi, dis-je, ordonna d'abord une suspension de l'exécution, puis enfin annulant la sentence du parlement, ordonna un plus ample informé de l'affaire.

Le fatal et affreux procès sembla devenir dès lors interminable, et trois mortelles années après, Marie Salmon gémissait encore dans le même cachot, s'attendant à chaque instant à en être arrachée pour marcher au supplice.

A cette époque (1783), la paix venait d'être conclue, au traité de Paris et de Versailles, entre la France, l'Angleterre et l'Espagne. Un échange de prisonniers commença alors entre les puissances belligérantes. Nos prisons renvoyaient leurs hôtes étrangers, et ces fameux pontons d'Angleterre, tombeaux d'êtres vivants, nous renvoyaient leurs victimes.

Un jour du mois d'octobre, par un ciel gris et triste, un jeune officier arpentait à grands pas cette fertile vallée dans laquelle est assise la ville de Caen, entre les deux rivières l'Orne et l'Odon. Ce jeune homme se dirigea bientôt au pas de course vers la petite maisonnette qu'habitaient autrefois les époux Bomare.

On a déjà deviné que ce nouveau venu n'est autre que Henri Bomare lui-même. Je n'essayerai point, pour ne pas attrister davantage ce récit, de décrire la douloureuse surprise et le désespoir de ce bon fils, qui, après de cruelles souffrances passées dans la captivité, accourait embrasser ses parents.

Il était parti pauvre conscrit, le sac sur le dos, et revenait avec l'épaulette d'or qu'il avait conquise sur le champ de bataille, dans une brillante affaire où pour sauver son drapeau il avait succombé sous le nombre et avait été fait prisonnier. Mais, hélas! la joie du retour, le bonheur de montrer ces insignes de l'honneur à ses chers parents, tout cela venait de se changer en deuil et en désespoir.

Cependant, lorsque le jeune Henri put demander des détails à ses amis accourus à sa rencontre, et qu'on lui eut dit comment cet immense malheur était arrivé, il eût fallu voir avec quelle noble assurance, quelle chaleureuse indignation, sa voix dominant celle de tout le monde jeta ces paroles :

— Non, Marie n'est pas coupable.

— Oh! prouvez-le donc bien vite, lui cria-t-on, car l'affaire est évoquée demain, et demain Marie sera la troisième victime.

Henri, à qui une intime conviction de l'innocence de sa sœur adoptive redonnait du sang-froid et des forces, s'informa aussitôt du nom et de la demeure de l'avocat qui l'avait déjà défendue et qui devait encore porter la parole pour elle.

On lui désigna un sieur Lecauchois, jeune avocat plein de probité, de zèle et de dévouement, qui depuis trois ans ne cessait d'examiner et d'étudier ce malheureux procès.

Henri Bomare et l'homme de loi s'entendirent parfaitement dès les premières ouvertures; mais, hélas! ils eurent beau compulser toutes les pièces du procès, ils ne trouvaient comme excuse à décharge que l'opinion publique toujours favorable, il est vrai, à l'accusée, mais impuissante devant les charges accablantes dont la procédure était hérissée.

— Voyons cependant tout à fond, dit Henri, qui sentait qu'il ne fallait pas se laisser décourager; examinons les moindres éléments de la cause. Veuillez me mener au greffe et obtenir

1 — Zygène de la Scabieuse
2 — id du Trèfle
3 — id Masserait de la Bruyère
4 — id de ...
5 — Zygène Brulocarine
6 — Sesie ...
7 — Zygène Minos
8 — ...

que j'examine moi-même ce plat de mauviettes, qui sans doute a été conservé parmi les pièces de conviction.

Ce qu'il demandait lui fut accordé. On lui représenta ces mauviettes encore embrochées dans ces petites tiges préparées par son père. Tout cela était, comme on le pense bien, tout à fait réduit, desséché, presque méconnaissable; cependant les matières grasses qui enveloppaient ce mets lui avaient conservé encore quelque chose de leur aspect primitif.

Henri examina tout minutieusement; il prit une de ces brochettes grasse encore et la regarda longtemps.

— Oh! vous ne découvrirez rien de bien convainquant, lui dit l'avocat; s'il y a eu poison, comme le porte l'accusation, la substance vénéneuse n'a dû exister que momentanément à la superficie; du reste, un des chimistes les plus distingués de la province et plusieurs médecins ont analysé ce mets, et tous unanimement ont déclaré que nulle trace de poison n'avait persisté.

— Ils ont tout examiné, dit le fils des Bomare, qui depuis quelques minutes était absorbé dans ses réflexions... oui, tout examiné... et ils n'ont pas tout vu.

Puis se relevant de toute sa hauteur et laissant reprendre à sa physionomie une manifeste expression d'espérance et de bonheur :

— Laissez-moi emporter, dit-il, une de ces tiges menues... et demain, demain... comptez sur moi à l'audience. J'y serai.

Puis s'échappant comme un insensé, en emportant ces fragments de branche, il disparut en s'écriant :

— Oh! mon Dieu! me serait-il donné de la sauver?

La fin de la journée se passa pour Henri en quelques soins

relatifs à l'affaire. Puis il fit prévenir par l'obligeant M. Lecauchois, Marie, sa sœur d'adoption, comme il l'appelait, afin que
le lendemain, en le voyant paraître à l'audience, elle ne fût pas
trop vivement émue ou saisie, et enfin il attendit patiemment,
courageusement le lendemain.

Ce jour qui devait être si solennel pour Marie, car il y avait
pour elle question de vie ou de mort, ce jour parut enfin; la
pauvre enfant depuis trois ans l'appelait de tous ses vœux; mais
si elle le désirait, elle ne le redoutait plus, car elle était lasse de
souffrir, lasse de vivre ainsi.

Le garde des sceaux, messire Hüe de Miromenil, et le ministre de la justice, Duport-Dutertre, avaient déféré l'affaire au
tribunal de Caen pour être jugée en dernier ressort. L'avocat de
Marie le savait, et depuis longtemps était dans la plus pénible
anxiété sur l'issue du procès; car il n'avait pu réunir d'autres
preuves que le peu qu'il avait déjà fait valoir et qui avaient été
jugées insuffisantes.

A dix heures, les juges étaient sur leur siége; à dix heures,
Henri Bomare était là, pâle, agité, mais soutenu encore par
cette confiance intime que tout honnête homme conserve dans
une juste cause.

Bientôt on fit venir l'accusée. Son teint décoloré, son corps
amaigri attestaient de ses longues souffrances; mais la sérénité
de son regard et la noble assurance de son maintien attestaient
aussi de son innocence.

Lorsque parmi la foule elle aperçut Henri, elle lui fit de la
main d'abord un signe de remercîment de ce qu'il avait cru,
malgré les appparences, à la pureté de son cœur; puis élevant
cette main au ciel, elle sembla lui dire : Je vais aller retrou-

ver tes parents là-haut, eux du moins ne m'accuseront pas.

Le procureur général relut encore l'acte d'accusation, où rien n'était changé, puis le président invita l'avocat de Marie à prendre la parole.

Mais, au même instant, Henri sortant de la foule et entrant dans le prétoire, demanda à parler.

— Qui êtes-vous? demanda le président, pour que je vous accorde la parole.

— Je suis, répondit le jeune officier en scandant lentement ses mots, je suis le fils des deux victimes, je suis Henri Bomare, et je viens défendre l'accusée.

A ces mots un murmure de surprise, de curiosité, de sympathie même se fit entendre dans toute l'assemblée.

— Parlez, dit le juge.

Henri qui tenait à la main un léger paquet de branches mortes et un papier cacheté, posa les branches près des autres preuves de conviction et fit passer par un huissier le papier au président.

— Messieurs de la cour, dit-il, en s'inclinant; je ne viens point ici exposer devant vous tous les motifs de réfutation que comporterait l'accusation fatale, inouïe, qui pèse sur Marie Salmon, je ne viens ici qu'apporter une preuve de son innocence, une seule.

Permettez-moi, continua-t-il, en s'approchant du vase où étaient les restes du fatal mets qui avait donné la mort à ses parents, permettez-moi, malgré la douloureuse émotion que me causent mes souvenirs, de vous dire quelques mots sur ces menues branches qui ont servi à la cuisson de ces mauviettes et qui ont seules, oui, Messieurs, seules empoisonné cette viande.

Un sourire d'incrédulité l'accueillit de toutes parts. Les magistrats froncèrent le sourcil, les amies de la pauvre fille pâlirent, tout le monde en un mot se disait qu'avec de tels arguments la cause était encore loin d'être gagnée.

Le fils des Bomare, loin de s'émouvoir de ce mouvement dans l'auditoire, continua.

— Voici, Messieurs de la cour, l'arbuste qui les a fournis, j'ai été m'en assurer moi-même, j'ai vu la place où mon pauvre père les avait brisées sur l'arbuste mort et desséché depuis longtemps..... Cet arbuste est un laurier-rose.....

— Que fait cette dissertation à la cause? interrompit le procureur général avec un ton de légère impatience.

— Voici, Messir, dit Henri, en se retournant du côté des gens du public et en faisant un signe à un jeune paysan qui s'avança aussitôt en tirant après lui un chien qui paraissait affamé.

Alors arrachant une à une les tiges de laurier fixées dans les mauviettes et encore emprégnées de graisse, Henri les jeta au chien qui se précipitant dessus se mit à les mâcher à belles dents.

Mais bientôt on vit l'animal se contourner tout le corps en d'insupportables angoisses, ses veines parurent se tuméfier, le feu de ses yeux qui d'abord s'étaient injectés de sang s'éteignit, et l'animal tournoyant sur lui-même tomba expirant aux pieds des juges.

— La cause est gagnée! prononça aussitôt d'une voix haute le procureur du roi lui-même. Dans l'évidence irrécusable de ces preuves je retire la plainte.

Le président alors se leva et tenant à la main la lettre ouverte que lui avait remis le jeune officier au commencement de l'audience.

— Je ne puis donc, dit-il, que prononcer avec empressement, avec bonheur l'acquittement de Marie Salmon. L'expérience qui vient d'être faite sous les yeux de la cour reçoit encore une nouvelle confirmation de véracité par le contenu de cette lettre écrite par le fils même des malheureuses victimes, non d'un crime, cela est prouvé maintenant, mais d'une imprudence. Le généreux Henri Bomare, pour réhabiliter autant qu'il est en lui la réputation de sa sœur d'adoption, demande à la cour la faveur dernière de donner sa main, je dirai mieux d'honorer de son nom cette jeune fille au pied même de l'échafaud où elle devait monter.

— C'est au roi, c'est à la nation, exclamèrent à la fois plusieurs magistrats à se charger de la dot de l'infortunée et intéressante jeune fille, et tous nous prenons engagement d'intercéder pour elle cette faible compensation, comme un acte de haute justice.

NOCTURNES.

Nous avons, je vous en préviens, mes jeunes amis, un riche champ à parcourir, et nous n'allons surtout pas manquer de sujets; car les papillons nocturnes sont bien plus nombreux que les papillons de jour; ce qui est le contraire chez la gent emplumée, car on ne compte que très-peu d'oiseaux de nuit comparativement à nos chantres diurnes des bois. Ce sont d'abord les hiboux ou chats-huants, grands mangeurs de souris, la fresaie (ou effraie), aux yeux démesurément grands, fixes et ternes, et bordés d'un jaune éclatant; c'est l'*oiseau sorcier*, l'oiseau de mauvais augure des campagnes, — *noctua templorum alba* — La chevêche (ou chouette), qui, bien que grise-blanche, est la bête noire de tous les oiseaux, qui lui font une guerre acharnée; elle est l'Attila femelle des lézards, des mulots et des grenouilles, dont elle fait chaque nuit une immense destruction. Enfin, le faucon de nuit, à qui nous pardonnerions peut-être de manger des fouines, des lièvres mêmes, s'il ne se mettait pas au service de l'homme pour commettre de bien plus grands crimes. Voici comment se passe la chose. Quand un fauconnier veut (ou plutôt voulait, car nous sommes déjà loin de ce bon temps de la fauconnerie), voulait, dis-je, chasser au daim avec son faucon, voici quelle indigne ruse il employait pour l'exercer à cette chasse : il bourrait de foin ou d'étoupes la peau d'un daim, et donnait à ce mannequin toute l'apparence d'un être vivant, puis dans la place même des yeux absents de l'animal, il mettait une certaine pâtée dont les faucons sont très-friands, et faisant traîner dans les bois, au moyen de cordes, cet animal postiche pour lui donner un semblant de vie, il lâchait dessus un faucon tenu à jeun depuis longtemps; l'oiseau, flairant la chair fraîche, voltigeait d'abord autour du mannequin empaillé, puis se perchait sur sa tête, et enfin plongeait son bec crochu dans ses yeux dont il dévorait avidement le contenu.

Après quelques répétitions de cette chasse pour rire venait le tour d'une chasse pour tout de bon, et le faucon, lancé à tire d'ailes sur de vrais daims bien en vie, s'acharnait sans pitié après eux, leur crevait les yeux et les rendait ainsi incapables de fuir bien loin.

Mais revenons à nos nocturnes.

Ils sont faciles à distinguer par leurs ailes couchées sur le dos en forme d'un toit de maison à deux versants, et par leurs antennes munies à l'extrémité d'un renflement ou bouton, ou quelquefois en forme de massue dont la partie la plus mince tient à la tête.

Les *phalènes*, ou papillons de nuit, ne mangent plus ou du moins presque plus dès leur transformation en papillons. Ils ne commencent à voler que lorsque la nuit se fait; ce qu'il y a de remarquable, c'est que ces papillons qu'on voit le soir venir voltiger autour de nos flambeaux, et le plus souvent s'y rôtir les ailes, sont ceux-là mêmes qui fuient invariablement la lumière du jour.

Les chenilles des nocturnes n'ont pas, comme les autres lépidoptères, jusqu'à seize pattes : le nombre en est presque toujours au-dessous; elles sont couvertes de poils fins; elles se mettent en cocon avant de devenir chrysalides; c'est à cette famille qu'appartient le bombyx ou ver à soie.

Bien que nous allions entreprendre des chasses de nuit, il ne sera pas besoin, je vous en avertis d'avance, de les faire *aux flambeaux*, comme certaines chasses royales du temps de nos rois chasseurs; le vol des nocturnes est assez lourd, assez bruyant, assez maladroit pour que nous les trouvions sans peine; du reste, nous ferons une invocation à l'obligeante Phœbé, qui ne nous refusera pas, j'en suis convaincu, son éclatante lumière... surtout si nous consultons l'almanach.

Avec l'assistance de la déesse au triple nom, nous trouverons donc facilement des lépidoptères noctuéliens, les uns rampant lentement sur l'extrémité des tiges, les autres collés et comme adhérents aux troncs des arbres ou aux parois des murailles ; il n'y aura donc qu'à se baisser et en prendre.

Quel abatis ! quel..... Mais cette guerre, hélas ! n'en est pas moins une guerre cruelle, une guerre suivie de mort..... d'insectes.

Ceci me rappelle un passage plein de grâce et de sensibilité des œuvres de notre admirable poëte Lamartine ; c'est un scrupule, ce sont de véritables remords qu'il éprouve, lorsque après avoir abattu une biche d'un coup de fusil, il hésite, il gémit lui-même avant de lui donner la mort.

« J'éprouvais bien, dit-il, un certain remords, une certaine
» hésitation à trancher du coup une telle vie, une telle joie,
» une telle innocence dans un être qui ne m'avait jamais fait
» de mal, qui savourait la même lumière, la même rosée, la
» même volupté matinale que moi ; être créé par la même
» Providence, doué peut-être à un degré différent de la même
» sensibilité et de la même pensée que moi-même, enlacé peut-
» être des mêmes liens d'affection et de parenté que moi dans
» sa forêt . . . .

. . . .

— « Qui es-tu ? Je ne te connais pas. Je ne t'ai jamais
» offensé. Je t'aurais aimé peut-être. Pourquoi m'as-tu frappé
» à mort. Pourquoi m'as-tu ravi ma part de ciel, de lumière,
» d'air, de jeunesse, de joie, de vie ?

» Et cependant je t'accuse, mais je te pardonne. Il n'y a pas
» de colère dans mes yeux, tant ma nature est douce, même
» contre mon assassin ; il n'y a que de l'étonnement, de la
» douleur et des larmes. »   LAMARTINE.

Des philosophes — méfions-nous de certains philosophes — ont écrit de longues et savantes dissertations pour prouver que l'animal de la classe des infiniment petits ne souffre *presque pas*, lorsqu'on l'écrase, lorsqu'on le tue. Quant à nous, mes jeunes amis, ne croyons pas ces gens-là sur parole ou du moins, je répète ce que j'ai dit au commencement de ce livre, ne perdons pas de vue que l'humanité est la première obligation qui doit nous diriger dans l'exercice de nos fonctions de chasseurs.

Ces conditions humanitaires encore une fois posées — pourrait-on trop insister sur ce point? — Voyons donc à commencer nos chasses crépusculaires et nocturnes, ce qui sera d'autant plus agréable que voici venir le mois de juillet et qu'il est bon à cette époque caniculaire de se garer un peu du soleil.

J'ai là parmi mes souvenirs écrits quelques bribes de lettres écrites de Suisse et qui racontent un épisode assez pittoresque d'un promeneur helvétien sur les bords du Rhin et dans quelques-uns des cantons de la république. Comme tout cela a trait aux papillons — merveilleuse coïncidence, direz-vous. Eh! quoi tout juste à propos de papillons? — Mon Dieu, oui, un épisode à propos de papillons. Que voulez-vous? je ne recueille que dans ces conditions-là. Il ne me faut à moi que des histoires à papillons, et en vérité le *hasard* m'a servi à merveille.

Sur la cime la plus élevée d'une montagne formée de gigantesques assises de granit, à quelques pas du Rhin, là où le fleuve, après avoir arrosé Bâle, fait un coude assez brusque et vient baigner les pieds de là jolie petite ville d'Augst, sur cette cime, dis-je, un garçon de dix-huit à vingt ans se tenait, depuis plus de trois grandes heures patiemment couché à plat ventre parmi les mousses, les lichens et ces charmantes petites pyrètres, sorte de pâquerettes des Alpes à la teinte purpurine. Il était là immobile, retenant sa respiration et les yeux fixement arrêtés sur une large baie ou arcade naturelle formée par les capricieux amoncellements des blocs gigantesques de la montagne.

Que guette donc avec tant de constance cet infatigable chasseur ? — Ce ne sont pas des papillons assurément, — on ne les attend pas, on court après. — Ce ne sont pas des marmottes bien certainement, — on se baisse et on les ramasse.

C'est en vérité bien mieux que tout cela, c'est un chamois..... Vous n'avez jamais vu sans doute ce gracieux et sauvage hôte des précipices courant en liberté sous vos yeux, et vous faisant frissonner de le voir tantôt penché sur la pente glissante du gouffre ou sautant sur des pointes de rocs où il n'y a de place que pour la moitié de son pied.

Oh ! qu'un chamois est beau dans sa montagne ayant l'azur du ciel au-dessus de sa tête et des groupes de nuages au-dessous de lui ! Comme alors il porte fièrement sa tête si coquettement encadrée par deux belles cornes noires roulées en spirale autour de ses tempes ! comme ses yeux sont vifs, intelligents et pleins d'impatience et de feu, malgré leur expression douce et leur teinte bleu-tendre !

Le chamois a le pelage d'un fauve agréable, relevé cependant de la tête à la croupe par une bande noire qui marque l'épine dorsale. Au printemps le poil prend une teinte grise, en hiver il est brun-foncé ; ses jambes fines, nerveuses, élastiques comme des ressorts d'acier, l'emportent avec une vitesse qui ressemble au vol d'un oiseau; car c'est chose féerique de voir un chamois s'élancer d'un roc escarpé sur un autre roc à une distance incroyable, puis se tenir là debout, fier et défiant le chasseur de venir l'y trouver.

Notre patient chasseur se tenait donc là depuis quatre mortelles heures, osant à peine respirer, mais suivant de l'œil les allées et les venues et jusqu'aux moindres mouvements d'un gracieux et beau chamois, qui rôdait confiant et tranquille sur les pentes escarpées d'une masse de rocs superposés là comme si la main d'un géant les eût amoncelés, en jouant, sous les formes les plus bizarres. Tantôt il broutait quelques surgeons de sapins ou les graines parfumées du génépi de l'absynthe-carline, tantôt rentrant en bramant dans les interstices d'un rocher où il y avait tout à supposer qu'il avait un petit faon dans quelque bauge cachée sous les pampres et les fleurs.

Et cependant ce jeune garçon, dont la persévérance a quelque chose d'extraordinaire, ne paraît pas être un chasseur de profession; car au lieu d'une bonne carabine de chasse, il n'a près de lui qu'un bâton à pointe ferrée et une longue et forte corde de lianes passée en sautoir sur son corps. Ses pieds en outre sont munis de souliers armés de crochets aigus qui servent à gravir les rochers; mais ce qui doit nous confirmer bien plus encore dans cette opinion que nous n'avons pas là devant nous un bien habile chasseur de chamois, c'est cet air hagard, cette physionomie dénuée d'intelligence, ce teint blafard et placide, en un mot cette apparence irrécusable, ce cachet d'idiotisme que décèlent à la fois sa physionomie et ses mouvements.

Et en effet le pauvre Jooss est un de ces crétins du Valais à qui la nature avare a refusé jugement, intelligence, esprit.

tout..... excepté peut-être l'instinct du cœur. Ce paria de la société, moins malheureux sans doute qu'on ne le pense, parce qu'il ne croyait pas à sa nullité, vivait, dans cet affreux crétinisme, de cette vie animale, n'ayant plus que le sentiment du zèle et du dévouement, comme le chien qui aime son maître sans restriction, mais aussi sans raisonnement.

Mais enfin que faisait donc là ce pauvre Jooss, couché à plat ventre parmi les hautes herbes, et regardant de tous ses yeux — ses yeux rouges à cils blancs, — regardant, dis-je, l'insouciant chamois qui broutait indifféremment l'armoise, la santoline, l'arnica et les plantes odoriférantes des rochers? Ce qu'il faisait là?... mon Dieu, il obéissait à un besoin de sa conscience, à un entraînement naturel de son dévouement et de son cœur pour sa jeune maîtresse, à qui il avait entendu dire la veille : « Qu'elle voudrait bien avoir un petit chamois pour le voir bondir sur la pelouse de son jardin. »

Ce désir exprimé, sans penser même qu'il pouvait être entendu et encore moins exaucé, avait été recueilli par le pauvre idiot, et il n'en avait pas fallu davantage pour que celui-ci se décidât immédiatement de le mettre à exécution.

Il s'était dit qu'il était dès lors impossible que le lendemain à son réveil *maîtresse Louise* ne trouvât pas un petit chamois sur son gazon. Il était donc parti dès les premières lueurs du jour, avait gravi un rocher tellement escarpé et inaccessible qu'il semblait qu'il ne fût permis qu'à l'aigle seul d'y aborder, et depuis quatre heures, il était là couché dans une complète immobilité, attendant sa proie.

Un faible bêlement que du pied de ce roc son oreille avait su percevoir lui avait du reste servi d'indice, et sans calculer ni les difficultés, ni les dangers, il s'était élancé, comme un écureuil, aux aspérités de ces blocs abruptes, et était parvenu jusqu'à une sorte de plate-forme, au niveau de la bauge d'un chamois; mais le plus fort n'était pas encore fait, car de cette plate-forme au gîte du chamois, il y avait encore un assez long espace que séparait un épouvantable précipice de plusieurs centaines de pieds de profondeur.

Après quatre heures d'attente enfin, le petit du chamois sortit sa jolie petite tête blonde d'entre les pampres qui fermaient sa bauge, et s'avança en hésitant jusqu'au milieu de la plate-forme où sa mère, en broutant, venait de faire tomber quelques baies de fruits sauvages et des rameaux de citronnelle.

— Il est à moi! se dit l'idiot, en se levant avec précaution et déroulant de sa ceinture une longue et forte corde qui y était attachée.

Il se dirigea moitié marchant, moitié rampant jusqu'au bord du précipice, et mesura des yeux la distance qui le séparait du chamois. Son intelligence alors fit deux efforts extraordinaires : d'abord il jugea que ce large cratère ne pourrait jamais être franchi d'un saut; puis il combina que s'il pouvait cependant aller attacher aux longues et énormes racines qui pendaient sous une sorte de promontoire qui s'avançait en courbe jusqu'au milieu du précipice, il combina, dis-je, que sa corde une fois attachée là, il pourrait fort bien, en s'amarrant à l'autre bout et se lançant vigoureusement dans l'espace, aller toucher terre à l'autre bord.

Cet extravagant projet fut exécuté aussitôt que conçu. La corde fut fortement amarrée à cette pointe de roc qui surplombait à quelques mètres au-dessus de sa tête; puis se cramponnant des pieds et des mains au bout opposé de la corde qu'il n'avait pas abandonnée, il s'élança bravement pour décrire l'immense arc de cercle que d'après les lois de la gravitation il devait parcourir.

Il est un Dieu pour les pauvres d'esprit, n'en doutons pas ; car car là où vingt êtres doués d'intelligence auraient péri, notre idiot réussit... Il arriva en effet à l'autre bord où il se cramponna vigoureusement afin de ne pas être entraîné en sens contraire dans le retour de ce gigantesque pendule.

— Maîtresse Louise, dit-il avec un grand sang-froid, en se relevant un peu meurtri, il est vrai, aura son petit chamois avant de se réveiller.

Mais il s'était passé bien des choses pendant cette périlleuse et courte expédition. Un gypaète, espèce d'aigle de montagnes assez commun dans les Alpes, que les bêlements du petit chevreau avaient sans doute attiré par là, fondit tout à coup sur cette double proie, dans l'intention très-probable de faire sa pâture de la mère et de l'enfant.

Par un admirable instinct de l'amour maternel dans les animaux, le chamois se précipita sur son petit et le couvrit de son corps.

Cet aigle, qui était le *laemmer-geyer* (le vautour des agneaux), avait une envergure de trois mètres, un bec et des serres semblables à des crocs d'acier, et les yeux comme injectés de sang ; son plumage était d'un jaune sale sur lequel tranchait seulement une large couronne de plumes blanches qui ceignait son cou.

Le sauvage et terrible oiseau de proie tomba comme une avalanche sur la courageuse mère qui protégeait de son corps tout entier sa progéniture. La fable dit bien qu'un aigle peut enlever un mouton; mais elle n'a jamais parlé d'un chamois; aussi ce *laemmer-geyer* usa-t-il d'une autre ruse de guerre. Du talon de ses puissantes ailes, il frappa à coups redoublés le pauvre chamois qui ne tarda pas à être étourdi, tué sans doute, et enfin précipité dans le trou béant qui se trouvait près de là.

Cette proie mise ainsi en réserve, l'aigle revint à la charge pour en faire autant du petit chamois..... mais Jooss était là armé d'un énorme fragment de granit, il attendait bravement l'ennemi, et aussitôt qu'il le vit à sa portée, il lui jeta en pleine poitrine sa lourde pierre et lui brisa sans doute l'estomac, car l'oiseau, tout en poussant des cris affreux, tournoya quelque temps sur lui-même et retomba sur le dos, roulant, inanimé, et bientôt mort.

Mais cette victoire ne fut pas remportée sans que notre brave Jooss ne la payât cruellement, car dans un de ses sauts de douleur et d'agonie, le *laemmer-geyer* put lui asséner sur la tête un violent coup de bec qui fut heureusement amorti par l'épais bonnet d'ourson que le prévoyant crétin avait préalablement bien enfoncé sur sa tête.

Jooss en fut quitte pour une blessure assez profonde, il est vrai, sur la tête; mais à peine s'en aperçut-il d'abord, tant il était heureux d'avoir sauvé le petit chamois et de pouvoir espérer maintenant que maîtresse Louise *l'aurait avant d'être réveillée*.

L'autre revers du rocher avait heureusement une pente sinueuse qui permettait de descendre dans la plaine sans trop de danger. Notre courageux et opiniâtre chasseur prit cette route en emportant son petit chamois sous son bras. Il arriva juste chez sa maîtresse au moment où celle-ci descendait de sa chambre. A la vue du pauvre garçon dont le sang ruisselait encore sur ses tempes, Louise Engelbert poussa un cri d'effroi, et courant à lui :

— Qu'as-tu, mon pauvre Jooss, lui dit-elle d'une voix émue, tu es blessé?

— Oh! ce n'est rien, dit l'idiot; mais j'en ai un.

— Et quoi donc? demanda la jeune fille qui n'avait pas encore vu le chamois que Jooss tenait sous son manteau de poil de chèvre.

— Eh bien! fit-il en mettant la petite bête à ses pieds, ce que vous avez demandé hier au soir.

— Oh! le joli, le gracieux petit animal, s'écria Louise en prenant le chamois dans ses bras; mais que je suis donc désolée, pauvre garçon, que tu aies été l'exposer à tant de dangers pour satisfaire à un malheureux caprice dont je me repens sincèrement.

— Eh bien! maîtresse Louise, dit le crétin d'un air honteux et contrit, et en faisant un mouvement pour reprendre le chamois, ne grondez pas, je vais le reporter..... Oh! ne craignez rien, je saurai bien le remettre dans son gîte; car ma corde est encore à sa place.

— Mais non, mais non, s'écria la jeune fille en serrant son joli petit captif dans ses bras. Si je te gronde, Jooss, ce n'est pas d'avoir mal fait, c'est d'avoir voulu trop faire. Vois un peu dans quel état t'a mis cette belle escapade! Pauvre garçon! se martyriser ainsi pour moi, pour un caprice d'enfant que j'étais en effet bien loin de voir réaliser. Allons, allons, va vite trouver dame Krümmer, dis-lui qu'elle te panse ta pauvre tête, qu'elle te fasse bien déjeuner, et une autre fois veille plus à ta conservation qu'à mon cabinet de curiosités.

Jooss, bien convaincu qu'il avait mal agi et mécontenté maîtresse Louise, s'en alla l'oreille basse. Il avait du reste remarqué beaucoup de préoccupation, de tristesse même dans la physionomie ordinairement si avenante de la jeune fille.

Cette tristesse, en effet, était bien réelle, et pour en faire connaître la cause, disons quelques mots de la famille Engelberg.

Louise avait vingt-quatre ans; elle avait perdu son père et sa mère il y avait déjà six ans, et était restée la tutrice ou plutôt la seconde mère de ses deux frères. L'aîné, nommé Guillaume, était d'un caractère placide, laborieux, attaché à la glèbe et tout adonné aux soins de la belle et riche ferme laissée par son père. Le caractère et les goûts du plus jeune étaient bien différents. M. Fritz était artiste, était enthousiaste de toutes choses; M. Fritz aimait les bois, les rochers, les longues courses dans la campagne, et était passionné du désir de voir et de connaître; du reste, excellent jeune homme, très-docile et très-affectueux envers sa sœur, qu'il regardait comme sa mère.

Cette bonne famille vivait donc dans la meilleure intelligence possible, et surtout dans une paix et une félicité parfaite, car la bonne et excellente Louise leur rendait la vie la plus douce possible, entourant ses frères de soins et d'affection et entretenant la maison dans un esprit d'ordre et d'économie admirables.

Cependant, au moment où notre pauvre idiot, Jooss, le garçon de ferme, aborda sa maîtresse, celle-ci semblait préoccupée et triste. Or, voici ce qui tourmentait si fort cette bonne sœur: Fritz était venu la veille, avec son petit air doux et câlin, dire à

sa sœur « qu'il était vraiment honteux de se voir le seul inoc-
cupé dans la maison, et que sa vingtième année venant de sonner, il voulait être enfin quelque chose dans le monde. »

— Et que veux-tu donc être, mon bon Fritz? lui demanda
Louise en souriant.

— Je sens quelque chose en moi qui me dit que je serai un
jour un grand peintre.

— Et tu veux obéir, je le vois, à cette aspiration, à cette
voix intérieure qui te promettent la célébrité; mais...

— Mais, bonne sœur, interrompit bien vite le futur Raphaël,
qui redoutait énormément les *mais* et les *si*, mon maître de dessin est parfaitement content de mes dispositions et de mes progrès; il m'a dit lui-même hier que je ne devais plus maintenant
choisir mes modèles que dans la nature, parmi nos rochers, nos
gorges de montagnes, nos forêts.

— Les sauvages et pittoresques environs d'Augst, reprit doucement Louise Engelbert, peuvent, ce me semble, te suffire.

— Oh! ce n'est plus cela qu'il me faut, Louise, ce sont de
vastes horizons, ce sont les flots bouillonnants du Rhin, c'est
l'effrayante et sublime chute de Schaffouse, voilà les modèles
qu'il me faut.

— C'est-à-dire, monsieur l'artiste, monsieur le sournois, dit
la bonne sœur en devinant tout de suite où Fritz en voulait
venir avec ses belles phrases, c'est-à-dire que vous avez tout
simplement le désir de courir un peu le pays.

— Dame, sœur, j'avoue que j'en serais passablement flatté.

— Ainsi, dit Guillaume, qui s'était approché tout doucement
et qui venait de poser amicalement sa main sur l'épaule de son
frère, te voilà déjà las de la maison, de nos champs, de notre

bonne vie de famille! Faut-il donc te dire comme ce fabuliste français que tu m'as prêté :

« Qu'allez-vous faire?

» Vous voulez quitter votre frère ;

» L'absence est le plus grand des maux,

» Non pas pour vous, cruel.

. . . .

» Hélas! dirai-je : il pleut,

» Mon frère a-t-il tout ce qu'il veut,

» Bon souper, bon gite, et le reste? »

LAFONTAINE, Les Deux Pigeons.

Avouons, pour rendre hommage à la vérité, qu'à cette belle citation une toute petite larme vint perler dans l'œil de Fritz ; mais tout en l'essuyant, le sensible jeune homme lorgnait avec une certaine anxiété le regard de sa sœur pour voir un peu ce qui s'y passait.

— Allons, monsieur le coureur, dit-elle, vous irez à Schaffouse, vous repaîtrez vos yeux et votre cerveau enthousiaste des belles horreurs de la cascade du Rhin... et vous m'en rapporterez un croquis.

— Holbein, dit Fritz en rayonnant de joie, en faisait ainsi à l'égard de sa vieille mère ; Holbein, notre célèbre peintre suisse. Puis le non moins fameux Albert Durer... qui... que...

— C'est bon, c'est bon, interrompit Louise en souriant, je vous dispense de me citer tous ces beaux modèles... C'est de l'argent, beaucoup d'argent qu'il vous faut, n'est-ce pas, monsieur le coureur? Vous en aurez... puisqu'on ne peut pas faire autrement que d'être bonne avec vous. Vous en aurez... raisonnablement ; mais c'est à une condition expresse, très-expresse, entendez-vous ?

Fritz aurait passé par les fourches caudines pour obtenir son voyage ; il souscrivit donc d'avance à toutes les conditions que sa sœur bien-aimée lui imposerait, sachant bien du reste que le *sine quâ non* qu'elle lui imposait ne serait pas bien terrible.

— Hé bien ! ajouta Louise Engelbert, ce sera de vous laisser accompagner dans votre voyage par...

— Par Litz ? s'écria le jeune artiste.

— Oui, fit avec empressement la sœur, Litz le chevrier, encore un bel étourdi, assurément. Voilà en vérité un beau mentor... Ce serait bien cette fois à qui de vous deux ferait le plus de folies.

— Ce sera donc...

— Ce sera, dit Louise en hésitant un peu, ce sera... Jooss l'idiot.

A ce nom, Fritz, comme frappé d'un éblouissement, se recula en chancelant et faillit aller se rendre dans la fenêtre qui était derrière lui.

— Jooss ! s'écria-t-il ; mais tu n'y penses pas, ma sœur. Un crétin, un...

Mais sa voix s'étrangla dans son gosier.

— Jooss, reprit d'un ton posé Louise Engelbert, est un pauvre esprit, j'en conviens, un pauvre garçon qui n'a qu'une chose de bonne en lui ; mais cette chose est un trésor ; c'est son cœur tout rempli d'un immense dévouement pour toute la famille.

— Je le reconnais, sœur ; mais quelle intelligence dans les limbes, quel jugement encore au berceau, quel esprit obtus, encroûté !

— C'est vrai, Fritz, tout jugement est endormi ou paralysé dans ce pauvre cerveau; Jooss verrait un assassin diriger son arme contre nous, il ne détournerait pas le bras homicide, mais il présenterait sa poitrine pour recevoir le coup. Il verrait brûler notre maison, ce ne serait pas lui qui chercherait à l'éteindre; mais il se précipiterait dans les flammes pour périr avec celui de nous qui y serait resté.

Ce n'est donc pas un compagnon que je te donne en lui, mon cher Fritz; mais c'est un bouclier que je voudrais opposer aux coups qui pourraient te menacer et t'atteindre. Laisse-moi donc l'attacher à tes pas, je te verrai alors partir avec moins d'inquiétude, moins d'effroi. Fritz, ta sœur t'accordera tout ce qui dépendra d'elle pour te rendre content, heureux; fais donc pour elle ce petit sacrifice..... Tu sais du reste ce que Jooss est pour moi, tu sais qu'avec vous deux, Guillaume et toi, c'est mon troisième enfant d'adoption. Pour toute réponse, le jeune homme se jeta dans les bras de l'excellente Louise en lui disant : Jooss viendra avec moi.

Cette affaire arrangée, Louise Engelbert s'occupa des préliminaires du voyage qui fut décidé pour la fin de la semaine; puis elle fit venir le garçon de ferme, notre pauvre crétin.

— Mon bon Jooss, lui dit-elle, tu vas aller dès aujourd'hui chez Krümmer le tailleur.

— Oui, maîtresse Louise.

— Il te prendra mesure d'un habillement complet.

— Oui, maîtresse Louise.

— Hantz te fera de bons souliers : une paire pour courir, une autre pour gravir les cimes. Tout cela devra être prêt pour samedi.

— Oui, maîtresse Louise.

— Enfin, tu feras ferrer à neuf nos deux petits poneys, et tu te tiendras à la disposition de ton petit maître, M. Fritz, que tu accompagneras dans un voyage que vous allez faire à la cataracte de Schaffouse. Mais surtout, mon bon Jooss, continua l'excellente jeune fille en élevant son doigt à la hauteur de ses lèvres, ce qui était son grand moyen de se faire écouter de l'idiot, surtout tu ne le quitteras pas de plus de dix pas, tu seras son ombre. S'il voulait par exemple traverser d'un pic à un autre, tu veillerais sur ses moindres pas, tu le soutiendrais.

— Non, maîtresse Louise; mais je ferais comme l'autre jour, je me coucherais d'un roc à l'autre pour lui faire le pont, et c'est sur mon dos qu'il passerait.

Louise ne put contenir un frémissement en entendant ces mots; cependant elle continua.

— S'il voulait descendre les pentes rapides et glissantes qui bordent nos précipices, tu lui dirais bien que je ne le veux absolument pas.

— Non, maîtresse Louise; je ferais comme le mois dernier, je me glisserais en rampant à quelques pieds plus bas, afin que s'il faisait un faux pas, comme il en a fait un au *Trou du Diable*, mon corps lui serve d'arc-boutant.

— Ah! le malheureux, dit Louise, en se sentant étouffer sous un poignant serrement de cœur, il se tuera un jour.

Cependant elle eut encore le courage d'ajouter :

— Prends toujours de bons pistolets dans les fontes de ta selle, parce qu'enfin on peut faire toutes sortes de rencontre, et tu défendras de toutes tes forces celui dont je te confie la garde.

— Non, maîtresse ; mais si on nous attaque, je me démènerai le plus longtemps possible, afin que maître Fritz, pendant qu'on me tuera, ait le temps de se sauver.

Que dire, je vous le demande, et que craindre après de telles preuves d'un aussi aveugle dévouement?

Louise ne put que pleurer en silence, puis le cœur plein d'espérances et d'angoisses, plein de sécurité et d'affreux pressentiments, elle alla vaquer aux préparatifs de ce voyage qui l'effrayait tant.

Le jour du départ arrivé, la pauvre sœur prit encore à part l'idiot pour lui faire de nouveau sa leçon.

—Tu répéteras bien souvent à M. Fritz, lui dit-elle, que je ne veux pas qu'il s'expose là où le terrain n'est pas sûr, qu'il ne se hasarde pas sur ces berges dangereuses d'où l'on peut glisser dans le Rhin, qu'il n'approche jamais de ces versants des montagnes dont le sommet, perpétuellement couvert de neige, laisse souvent glisser sur l'imprudent voyageur qui s'aventure à leur pied, des avalanches de neige qui l'ensevelissent sans ressource. Tu lui rappelleras du reste qu'il m'a promis de me rapporter de ses dessins. Dis-lui que j'en veux beaucoup. — Du moins, ajouta-t-elle mentalement, tandis qu'il travaillera, il ne songera pas à gravir les rochers ou à franchir les fondrières.

Tandis qu'elle énumérait ainsi tous les accidents du voyage qui pouvaient arriver à son bien-aimé frère, Jooss, qui ne l'écoutait plus qu'avec distraction, se tenait la tête baissée, et semblait tout préoccupé.

— Maîtresse Louise, dit-il enfin, ne dites-vous pas que M. Fritz vous rapportera quelque chose de son voyage?..... Et moi donc, que vous rapporterai-je, hélas! J'y pense depuis un moment, qu'est-ce que le pauvre Jooss peut trouver qui soit digne de vous?

— Oh! rien, rien, s'écria la jeune fille; ne songe pas à moi, ne t'expose pas pour moi, sois tout entier à mon cher Fritz, et je serai trop heureuse si tu me le ramènes bien portant.

— C'est égal, s'écria Jooss, en se redressant de toute sa hauteur et s'appuyant bravement sur son épieu ferré, j'aurai bien du malheur si je ne déterre pas dans la montagne quelque ourson dont la peau pourrait faire un joli tapis pour reposer les pieds de maîtresse Louise..Et puis je sais bien qu'il y a encore des chamois sur le pic glacé du Schelenhorn, des loups-cerviers dans les ravins du mont Eiger, des nids de vautour au sommet du Schreckhorn, qu'on croit inabordable.

— Oh! mais non, non, mon bon Jooss, je ne veux rien de tout cela. S'il te prenait envie de grimper ainsi par-dessus les nuages, Fritz aurait bien vite l'envie de t'y suivre, de te dépasser, et Dieu sait ce qui en résulterait.

— Mais, maîtresse Louise, dit encore le garçon de ferme, dont la figure venait de se rembrunir, je reviendrai donc vers vous les mains vides après un si beau voyage? Ce n'est pas dans les choses possibles.

— Eh bien! écoute-moi, reprit Louise Engelbert, qui venait de réfléchir et qui supposait bien que ce serait faire un chagrin mortel, un affront presque à son trop dévoué serviteur que de ne lui rien accorder sur ce point. Tu sais que mon cabinet de travail est tout tapissé de curiosités naturelles récoltées de tous côtés. Une de mes collections cependant reste encore incomplète; c'est celle des papillons... Je voudrais bien que tu m'aidasses à remplir mes cadres presque vides... Eh bien! Jooss, voilà une idée.

La chasse aux papillons, pensait la jeune fille, ne comporte pas de grands dangers, et ce sera un prétexte pour que les occupations de nos voyageurs soient un peu plus terre-à-terre qu'ils ne voudraient peut-être.

Jooss, notre chasseur d'oursons, d'aigles et de chamois, fit bien un peu la moue en entendant parler de ce jeu d'enfant; mais il suffisait que maîtresse Louise exprimât un désir pour que ce fût une loi pour lui.

Il prit donc la chose au grand sérieux et courut aussitôt préparer ses engins de chasse.

La même recommandation fut faite à Fritz.

— Pas de folies surtout, lui dit-elle; reste toujours dans la limite du raisonnable. Qu'ai-je besoin, moi, qu'à ton retour tu me dises : J'ai vu la dernière assise de la Jungfrau, le perchoir des aigles et des vautours, je me suis miré dans le lac magique de Kandel-Steig, j'ai parcouru les galeries, les portiques, les colonnades de nos plus célèbres glaciers, étincelants comme des diamants sous les feux du soleil, et toutes ces merveilles éblouissantes de notre Suisse bien-aimée? Je connais tout cela de tradition, mon cher frère, et n'ai nullement envie que tu m'en donnes une seconde édition; non, ce qu'il me faut, ce sont de beaux dessins faits de ta main, de savants croquis de nos paisibles vallées ou de nos rochers, de nos précipices vus de loin, — tu entends bien, Fritz, vus de très-loin. J'adore les horizons lointains, les perspectives à perte de vue... et pour tout cela il faut se tenir toujours loin de son modèle.

Fritz avait écouté cette belle tirade, disons-le, avec un peu de

distraction, et tout en se disant en lui-même : — C'est étonnant !
d'après le discours de ma sœur, comme j'ai envie maintenant de
voir tout cela.

Voilà, convenons-en, bien souvent l'effet des sermons.

Jooss, lui, tout en marmottant entre ses dents, disait :

— C'est pourtant *aux papillons* que je vais chasser ; mais enfin
puisque maîtresse Louise le veut.

Puis, afin de se renseigner convenablement sur l'espèce de
gibier qu'il aurait bientôt à poursuivre et pour ne pas faire double emploi, il alla visiter un peu les cadres à papillons de sa
maîtresse.

Tous les papillons *diurnes* étaient au complet ; les *crépusculaires* n'en étaient pas loin ; c'était donc aux *nocturnes*, encore
bien clair-semés, qu'il fallait s'attaquer.

— Va pour les nocturnes, se dit-il ; toutefois, ce n'était pas
trop la peine de me faire faire des souliers à grappins d'acier et
d'avoir un épieu ferré.

Or, si vous le permettez, nous allons, tandis qu'on bride les
chevaux des deux voyageurs et que le petit sournois de Fritz,
avec un œil qui pleure et l'autre qui rit, fait ses touchants
adieux à son frère et à sa sœur, qui lui recommandent *d'être
bien sage ;* nous allons, dis-je, jeter un coup d'œil sur les quelques papillons nocturnes qui, dans les cadres de Louise Engelbert, attendent compagnie.

Au centre d'un cadre était d'abord la *lithosie pulchra* (ou
lithosie gentille). Ce n'est pas un papillon éclatant, mais il est
fort gracieux avec sa jolie bigarrure sur les premières ailes ; c'est
un semis de points noirs veloutés et de taches couleur de feu

1 — Jacobée (Callimorphe)
2 — Pulchelia (Lithosie)
3 — La Chélonie Marte
4 — La Chélonie Russée (...)
5 — La Chélonie Pourpre
6 — Dominule (Callimorphe)

sur un fond blanc légèrement jauni ; on dirait de petites fleurettes jetées sur un tapis blanc.

Les ailes inférieures sont blanc-azuré avec une large bordure noire inégalement échancrée ; ce qui plaît encore dans ce papillon, c'est son corselet, tout semblable en vérité au corset barioté de rubans aurore des jeunes suissesses d'Underwald ou d'Uri. Autour de ce charmant papillon étaient rangés des lépidoptères du genre *callimorphe*.

C'est la resplendissante *jacobeæ* en robe rouge et en manteau noir, c'est-à-dire ayant les ailes supérieures d'une belle nuance noire bordée de rouge-ponceau avec quatre ornements de même couleur aux extrémités, et les ailes inférieures d'une teinte cramoisie avec de gracieuses nervures noires qui se dessinent trèsrégulièrement dans toute la longueur.

Puis, d'autres callimorphes aux noms les plus bizarres, tels que la *jaunette* couleur d'or bruni, la *rosette* avec ses ailes carmin-foncé rehaussé de noir.

La *rameuse*, portant de véritables branches noirâtres sur un fond de bistre.

La *servante*, habillée, selon sa condition, d'une robe brunpâle très-modeste avec quelques boutons blancs.

La *mondaine*, avec son habit couleur de muraille qui semble propre à se glisser furtivement et impunément dans tous les lieux possibles.

L'*arrosée*, toute jaune avec des gouttes d'encre qu'on semble lui avoir aspergées par malice pour gâter sa couleur d'or.

Et enfin la brillante *dominula* (ou la petite dame marquée de rouge) ; ses ailes supérieures sont vert-bouteille et comme vernissées avec des ornements jaunes et blancs, les inférieures sont d'un beau et magnifique rouge tout marbré de bizarres taches noires.

C'est un des beaux papillons moyens nocturnes que l'on trouve, ainsi que ceux décrits plus haut, en Suisse et dans toute la France.

Enfin, nos deux voyageurs furent prêts et montèrent sur leurs petits chevaux de montagne.

Je ne dirai pas que *monsieur Fritz* ne fit pas une toute petite moue un peu dédaigneuse quand, étant en selle, il se vit pour écuyer notre pauvre idiot qui se cramponnait grotesquement au pommeau et à la crinière de sa monture ; cependant pour mettre une certaine bonne grâce à reconnaître l'indulgence et l'amitié de sa sœur, il prit le parti de rire lui-même de la situation.

— Allons, dit-il en donnant le premier coup de cravache à son cheval, place, place! voici don Quichotte et Sancho Pança qui partent pour le Toboso !

Enfin voilà donc l'heureux jeune homme en rase campagne, respirant à pleine poitrine l'air des champs, des bois, des montagnes, l'air de la liberté.

D'Augst il fut bientôt aux bords du Rhin, ce fleuve géant qui interpose l'autorité de son cours majestueux pour limiter plusieurs États, et qui, dans un parcours de 260 lieues, reçoit orgueilleusement le tribut de plusieurs rivières, qui baigne les pieds de plus de cent villes, et qui enfin peut se vanter d'avoir vu de grands rois, de vaillants guerriers, tenter de le passer avec leurs armées en se disputant ses bords.

Le Rhin, dit un de nos poëtes modernes, est un nouveau Protée, il est « torrent à Schaffouse, gouffre à Laufen, rivière à

» Seckingen, fleuve à Mayence, lac à Saint-Goar, marais à
» Leyde. »

Fritz, debout sur le rivage, se rassasia de la vue de ces flots
verts dont le vent blanchissait la crête, de ces bords escarpés
tout marquetés des larges feuilles du nénuphar, des hautes tiges
de roseaux au vert glauque, tout cela pointillé, étoilé de myosotis
et de ces mille fleurs fluviales qui, le soir, bercent leur jolie
tête blanche, bleue ou rose sur l'eau qui s'endort avec elles.
Oh! qu'il trouvait ravissant et grandiose ce grand panorama qui
s'étendait tout autour de lui; des pics dont la cime se perdait
dans les nuages, des rocs gigantesques bizarrement éclairés par
les chauds rayons du soleil, et couronnés ou d'un vieux manoir
démantelé, nid de burgraves inspirant jadis la terreur, aujour-
d'hui la pitié, ou d'une tour à créneaux posée là comme une
sentinelle perdue chargée de regarder par-dessus les monts pour
crier : Aux armes! à la moindre apparence du danger, et pour
bornes à ce magique tableau, des chaînes bleuâtres de montagnes
que l'œil fasciné par un effet d'optique confondait avec la zone
de nuages qui les touchait dans toute l'étendue de l'horizon.

Fritz ne pouvait s'arracher à cette splendide décoration et
tournait machinalement sa tête à droite et à gauche, afin d'embrasser tout à la fois cette perspective enchanteresse qui, à
gauche, lui laissait voir les riches plaines toutes semées de gracieuses villas qui, comme un chapelet égrené, se prolongeaient
jusqu'à Bâle, et à droite semblait attirer bien puissamment aussi
son regard et son âme d'artiste, en dressant à ses pieds ces belles
et sauvages horreurs qui font en Suisse frissonner d'extase et
d'épouvante; c'était surtout une montagne taillée à pic, dont le
sommet neigeux se perdait dans les nues.

De quel côté tirera-t-il donc la bride de son cheval? Il hési-
tait.

— Ma foi! s'écria-t-il en souriant, jetons une paille au vent,
et qu'elle soit ma conseillère.

De légers duvets tombés du poitrail de quelque aigle blessé
voltigeaient terre-à-terre à ses pieds, il en ramasse un flocon et
l'abandonne au vent.....

En ce moment, notre pauvre idiot qui ne partageait pas du
tout l'extatique immobilité de son maître et qu'un besoin incessant de locomotion faisait sans cesse tourner et virer, au grand
déplaisir de son cheval, notre idiot, dis-je, allongeait un immense
coup de chapeau à un beau *parnassien-apollon*, aux ailes blanchâtres tachetées de velours noir..... Est-ce la Providence qui
lui fit faire ce mouvement et cette bruyante évolution dans l'air?
Toujours est-il que le duvet floconneux que Fritz venait de
lancer, obéissant à cette impulsion de l'air déplacé fut rejeté du
côté de Bâle.

Il n'y avait, croyez-le bien, rien de prémédité là-dedans de
la part de Jooss..... le pauvre garçon était tout à fait incapable
d'inventer une telle malice. Fritz, plus préoccupé du paysage
qu'il ne pouvait cesser d'admirer que du résultat de son enfantine expérience, ne s'aperçut pas que le destin qui lui ordonnait
ainsi de tourner ses pas à gauche était maître Jooss et son
chapeau.

— Allons, dit-il en voyant voltiger ses plumes du côté de
Bâle, suivons le vol de l'aigle; ces royaux volatiles étaient jadis
les compagnons de gloire des grands hommes.

Et tout en riant il quitta le pied de la montagne et prit la route
de Bâle, suivi de son fidèle écuyer qui, le nez en l'air et l'esprit

tout aux papillons, ne se doutait pas de l'immense service qu'il venait déjà de rendre au frère de maîtresse Louise.

Nos voyageurs, en effet, n'étaient pas à deux cents pas de la montagne qu'un bruit épouvantable se fit derrière eux, puis on entendit d'horribles craquements d'arbres qui portèrent l'épouvante dans tous les environs.

Le premier mouvement de Fritz et de l'idiot, avant même de tourner la tête, fut de mettre leurs chevaux au galop. Bien leur en prit, car des torrents de neige et d'eau tombaient en cataractes de la montagne, et les auraient ensevelis s'ils eussent tardé deux minutes de plus à quitter ce lieu ou s'ils eussent pris vers la droite (où s'étendait la terrible avalanche). C'était donc, après la Providence, à ce fameux coup de chapeau donné par l'idiot au parnassien-apollon que Fritz dut son salut.

Oh ! si vous aviez vu une de ces terribles avalanches ! si vous saviez quelle scène magique se passe alors et de quel éblouissesement les yeux des spectateurs sont frappés ! ! Écoutez ce dont j'ai été témoin un jour dans dans le Valais :

Je descendais la pente raide et difficile d'un mamelon et regardais avec une certaine curiosité ces immenses nappes de neige qui couvraient le versant du mont Finster, du côté du canton de Berne ; les molles ondulations de cette masse éblouissante me faisaient parfois douter si c'était bien là une montagne que je voyais ou une agglomération de nuages gris et blancs, tels qu'on en voit quelquefois stationnaires à l'horizon ; quand tout à coup mes yeux fascinés, je ne sais par quel mirage, croient voir toute cette immense masse se mouvoir, s'affaisser ou s'enfler, courir en se heurtant, et pour ainsi dire se liquéfier. Je pensais avoir le vertige; je passe ma main sur mes yeux pour m'assurer que ce n'est point une trompeuse apparence qui me fait voir une partie de la montagne en mouvement. Mais tout vacillait bien, tout s'émouvait en effet à moins d'une demi-lieue de moi. Effrayé de ce prodige, je croyais déjà à un épouvantable cataclysme, et bientôt je pus croire à un prodige bien plus inexplicable encore. Au pied de la montagne, où tout était calme, verdoyant, plein de vie, un bouleversement inouï vint se produire instantanément. Les buissons se courbaient d'eux-mêmes, les arbustes se brisaient; des chênes, des sapins centenaires, violemment agités, semaient leurs branches et leur feuillage au loin; des pâtres qui cherchaient à se sauver étaient renversés et roulés sur la terre; leurs troupeaux étaient balayés comme des grêlons que chasse un ouragan. Quelle force mystérieuse, invisible, bouleversait donc ainsi cette campagne. Était-ce un tremblement de terre? Non; car je me sentais immobile et ferme sur mon mamelon. Etait-ce un torrent descendu des montagnes? Non encore; mais c'était une avalanche, ou plutôt c'était ce que les habitants du pays appellent un *sérac*, c'est-à-dire une immense couche de neige qui glissait sur la couche sous-jacente que les eaux tièdes des pluies du printemps étaient venues, par infiltrations, faire affaisser et fondre.

Ainsi, la masse blanche que j'avais vue s'agiter et descendre était bien une avalanche, qui ne glissa que l'espace d'une centaine de mètres et qui s'arrêta tout à coup sur un pli du terrain, et le contre-coup qui s'était si violemment fait ressentir dans la plaine, dans laquelle cependant pas un flocon de neige n'avait pénétré; ce contre-coup, dis-je, était produit par le déplacement de l'air que l'avalanche avait refoulé en avant avec tant d'impétuosité que tout courbait et se brisait sur son passage.

Ce qui se passait à peu de distance de Fritz et de Jooss était en petit, il est vrai, ce que j'avais vu si terrible et si grand dans le Valais. Des neiges venaient de se détacher de la cime du mont auquel elles se trouvaient adossées et s'étaient répandues au pied en monceaux et en torrent de neige fondue. La déclivité du terrain les sauva heureusement de l'inondation; car ils gravissaient en ce moment une petite côte à gauche, et qui fut exempte de l'inondation.

On arriva bientôt à Bâle. L'aspect de cette ville est assez maussade; c'est un labyrinthe de rues étroites, obscures, monotones qui ne préviennent pas en sa faveur; bien qu'il y ait dans les rues beaucoup de mouvement, tout cela n'est qu'une animation de circonstance, c'est le bruit des métiers de tisserands, ce sont les pas des gens affairés qui courent à leurs affaires, des paysans qui apportent des denrées, des rouliers qui emportent les produits fabriqués. C'est de la vie, direz-vous; mais c'est une vie bien prosaïque et peu attrayante.

Cependant c'était fête, ou plutôt c'était la foire, et la ville paraissait en liesse. Berne, Soleure, Argovie, Zurich étaient représentées là par leurs costumes coquets, pittoresques et leurs marchandises territoriales. Ce n'était sur les boutiques improvisées que mousselines, dentelles, étoffes de toutes sortes, puis venaient les fromages de toutes les formes et de tous les goûts, puis ces jolis petits ouvrages en bois si fins, si délicats, si gracieux, taillés dans le sapin ou le mélèze, avec un grossier couteau, par les mains habiles des petits pâtres des montagnes.

Fritz choisit pour sa sœur un de ces charmants tabliers à bavolet délicieusement ornementé de velours et de paillons d'or, comme on en porte aux grands jours.

Jooss voulut aussi faire son cadeau. Mais que va-t-il acheter, le pauvre idiot? Il y avait là bien des choses magnifiques et tentantes; mais sa bourse était bien mal garnie à ce pauvre garçon. Toutefois ce fut pour lui un immense travail de tête que de décider sur quoi tomberait son choix; il allait et venait d'une boutique à l'autre, et marchandait aussi bien un objet de cinquante francs qu'un de cinquante centimes. Enfin après avoir bien touché à tout, après avoir bien fait pester les marchands dont il dérangeait tout l'étalage, il se décida à acheter, devinez..... une petite souris blanche, dans sa cage de fil de fer..... Puisque les oursons et les vautours lui étaient défendus, il pensait sans doute que ce serait autant de trouvé pour augmenter la ménagerie de maîtresse Louise. Fritz, qui était occupé à faire emplette d'un sécateur et d'autres menus outils d'horticulture pour son frère Guillaume, n'eut pas le temps de l'empêcher de faire cette folie. Du reste, il lui laissa tout le poids de la responsabilité de ce cadeau. Et la cage et la souris furent bravement pendues à l'arçon de la selle du naïve garçon de ferme.

Ce jour on coucha à Bâle, parce que notre jeune artiste voulut employer le reste de la journée à visiter le musée, afin de voir tout à son aise les chefs-d'œuvre de son peintre favori Holbein.

Le lendemain nos voyageurs se mirent en route de bonne heure, pour reprendre leur chemin vers Schaffouse, Fritz comme un étourdi, ou plutôt comme un fils de bonne maison, qui est bien aise de faire voir qu'il était bien en fonds, tira de sa poche les quelques pièces d'or que sa bonne sœur lui avait glissées, et paya généreusement son hôte, puis demanda le chemin le plus court pour remonter le Rhin jusqu'à la cascade de Schaffouse. Deux hommes qui se trouvaient là attablés, se levèrent aussitôt, et offrirent au jeune homme de le conduire jusqu'à une certaine distance de la ville, et de le mettre dans sa route. Fritz se confondit en excuses; mais sur les pressantes instances de ces deux personnages, il finit par accepter, et la petite caravane se dirigea immédiatement du côté de St.-Jacques, petit village situé à l'entrée d'une gorge surnommée les *Thermopyles suisses*, et située à un quart de lieue de Bâle. Cet endroit est célèbre par le beau trait de dévouement et de courage de 1,500 Suisses qui osèrent là s'opposer au passage de 30,000 Français, commandés par Louis XI, alors dauphin, et qui portait du secours à l'empereur d'Allemagne alors en guerre contre la Suisse. Cette poignée de braves, non-seulement tint en échec les 30,000 Armagnacs, mais en tuèrent jusqu'à ce qu'enfin, las de combattre, ils succombèrent sur des monceaux d'ennemis.

Ce fut à l'entrée de cette gorge que les deux officieux conducteurs quittèrent Fritz et son écuyer, lui disant qu'ils avaient quelques affaires pressées dans les environs.

Il ne fut bientôt plus question d'eux, car, Fritz venait de saisir de son coup d'œil d'artiste un de ces sites qui font bondir le cœur du peintre le moins impressionnable; c'était une magnifique échapée sur la campagne du Grand-Duché de Bade, au delà de la rive du Rhin. Devant lui s'étendait une immense prairie, toute parsemée de villas et de bouquets de noisetiers, de sycomores, de sorbiers, puis pour limite le cours sinueux du

Wiesen, et au delà encore le rideau vert des arbres de la forêt Noire.

Fritz se jeta en bas de sa monture, prit dans sa valise sa palette et ses pinceaux et s'asseyant sur un tertre de mousse, il se mit avec ardeur à l'ouvrage. Jamais modèle de paysage ne s'était plus favorablement offert à ses yeux. Un beau soleil de printemps ravivait l'émeraude des arbres, la pourpre des fleurs, et l'azur du ciel et dessinait fortement les ombres de chaque objet. Autour de notre jeune dessinateur, s'arrondissait un petit bois de chênes verts qui se prolongeait par derrière, jusqu'à la petite ville de Wallunburg au fond même de la gorge des Thermopyles suisses.

Jooss, qui appréciait peu les beaux-arts, avait débridé les chevaux et leur ayant mis des entraves, les laissait brouter les jeunes bourgeons des arbres. Pendant ce temps, il furetait de droite et de gauche, pour découvrir quelque beau papillon pour maîtresse Louise.

Ce double exercice, peinture et chasse, durait à peu près depuis une heure, quand Jooss revenant près de son maître, vit avec douleur que la cage de sa chère petite souris blanche s'était détachée de la selle, et qu'en tombant à terre la petite prisonnière s'était échappée.

Cette perte, avoua plus tard notre idiot, lui donna une des plus grandes émotions qu'il eût éprouvée de sa vie. Où trouver une souris dans une forêt, maintenant? comment savoir quel chemin elle avait pris, dans quelle fente elle s'était retirée, sous quelle feuille elle s'était cachée?... Toutes ces graves pensées navraient le cœur du pauvre crétin. — N'importe! se dit-il, je vais toujours la chercher. Et le voilà rampant, se glissant, se tordant sous les buissons épineux, dans les ravines, dans le fon-

dis marécageux, et courant après sa blanche fugitive.....
O bonheur! ce fut précisément cette éclatante blancheur qui
servit notre chercheur obstiné, car tout à coup il vit l'hermine
sans tache et le petit museau rose de son ingrate qui se dessi-
naient sur le sombre feuillage du lierre rampant qui bordait une
grande route vers laquelle Jooss s'était traîné sans le savoir.
Tel qu'un traître chat s'élance d'un bond sur sa proie, tel notre
heureux crétin se précipita sur son bien, et comme il avait eu
soin d'emporter sa cage avec lui, il se hâta de réintégrer dans
son domicile la demoiselle au nez pointu.

Jooss allait, en rétrogradant comme il était venu, reprendre
le même chemin, quand il crut entendre non loin de lui, derrière
un épais buisson, la voix de deux hommes. Il s'arrête et écoute.

— Il vaut mieux le tirer par derrière sans qu'il nous voie,
disait l'un.

— Non, répliquait l'autre, on peut manquer son coup. Laisse-
moi l'aborder en face, je suis sûr d'en venir à bout, — ça n'a
pas vingt ans; — quant à toi, charge-toi de l'albinos, la tâche
sera facile.

— Le manteau de l'un et la veste de l'autre ont l'air de
drap tout neuf, dit le premier.

— Les deux chevaux me vont assez à moi, ajouta le second. Du reste je ne serais pas fâché non plus de remplacer
par son feutre ce beau bonnet d'ourson, à ganse écarlate,
que j'avais pris à ce marchand de bœufs, quand nous avons
réglé hier son compte sur les bords du Rhin; bonnet, du reste,
que j'ai eu la bêtise de perdre en route. Par saint Nicolas,
mon patron, je regrette le bonnet d'ourson.

— Assez causé, interrompit le premier interlocuteur; prenons cette route et tournons la position, afin d'aller prendre notre artiste en face.

Jooss avait bien entendu, mais il n'avait pas parfaitement compris; aussi laissa-t-il passer ces hommes; mais lorsqu'ils furent à une centaine de pas, il aperçut en se retournant deux soldats qui semblaient être des gendarmes ou gens de police du pays. L'un d'eux tenait à la main un bonnet d'ourson, bordé d'un galon écarlate, et tous deux évidemment semblaient chercher quelqu'un.

— Tiens! s'écria l'idiot, voilà le bonnet qu'a perdu ce brave Monsieur qui se lamentait tant.

Puis courant aux gendarmes :

— Eh! dit-il à celui qui portait la coiffure en question, courez donc après ces hommes qui viennent de détourner l'angle du bois; vous allez faire joliment plaisir à celui qui est nu-tête, car il paraît que ce bonnet est à lui.

Les deux gendarmes n'en écoutèrent pas plus, et s'élancèrent sur la trace des deux *braves messieurs*, qu'ils saisirent au collet, et qu'ils garrottèrent aussitôt.

— Là! s'écria Jooss, en se tirant les cheveux, je viens de faire un beau coup. Car c'est par ma faute que ces maudits soldats rudoient ces deux honnêtes gens! Mon Dieu, je ne ferai donc toute ma vie que des bêtises!

Puis, tout soucieux, tout contrarié, il retourna vers son maître, à qui il se garda bien de parler de sa belle équipée, dans la crainte d'être grondé.

Fritz venait de finir un magnifique croquis, il serra tranquillement ses affaires, et, sans se douter de l'immense danger qu'il venait de courir, il reprit avec le crétin la route de Schaffouse.

Nous croyons inutile de dire ce qu'étaient les deux officieux guides qui avaient amené le trop confiant Fritz Engelberg à l'entrée de cette gorge; l'accueil *empressé* que leur firent les gendarmes, donne assez la mesure de leur honorabilité et de leur importance.

Nous ne suivrons pas nos voyageurs dans le trajet qu'ils firent de ce lieu, qui avait manqué de leur être si fatal, jusqu'à Zurzach, ville sans importance quoique ancienne, mais qui leur avait été désignée comme étape par la prévoyante sœur de Fritz, qui savait qu'il y avait là une bonne auberge, tenue par un ancien fermier de son père; elle pensait que les deux pèlerins y seraient accueillis avec grand intérêt, et qu'ils y auraient bonne table et bon lit; ce qui arriva en effet.

L'hôtellerie de mein herr Schwarz était installée sur les ruines mêmes de l'ancien et célèbre monastère de Saint-Benoît. On avait su profiter de quelques bâtiments encore solides, pour les approprier à cette nouvelle destination, et le maçon, le charpentier et le peintre-décorateur étaient venus à bout de faire de frais et agréables logements de ce manoir abandonné. Dans une arrière-cour, toute enchevêtrée d'arbustes sauvages et de plantes parasites, se trouvait l'ancienne chapelle du couvent; mais elle était tellement dégradée, effondrée, qu'on l'avait totalement abandonnée aux hiboux et aux lézards du canton. Depuis dix ans, peut-être, le pas d'un homme n'avait foulé les dalles disloquées de ce temple.

Une même pensée surgit simultanément dans l'esprit de Fritz et de l'idiot, lorsque, après s'être restaurés et reposés un peu, ils aperçurent ces murs dégradés.

— Il doit y avoir d'intéressantes découvertes à faire dans

ces ruines, pensa l'artiste ; la nuit est belle, la lune resplendissante, je verrai cela vers minuit.

— Il doit y avoir, pensa Jooss de son côté, bien des papillons nocturnes dans cette vieille carcasse de masure ; je penserai à cela après mon premier somme.

Nos deux explorateurs, sans se communiquer leurs pensées, se retirèrent donc de bonne heure dans le gîte qui leur était assigné, afin de prendre un premier à-compte sur le sommeil ; mais comment dormir, hélas ! dans une auberge pleine, où les uns crient, ou les autres fument, où tout le monde va et vient, avec l'aimable laisser-aller des rouliers allemands. Ce tohu-bohu est du reste parfaitement rendu par cette description toute riche d'onomatopées, d'un poëte déjà cité.

« Les hommes jurent, les femmes querellent, les enfants
» crient, les chiens aboient, les chats miaulent, l'horloge
» sonne, le couperet cogne, la lèchefrite piaille, le tourne-
» broche grince, la fontaine pleure, les bouteilles sanglottent,
» les vitres frissonnent, la diligence passe sous la voûte comme
» un tonnerre. »

Dormez donc avec tout cela. C'est, en effet, ce qui fut impossible à notre peintre et à notre garçon de ferme. Tous deux, à très-peu de distance près, se levèrent et se dirigèrent, en enjambant avec beaucoup de peine et beaucoup d'égratignures les abords, hérissés de broussailles et d'épines, du vieux manoir clérical.

Fritz, arrivé le premier, examina avec intérêt cette longue file de cellules de six pieds carrés, dans lesquelles des hommes pleins de vie, d'énergie et de foi, étouffant dans leur cœur le cri des passions, le souvenir du monde, avaient passé là de longues et monotones journées dans la prière et la méditation. Il descendit ensuite, par des escaliers ruinés et souvent interrompus ou encombrés, dans une galerie construite sous la chapelle, et où sans doute étaient naguère des tombeaux ; mais il ne trouva là rien d'intéressant. Il s'était heureusement muni d'une bougie, qu'il alluma pour se guider dans un dédale de corridors en ruine. Il était là au milieu de ces décombres, n'ayant autour de lui que des lézards, des salamandres, des chouettes ou des chauves-souris que sa lumière (la seule peut-être qui eût paru dans ces ténèbres depuis un demi-siècle) étonnait et remplissait d'épouvante.

Fritz allait sortir de ce lieu de ruines et de tristesse, quand il avisa un dernier petit réduit, sorte de prison, qui recevait le jour par un soupirail donnant sur la campagne. Il y pénétra non sans peine, et se vit dans une cellule qui dut être jadis un lieu de réclusion. Il y avait là les débris d'une cruche de grés, quelques anneaux au mur et de nombreuses inscriptions au charbon sur les murs. Toutes témoignaient, de la part de celui qui les avait écrites, de son dégoût pour la vie, de son mépris pour l'humanité, de ses aspirations vers un monde meilleur.

Tout cela n'était pas gai, et par conséquent n'était nullement du goût de notre jeune homme, qui, à son âge, voyait encore la vie toute dorée. Il allait donc s'éloigner en toute hâte, quand il aperçut dans un coin un coffre vermoulu, écrasé sous des poutres et des plâtras. Fritz déblaya tous ces décombres, et finit par exhumer de ce bahut de vieilles paperasses jaunies par un long séjour, mais qui avaient dû leur conservation à cette circonstance qu'elles étaient serrées entre deux planches de chêne qui avaient su résister au temps et à l'humidité.

Le jeune Engelberg s'assit sur le banc de pierre de ce cachot, et parcourut avidement ces papiers.

C'étaient des documents pour servir à l'histoire de la Suisse; notes laborieusement rassemblées dans le but sans doute de les mettre un jour en ordre, et d'en composer d'intéressants mémoires.

« La Suisse, y est-il dit, était regardée autrefois comme un territoire dépendant des Gaules, d'après la sommaire classification que les Romains donnaient aux régions occidentales de l'Europe. A l'Est étaient les *Rhétiens*, dont la ville principale était Curia (Coire); à l'Ouest, les *Helvétiens*, peuple composé d'une agglomération d'autres petits peuples appelés les Tigurinis, les Tugenis, les Ambrones et les Urbigenis. Tous furent un peu plus tard désignés sous le nom de Séquanais, dont la métropole fut Vesontio (Besançon). Après la chute de l'Empire romain, l'Est de ce pays fit partie de l'Allemagne, et l'Ouest de la Bourgogne. Des princes séculiers et ecclésiastiques se partageaient le territoire et vivaient là, chacun dans son for intérieur, comme de petits rois, se jalousant bien un peu, mais au demeurant vivant en assez bonne intelligence et en paix.

» Cependant cet état de choses ne fut pas éternel; de puissants voisins, l'Autriche et la maison de Habsbourg, l'aigle et le vautour, voulurent fondre sur cette proie éparpillée et facile à saisir. Mais des gens mis ainsi à l'encan et ballottés de Pierre à Paul, se lassent et s'impatientent enfin, surtout des montagnards, gens un peu rudes de leur naturel, et qui aiment assez avoir leurs coudées franches. Une fraction des Helvétiens,

les *Schwitzers* se levèrent les premiers et ne tardèrent pas à
entraîner tous les mécontents.

» L'étincelle avait brillé sur les montagnes ; la foudre ne tarda
pas à tomber et à s'étendre dans les plaines. Tout le pays se
leva à cette lueur de la liberté naissante, et les montagnards
schwitzers eurent l'honneur de donner leur nom à tous les
cantons réunis, sous l'appellation de *Suisse*, désormais commune à tous.

» D'où venaient ces Schwitzers (ou ces Suisses)? Du pays des
Celtes, disent les uns ; de la Gothie, disent les autres. La vérité
en cela est de peu d'importance.

» Toujours est-il qu'ils eurent à souffrir les inévitables misères
des peuples de tous les lieux et de tous les temps. Jules César
et ses cohortes ne pouvaient, étant en Gaule, se dispenser de
tourmenter un peu de si près voisins. Les peuples de la Ger-
manie (les Alemanni) vinrent aussi porter le désordre parmi ces
gens qui avaient l'outrecuidance de vouloir être heureux à la
barbe de tous les oppressés qui les entouraient. Les Francs,
à demi débarrassés de la domination romaine, songèrent un
jour qu'en écornant un peu l'Helvétie, cela pourrait agrandir
avantageusement la Bourgogne. Théodoric eut la même pensée
du côté de l'Italie, et ébrécha encore la Suisse sur ce point.
Attila, ce fléau de Dieu, lâcha quelques meutes de ses Huns
de ce côté, puis la dynastie allemande de Habsbourg voulut
aussi de la curée ; la maison d'Autriche en fut jalouse et mit sa
patte de lion sur le gâteau.

» Le poids de ces griffes royales pesant sans doute un peu
trop fort sur ce pays tout meurtri, Berne secoua sa fourrure d'ours et montra ses dents, et la Suisse respira un peu.

Elle crut un instant qu'elle redevenait libre..... Mais il y avait de par la France un ex-officier d'artillerie qui ne riait que tout juste quand on ne voulait pas être siens; de là, un protectorat qui vint incontinent abriter la Suisse sous un manteau impérial de solide étoffe.

» Les cantons se formèrent, et, tant bien que mal, s'entendirent entre eux. »

Fritz en était là de sa lecture, quand tout à coup il entendit au-dessus de sa tête une sorte de grognement rauque qui le surprit.

— Est-ce un ourson descendu des montagnes, et locataire de cette habitation souterraine, se dit notre aventurier, ou bien, est-ce Jooss qui passe par là? Voyons un peu la chose, ajouta-t-il, en se mettant sur la défensive.

Et alors saisissant une solide poutrelle encore toute hérissée de clous, il fit quelques pas en arrière.... Mais voici bien une autre histoire : en reculant ainsi sans précaution, Fritz posa le pied sur des planches vermoulues, un craquement subit se fit entendre, une trappe s'effondra et notre trop curieux artiste roula dans une basse fosse à six ou huit pieds de profondeur. Pris là comme un bête fauve dans un piége, il resta un instant étourdi de sa chute; mais ne se sentant ni blessure, ni douleur même, il reprit bientôt son sang-froid, et la première pensée qui lui vint, fut de savoir comment il se tirerait de ce trou.

Il n'était guère probable que ses cris seraient entendus de l'auberge; car ces voûtes, ces murs, cette cave, tout était sourd, tout était isolé.

La position n'était ni riante, ni gracieuse; convenons-en.

Laissons toutefois un peu en pénitence là notre prisonnier

pour lui apprendre ce qu'il en coûte d'être par trop curieux, et voyons ce que de son côté faisait maître Jooss.

Jooss, sa lanterne sourde à la main, cherchait avec ardeur des papillons nocturnes, et Dieu sait comme il en voyait voltiger autour de sa lumière, et combien il en piquait sur son bonnet d'ourson à poil ras.

D'abord ce fut une belle écaille pourprée, ou *bombyx purpurea,* qui vint se faire prendre la première.

Les ailes de ce beau papillon ressemblent à la riche et royale fourrure du tigre indien, c'est-à-dire qu'elles sont d'une belle teinte locale, jaune d'ocre, toute mouchetée de taches bizarres noirâtres.

Les ailes de dessous sont plus gracieuses encore, le jaune est remplacé par un beau rose qui se fonce par gradation jusqu'au rouge cerise, une frange orange leur fait un bel encadrement, et le tout est jaspé de grosses plaques veloutées noires.

La jolie famille des écailles s'était sans doute donné rendez-vous dans ces décombres brunis par le temps, mais parés, égayés, dorés par les giroflées et toutes les fleurs estivales ; car bientôt vinrent à la file se heurter *l'écaille fasciée, l'écaille pudique, l'écaille mendiante, l'écaille lubricipède.*

Tous ces papillons écailles sont de la grande famille des bombyx, et en forment une des plus riches variétés. On peut en juger par leur description.

L'écaille fasciée est une charmante miniature de papillon. Son corselet est d'abord d'un beau rouge cardinal, sur lequel sont placés symétriquement des boutons de velours. Les premières ailes sont de cette couleur douce à la vue, nommée jaune de Naples : des taches festonnées en rompent l'uniformité par leur noir, rehaussé de reflets bleus. Les secondes ailes ont encore les mêmes taches, mais sur un fond jaune plus chaud, reflétant sur sa surface glacée une riche et large bordure écarlate.

L'*écaille pudique*, qui vient après, a les premières ailes d'un brun faible, rehaussé par un glacis carminé, tout cela moucheté de taches noires bizarrement contournées et plutôt anguleuses qu'arrondies.

Les secondes ailes ont cela de particulier, qu'elles sont comme les premières, mouchetées de noir, brun carminé, sur un sujet mâle, et grises sur la femelle.

L'*écaille mendiante*....., singulier nom, direz-vous. D'où lui vient-il? Je suppose, en voyant ce papillon à la très-modeste tournure, que l'entomologiste son parrain, embarrassé de donner un nom à un lépidoptère qui se présente dans un négligé tel que celui-ci, l'a nommé, à cause de ses caractères de famille : *écaille;* et à cause de ses ailes d'un gris mat, sans reflet et sans autre ornement que quelques points noirâtres, absolument comme des taches de bure; à cause de cela, dis-je, il lui aura donné la pauvre épithète de *mendiante.*

Enfin, l'*écaille lubricipède* (au pied glissant). Celui-ci est un bon gros petit papillon, au corps jaune, ayant sur les épaules une hermine blanc-jaunâtre; ses premières ailes sont jaunes; les secondes sont jaunes aussi, et s'il n'avait pas une douzaine de petits points noirs, tout serait jaune dans ce petit individu au pied léger.

Notre idiot était, on le pense bien, dans le ravissement de sa riche capture. — Que maîtresse Louise va être contente, se disait-il, d'avoir pour son cabinet de si brillants papillons......

plus une petite souris blanche qui vient déjà manger au bout du doigt. Je lui donnerai encore..... Mais, qu'est-ce donc que je viens d'entendre dans ce trou? C'est comme un cri de bête sauvage.... Quelque chat-huant, ajouta-t-il; non, c'était trop fort et trop éclatant; c'est un aigle, j'en suis sûr; je n'aime pas ces bêtes-là, moi, et je vais me venger sur celui-ci du coup de bec que m'a donné cet autre butor de là-haut, quand j'ai été dénicher le petit chevreuil.

Et disant cela, notre rancunier Jooss souleva à grande peine une énorme sapine couchée là parmi les décombres et la lança avec force dans l'excavation béante à ses pieds. Puis certain et enchanté d'avoir fait quelque bon coup, il retourna tranquillement se coucher, en disant : Attrape cela, grosse bête.

Il avait fait en effet un coup merveilleux ; car, toujours sans le savoir, il venait encore une fois de sauver la vie à son jeune maître. Cette longue solive avait été adressée providentiellement dans la basse fosse où Fritz se tourmentait déjà dans une mortelle inquiétude. Fort heureusement elle s'était implantée dans le sol sans toucher au jeune homme, et lui avait offert une sorte de mât qu'il enfourcha aussitôt et au sommet duquel il trouva sa délivrance.

Chacun de son côté, le maître et le domestique dormirent la grasse matinée ; et le lendemain, sans se faire part de leur excursion nocturne, Fritz, enchanté d'avoir mis la main sur un vieux manuscrit que mein herr Schwarz lui avait laissé bien volontiers, et Jooss, ravi d'avoir trouvé de si beaux papillons et d'*avoir tué un aigle*, se mirent en route pour Lauffen, dont ils ne se trouvaient plus fort éloignés.

Lauffen est une ville de bruit et de mouvement : la population indigène est composée de charretiers et de portefaix ; la population flottante est toute différente, ce sont des touristes, des fashionables ; on voit qu'il y a dans ce composé du disparate et du pittoresque.

C'est à Schaffouse, qui est très-près de là, que les bateaux de commerce sont obligés de s'arrêter pour ne pas être entraînés et engloutis dans la cataracte bouillonnante du Rhin ; les marchandises qu'ils apportent du lac de Constance sont prises là par les charrois qui les apportent pour être réembarquées à Lauffen.

Enfin notre jeune artiste allait donc contempler cette merveille à laquelle il rêvait depuis son enfance. Déjà avant de la voir, il entendait comme un vague murmure, une sorte de mugissement sourd et continu allant toujours *crescendo* à mesure qu'il avançait.

Fritz tressaillait de plaisir ; Jooss, tout au contraire, relevant avec effarement ses sourcils blancs, faisait une moue à effaroucher un troupeau de buffles.

Nos deux voyageurs quittèrent leurs montures qu'ils confièrent à un aubergiste qui avait installé près de là un hôtel dans un vieux château délabré, puis ils avancèrent jusqu'au pied de cet arc immense formé par la chute du Rhin.

Au premier aspect, et sous l'impression de l'inévitable effroi qu'on éprouve, on ne sait trop si ce rideau liquide, haut de 80 pieds, est de l'eau, de la fumée ou de la poussière ; l'esprit d'abord est trop troublé par l'horrible fracas qui se fait pour comprendre autre chose que confusion, cataclysme, chaos.

Fritz voulut prendre ses pinceaux pour reproduire ce magique tableau : mais il trouva sa science impuissante à rendre cette nappe d'eau diamantée, cette écume jaillissante, cette admirable transparence des arbres, des rochers, des fleurs, à travers le brillant miroir. Tout cela, en effet, est à désespérer un peintre.

Son admiration, sa pieuse extase se traduisaient en ces seules exclamations :

— Que c'est admirable ! que c'est grandiose et divin !

Pour Jooss c'était tout à fait sous un autre point de vue qu'il voyait tout cela. Il était là planté comme une souche derrière son maître, il se tenait les doigts dans les oreilles, fermait les yeux, claquait des dents, et murmurait tout en chevrotant :

Dieu de Dieu ! que c'est donc bête un assourdissant tintamarre comme celui-ci. Voyez un peu si cette maudite rivière n'aurait pas aussi bien fait de prendre par la plaine plutôt que de faire ces sottes cabrioles sur ces rochers pointus.

> « C'est dommage, Garo, que tu n'es point entré
> » Au conseil de celui que prêche ton curé ;
> » Tout eût été mieux. . . . . »

(LAFONTAINE.)

Mais Fritz, qui approuvait de toute son âme cette belle œuvre et qui voulait emporter sa cascade, sinon en peinture, du moins en vivant souvenir, s'avançait toujours de plus en plus vers les bords, s'apercevant à peine que la vapeur aqueuse qui tourbillonnait tout autour de lui l'inondait complétement.

Cependant un spectacle étranger à la cascade était soudainement venu le distraire de sa contemplation première ; c'était l'étonnant et admirable phénomène végétal qu'accomplissait en ce moment une vallisnéria, jolie rose aquatique, gracieuse et coquette comme la Galatée de Virgile.

« Lasciva puella fugit ad salices, et cupit antè videri. »

Suivons, si vous le voulez bien, avec notre Fritz, l'innocent petit manége de la belle fleur.

Voyez-la enfin délivrée du lien qui la retenait au fond des eaux sur sa couche moussue, venir étaler ses grâces natives au grand air. Sans doute que la petite vaniteuse s'ennuyait de se trouver si belle et de ne pas le faire voir, car elle vient de développer la longue tige roulée en spirale qui l'attachait au sol, et prenant congé de la foule de petits fleurons qui lui formaient une cour sous les eaux, elle vient de monter jusqu'à la surface pour pouvoir dire au zéphyr, à l'air, à l'astre radieux du jour : Me voilà, admirez-moi.

Mais les chevaliers d'honneur doivent-ils laisser longtemps leur reine éloignée d'eux? Non, certes, et voici en effet nos petits fleurons tout poudrés de leurs jaunes étamines qui, se détachant d'eux-mêmes de la tige-mère, et remontant par l'effet de leur pesanteur spécifique, accourent sur la surface unie du lac formé par la chute, et viennent plus inquiets, plus empressés que jamais, papillonner autour de leur vallisnéria émancipée, et la couvrir littéralement, non de fleurs, mais de leur pollen reproducteur.

L'acte d'adoration accompli, la belle fleur resserrant sa spirale, descend lentement au fond de son humide séjour, et ses volages courtisans s'éloignant, se dispersant au gré des flots capricieux, suivent le courant de l'onde et vont

Où va la feuille de rose
Et la feuille de laurier.

C'était, dis-je, ce petit manége tout plein de grâce et de mys-
tère qu'admirait alors notre jeune artiste; tandis que l'idiot, à
quelques pas de là, le corps penché sur le lac, se saisissait d'un
magnifique *petit paon* qui, dans son imprudente brouillonnerie
de papillon, s'était trop approché de l'atmosphère humide de la
cascade, et y avait imprégné ses ailes du poids liquide et trop
lourd des perles irisées qui en jaillissaient.

Je ne puis mieux faire, mes jeunes amis, pour vous bien
donner à admirer ce charmant lépidoptère, que de vous montrer celui que j'ai là dans ce cadre, au milieu de ses petits frères
les nocturnes.

Voyez, ce papillon nous sort, il est vrai, des nuances à éclat,
des teintes éblouissantes, mais il n'en a pas moins des beautés
qu'on ne peut méconnaître. Tout dans ce joli sujet est charme et
harmonie; mais pour cela il faut le voir d'un peu près.

. C'est d'abord un gris-perle agréable, puis des bandes brunes
qui sont limitées vers les extrémités des ailes par une bordure à
festons ombrée de gris se dégradant jusqu'au blanc. Le milieu
des ailes supérieures nuancé d'une teinte rose-vineuse est occupé par un bel œil dont l'iris est bleu-lapis entouré d'un beau
noir de velours, qui lui-même est cerclé d'un joli filet jaune
d'or.

Les ailes inférieures laissent voir à peu de chose près la
même symétrie, les mêmes yeux vifs et saillants; seulement ici
ils se trouvent posés sur un fond jaune-pâle; on dirait un bijou
précieux perdu dans un champ de blé.

Le corps du papillon est énorme et se compose d'anneaux
bruns, éclairés par des reflets de blanc-soyeux qui leur donnent
un aspect agréable.

Chacun de nos voyageurs, vous le voyez, était tenu là en admiration l'un par sa jolie plante, l'autre par son beau papillon.

Il ne fallait pas moins que ce point d'attraction pour maintenir maître Jooss au repos, car sa pauvre tête ne résistait que bien difficilement contre l'effroyable fracas que faisaient les eaux bondissantes de la chute tout autour de lui. Parfois des mouvements nerveux trahissaient cependant son apparente quiétude, et ses regards voilés par la peur prenaient à tout moment une expression sauvage à effrayer tout autre que Fritz qui connaissait bien, lui, la faiblesse d'esprit du crétin.

Cependant tout à coup, et au plus beau moment de l'extatique contemplation du frère de Louise, qui se penchait vers sa fleur merveilleuse, dont il voulait dessiner au moins les contours avant qu'elle ne disparût, Jooss, le malheureux Jooss, tel qu'un buffle des montagnes, bondit jusqu'à son maître, le heurte de toute la puissance de cet élan furieux, et le précipite dans le lac écumant, et lui-même va tomber à vingt pas plus loin sur le gazon où il reste inanimé.

Infâme, infâme serviteur! est-ce donc un meurtre que tu viens de commettre. Est-ce donc là ce que ta maîtresse Louise, dans sa maternelle sollicitude, devait attendre de toi? Jooss son protégé n'est-il donc plus que Jooss l'assassin!

Toutefois, que le lecteur se rassure; le mal n'était pas si grand qu'on aurait pu le craindre d'abord. Fritz avait glissé sur la berge moussue du lac parmi les myosotis et les nénufars, et s'était arrêté dans son immersion forcée sur un amas de sable, de manière qu'il n'eut de l'eau que jusqu'à mi-corps.

Mais d'où provenait cette accident inouï inexplicable? L'idiot était-il devenu tout à coup un méchant homme, ou n'était-il toujours qu'un pauvre fou?

Jooss, voilà le vrai mot, était prédestiné par la Providence, pour être l'instrument tutélaire et le protecteur anonyme de son maître. C'était comme cette ombre bienfaisante qui vient, on ne sait de quel nuage, vous mettre tout à coup à l'abri des feux ardents du soleil; on en sent la bénigne influence,—on en est reconnaissant..... mais qui en remercier?

Il en était de même encore cette fois-ci pour notre pauvre garçon de ferme; car nul ne sut jamais pourquoi il précipita si violemment son maître dans le Rhin, bien qu'en faisant cet acte involontaire il lui eût sauvé encore la vie.

Voici enfin le mot de l'énigme : à un millier de pas de la chute, un taureau paissait tranquillement dans une prairie. Tout à coup, en passant près d'une ruche, il la heurte et la renverse ; l'essaim d'abeilles sort aussitôt de la ruche renversée et fond avec furie sur le pauvre animal qu'elle perce de ses cruels aiguillons aux narines, aux oreilles, aux yeux, partout enfin où la peau est vulnérable.

Le taureau, rendu furieux par ces millions de blessures, bondit, écume et enfin s'élance devant lui au hasard et vient, d'une course désordonnée, vers le lieu même où se trouvaient Jooss et son maître. Le pauvre garçon de ferme ne vit que l'ombre de cette masse colossale qui se précipitait sur lui; saisi aussitôt par je ne sais quel vertige et confondant dans son esprit et la cascade avec son bruit de tonnerre, et sa chute d'eau de 80 pieds, et enfin cette apparition fantastique qui fondait sur lui, il ne fit qu'un bond jusqu'à son maître qu'il renversa, en roulant lui-même quelques pas plus loin.

Cet acte tout involontaire, on le voit, et prompt comme l'éclair, comme la pensée, sauva la vie au frère de Louise, car là même où ses pieds avaient formé leur empreinte sur le sable, le taureau vint en passant poser celle de ses durs sabots.

L'accident n'eut donc point d'autre suite. Fritz sortit assez heureusement de son bain forcé et vint, aidé par quelques passants, relever le pauvre idiot toujours sans connaissance. On le transporta à l'hôtel dans ce même état, et tout ce qu'on pouvait arracher de lui étaient ces paroles incohérentes :

— Maîtresse Louise... pauvre Jooss chassé, maudit, donnez des noix à la petite souris... le petit paon... envolé, sauvez, sauvez donc maître Fritz... Oh ! quel bruit, quel bruit affreux pour ma pauvre tête malade !

Fritz qui, certes, n'attribuait qu'à l'effet de la peur ou à un accès frénétique et tout involontaire l'action de son pauvre idiot, s'installa généreusement près de son lit et le veilla toute la nuit.

Aucun progrès cependant ne paraissait se faire ni en bien, ni en mal. Le médecin qu'on avait appelé ne paraissait nullement inquiet de l'état de Jooss, cependant il suivait les phases de la maladie avec intérêt et curiosité. Il prescrivait tantôt un de ces remèdes énergiques, violents, qui devaient aider à ses projets ; car il voyait à travers certaines éclaircies de sa science quelque chose..... quoi ? Impossible encore de définir ce quelque chose qui pointait, qui germait, comme ces bourgeons qui se montrent mystérieusement sans dire s'ils seront branche stérile ou fruit ; tantôt, découragé subitement, ce n'était plus qu'une médicamentation banale, expectative qu'il laissait agir.

La nuit fut douce et paisible, malgré une petite fièvre persistante que le docteur même semblait craindre de voir tomber trop vite. Ah ! c'est que le vieux et savant Wisner n'était pas un médecin indifférent et froid devant une belle cure, croyez-le bien ; et les belles cures il les flairait d'une lieue à la ronde ; puis quand il en tenait une, alors il n'y avait plus ni repos, ni tranquillité pour lui. Vous l'eussiez pris, en le voyant près de son malade et le dévorant des yeux, pour quelque alchimiste à la recherche du grand-œuvre.

Bref, le petit jour arriva sans variantes notables dans l'état du malade. Le docteur Wisner dit à Fritz, qui jusqu'alors l'avait si fraternellement veillé, qu'il pouvait aller prendre du repos ; car il prévoyait encore quatre ou cinq heures de somnolence chez son *sujet*, que, du reste, ce *sujet* était devenu sa propriété et qu'il ne le céderait certes à personne pour un royaume.

Fritz, que le sommeil commençait à emporter sérieusement, ne se fit pas beaucoup prier, avouons-le ; et, confiant en la science du docteur, il laissa assez volontiers l'expérimentateur et son sujet en face l'un de l'autre.

Enfin le temps de l'épreuve eut son terme, Jooss ouvrit les yeux ! !...

D'abord ses regards errèrent çà et là, comme ceux de l'aveugle à qui l'on rend subitement la lumière.

— Où suis-je, dit-il ? qu'est-ce que cela ?

C'était un bel hortensia qu'il voyait étalant en boule ses admirables fleurs.

— Ah ! c'est juste, ajouta le garçon de ferme, c'est un arbuste, c'est la terre, c'est Dieu qui donne les fleurs. Et dans cette cage, n'est-ce pas un oiseau qui chante ?... que c'est étonnant, que c'est merveilleux ! Ce ne sont plus des cris que j'entends, c'est de la musique, c'est une angélique harmonie. Comment, les fleurs et les oiseaux avaient de tels charmes ! et je n'en avais jamais joui comme aujourd'hui.

Le docteur ému, enthousiasmé, respirant à peine, n'osait encore prononcer un mot, faire un geste, un soupir ; il voyait le jour se faire dans l'esprit de Jooss le crétin, de Jooss l'idiot, et il eût craint qu'en le distrayant de ses naïves contemplations, il n'eût chassé cette lueur d'intelligence qui pointait comme l'aurore après la nuit sombre.

Il poussa cependant les volets qui étaient à demi fermés. Un ravissant paysage se développa alors dans le lointain ; c'étaient des bosquets en fleurs, des montagnes avec leurs molles ondulations et leur luxuriante végétation ; c'était le ciel bleu, le soleil avec ses rayons d'or, l'horizon immense et infini.

Jooss n'avait jamais vu cela qu'avec les yeux du corps ; il admirait enfin ces merveilles avec les yeux de l'esprit, avec son cœur, avec son âme.

Il eût été difficile, en vérité, de dire alors qui était le plus heureux, ou de ce paria de la société qui retrouvait un monde, une vie, un cœur, ou de ce bon vieux savant qui contemplait cette métempsycose vivante et progressive qui s'accomplissait sous ses yeux et qu'il pensait avec orgueil être son ouvrage.

Fritz entra en ce moment. Le docteur Wisner s'élança jusqu'à lui pour l'empêcher de parler ; mais il n'eut pas le temps de comprimer l'exclamation que fit celui-ci à la vue du malade, qui, assis sur son lit, épelait à haute voix un livre qui s'était trouvé là sous sa main.

— Jooss qui lit !... s'écria le frère de Louise ; Jooss, qui a passé onze ou douze ans chez le magister d'Augst, et qui n'a jamais pu distinguer un *a* d'un *b!* En dois-je croire mes yeux? Est-ce bien Jooss le crétin qui est là ?

— Oui, oui, dit impétueusement le brave garçon en se saisissant des mains de son jeune maître qui s'était approché et en les baisant avec transport, c'est votre Jooss plus fidèle, plus respectueux, plus aimant que jamais ; c'est Jooss le protégé de sa bien-aimée maîtresse Louise, et qui sent enfin tout ce qu'il doit à ses bons maîtres, et qui ne saura plus vivre que pour les bénir et les aimer.

A cette sortie inattendue, à ce langage auquel Fritz n'était certes pas habitué, une stupéfaction indicible, une sorte d'éblouissement extatique, mit quelque temps le jeune artiste comme cloué, écrasé à la même place. Il regardait alternativement et son garçon de ferme et le vieux docteur. et ne pouvait plus dire un mot.

—Eh bien ! exclama enfin le vieux médecin en riant de tout son cœur, est-ce que vous avez changé de rôle tous deux? Quoi ! c'est M. Fritz qui ne sait plus parler, et notre crétin qui nous tient des discours d'académicien.

Enfin, les choses reprirent un cours plus normal ; on finit un peu par s'entendre et on put causer.

Le docteur Wisner était trop fier d'un résultat dont il s'attribuait ingénument toute la gloire, pour céder à qui que ce soit en ce moment la présidence du petit conciliabule que formaient les trois personnages ; aussi, prit-il aussitôt l'initiative des problèmes à poser.

— Voici une cure trop belle, dit-il, en jetant un coup d'œil de complaisance sur une respectable rangée de fioles et de boîtes à pilules dont il avait abreuvé son malade, un fait de haute pathologie, trop grandiose pour que je ne m'enquière pas tout de suite de tous les documents qui pourront corroborer le mémoire que je me propose d'adresser prochainement à l'académie de Berne.

— Or, mon jeune ami, continua-t-il en s'adressant à Jooss du ton d'un père parlant à son enfant, qu'était votre père?

— Un pauvre pâtre du Valais, monsieur le docteur, crétin idiot, comme je l'étais moi-même hier, oui, hier; car je sens qu'aujourd'hui ce lamentable assoupissement dans lequel j'ai vécu si longtemps semble se dissiper peu à peu.

Diable! diable! fit le docteur, le père crétin et idiot, qui, du reste, sont deux mots synonymes, cela devrait être incurable chez les enfants... Et votre mère?

— Ma mère!... ma mère! dit Jooss avec des larmes dans la voix et comme bouleversé par une multiplicité de souvenirs qui se heurtaient dans sa tête faible encore. Oh! ma mère, c'était une digne, une excellente femme, m'a-t-on dit... Oui, je me rappelle que maîtresse Louise me faisait souvent prier pour elle, en me disant qu'elle était au ciel... Mais qu'était-ce que les prières d'un pauvre insensé qui prononçait des mots sans les comprendre... Ma mère!... Oh! que ce nom est doux à mon oreille aujourd'hui! que de bien il me fait au cœur! Mais aussi quels déchirants regrets il me laisse, avec cette pensée que je n'ai jamais eu le bonheur de la connaître, le bonheur de l'aimer!

— Et cette femme que vous semblez tant regretter, interrompit le docteur, était-elle aussi?...

— Non, dit vivement Fritz, non, Albertine d'Oswalden n'était nullement de cette malheureuse caste des crétins du Valais; son esprit était aussi éclairé que son cœur était bon et noble. Si vous voulez me le permettre, docteur, je vais faire savoir à Jooss l'ange à qui il doit le jour. Peut-être en connaissant l'esprit, le cœur, la grandeur d'âme de cette femme supérieure, aurez-vous moins de peine à comprendre que la maladie de son fils ne devait pas être incurable.

Sur les pressantes instances de Jooss, Fritz commença ainsi son récit :

Il y a déjà bien des années de cela, deux jeunes filles, deux bonnes amies de pension, Albertine d'Oswalden et Louise, ma sœur, étaient assises dans un coin du jardin de leur pensionnat et s'entretenaient avec bonheur de leurs projets à venir, car toutes deux étaient à la veille de cesser d'être écolières pour entrer dans ce monde qu'elles ne connaissaient pas, et qui déjà leur paraissait si attrayant à travers le prisme coloré dans lequel elles l'apercevaient.

— A demain les vacances, disaient-elles, puis, après, la liberté, le bonheur.

— Moi, disait Albertine, je veux être toute à mon bon père, qui, je le sais, se fatigue énormément dans son négoce. Il a besoin d'un aide qui le rende un peu à ses loisirs favoris, la chasse, la pêche, la promenade. Eh bien ! je serai son teneur de livres, et si je le vois heureux, je serai plus heureuse que lui. C'est un petit complot ourdi et convenu entre mon excellente mère et moi, et je brûle d'impatience de me mettre bien vite dans la conspiration. Et toi, Louise, que complotes-tu ?

— Oh ! ma besogne sera bien aussi douce que la tienne, va, et je crois bien aussi importante. Tu sais qu'il y a à peine deux ans que j'ai perdu ma mère, et que me voilà maman de deux jolis petits frères, Guillaume qui a sept ans et Fritz qui en a deux.

Tu penses, ma bonne Albertine, combien je vais être heureuse et fière d'avoir ces doux devoirs à remplir.

— A demain donc ! s'écrièrent encore les deux jeunes filles, en se rendant à l'appel de la cloche qui rassemblait les pensionnaires pour la distribution des prix.

Tout se passa, en effet, pour le mieux. Albertine et Louise rentrèrent le lendemain dans leurs familles, et prirent avec empressement et bonheur leur emploi de bonnes ménagères.

M. Oswalden et mon père étaient voisins ; l'un avait un commerce d'indiennes et de mousseline de Suisse, l'autre commerçait en grand sur les blés ; tous deux étaient estimés, honorés dans la ville au delà de toute expression. Leurs noms étaient le synonyme de loyauté et d'honneur, car ces deux vertus étaient une religion pour eux.

Tout devait donc concourir à assurer le bonheur de ces deux familles. Mais le bonheur ! sa demeure n'est point en ce monde ; il y a à peine un pied-à-terre de quelques instants. Il ne fit, en effet, dans ces deux maisons qu'un bien court séjour. Vous allez en juger.

Quelques mois après leur installation chez elles, Albertine et Louise furent invitées par une sœur de M. Oswalden à aller passer une huitaine de jours dans une campagne à une dizaine de lieues d'Augst. Il fallut la haute intervention des deux papas pour les décider à s'absenter aussi longtemps de la maison. Enfin, elles partirent.

Toutes les distractions, tous les plaisirs possibles furent prodigués aux deux amies pour que ce petit congé leur fût agréable ; mais était-ce désœuvrement, regrets, nostalgie, rien ne semblait les égayer assez au gré de la bonne tante d'Albertine. Hélas !

était-ce donc plutôt un fatal pressentiment du malheur qui venait d'arriver?

La veille de leur départ, comme elles préparaient déjà leur léger bagage, un domestique de notre maison se présenta subitement devant elles. Il était pâle, effaré, et pouvait à peine prononcer une parole.

— Grand Dieu! s'écria Louise, à la vue de cet homme, qu'y a-t-il Ulrich? quel malheur viens-tu m'annoncer!

— Un malheur... oui, un grand malheur! dit cet homme; votre père... je n'ose achever... votre père, maîtresse Louise... est en prison.

— En prison? fit Louise, qui répéta ce mot qu'elle craignit de ne pas avoir bien entendu.

— En prison... et accusé d'un assassinat, continua le serviteur.

A ces mots affreux, un cri déchirant, un cri dont retentit l'écho de la montagne, sortit de la poitrine des deux jeunes filles, qui tombèrent inanimées sur le sol.

De prompts secours les rappelèrent bientôt à la vie. La douleur ne tue pas, il n'y a que la honte du crime; et toutes deux savaient bien qu'il n'y avait pas de place dans la belle âme du noble Engelberg pour qu'une pensée de mal y prît jamais place.

Ce fut ma sœur qui, la première, recouvra son énergie.

— Non! s'écria-t-elle, tout ceci n'est sans doute qu'un cruel et fatal malentendu du moment; l'énormité du crime en démontre la fausseté, et la vérité ne va pas tarder à faire paraître au grand jour l'innocence de mon père. Partons, partons à l'instant.

Une voiture commandée à la hâte entraîna bientôt les deux amies jusqu'à Augst.

En arrivant à la maison, ma sœur trouva les choses comme on le lui avait dit; notre père était effectivement sous les verrous de la ville, et voici quel était le chef d'accusation qui lui était imputé.

Une forte commande de blé lui avait été faite précédemment par un des Etats allemands voisins de la Suisse. Nos magasins alors se trouvaient à peu près vides; force fut donc à mon père de s'adresser à un confrère des environs pour qu'il l'aidât à parfaire son importante livraison.

Ce fut avec un nommé Walter de Stein que l'affaire fut traitée. Ce Walter était aussi un riche marchand de blé très-entreprenant, très-hardi, et luttant souvent avec assez de bonheur contre ses confrères dont il excitait trop souvent la jalousie et le mécontentement; mon père était peut-être le seul avec qui il fût en bonne relation d'intérêt et d'amitié dans toute la contrée.

Walter vint donc à la maison pour traiter de cet important marché; c'était au retour d'une tournée qu'il venait de faire dans sa clientèle des environs, et la sacoche qu'il portait sur son épaule était assez bien fournie de ducats, de florins et de franckens. Comme toujours, l'opération se fit largement, loyalement, avec mon père; tout devait être payé à une courte échéance.

Après une causerie amicale de quelques heures, Walter rechargea sa sacoche aurifère sur son épaule et reprit son bâton de voyage pour regagner Stein par la rive gauche du Rhin; mon père cependant ne voulut pas le laisser partir ainsi tout seul et à l'entrée de la nuit sans lui faire la conduite. Il décrocha ses deux bons pistolets de voyage, les mit dans ses poches, et nos deux amis, bras dessus, bras dessous, se mirent en route.

Un peu au delà de Mumph, à deux lieues et demie à peu près d'Augst, là où les bois et les fondrières cessent de hérisser le terrain, Walter exigea que mon père le quittât pour retourner chez lui.

Après quelques instances de part et d'autre, les deux amis se séparèrent là, en se donnant une franche et bonne poignée de main.

Mon père reprit sa route en hâtant le pas pour ne point laisser sa famille trop inquiète ; car la nuit s'était faite noire et orageuse. Quelques éclairs larges et resplendissants qui brillaient par intervalle au couchant suffisaient à peine pour lui indiquer son chemin ; et, en effet, il ne tarda à s'égarer.

Après trois bons quarts d'heure de marche, au milieu du silence absolu des bois, il finit par entendre vers sa droite le murmure du fleuve, il se dirigea immédiatement de ce côté et reconnut à son grand déplaisir qu'il n'avait fait que tourner dans ce coude que fait le Rhin, de Rheinfelden à Mumph, de sorte qu'à peu de chose près il se trouvait au même point d'où il était parti. Toutefois il venait de retrouver sa route, et cette fois il était certain de marcher à coup sûr.

Comme il dépassait le dernier bouquet de bois à un ou deux kilomètres d'Augst, tout à coup mon père crut entendre dans les broussailles un frôlement particulier ; il s'arrète, écoute, et ne tarde pas à apercevoir, à la lueur d'un éclair, les deux yeux effarouchés d'un petit ourson qui flânait nonchalamment par là, en attendant sa mère qui probablement était allée à la provision.

Mon père arma un de ses pistolets et tira au jugé. Puis sans trop s'inquiéter s'il avait atteint le petit monstre ou s'il l'avait manqué, il se remit en marche.

Mais à deux pas de là, un homme d'une taille herculéenne se trouva devant lui en travers de la route.

M. Engelbert le reconnut aussitôt; c'était un nommé Boldoni, Tyrolien de naissance, déchargeur de bateaux par état, et contre-bandier par habitude.

— Ma foi, lui dit mon père sans s'émouvoir, tu as bien fait, drôle, de ne pas te trouver dans la direction de ma balle; car au lieu de tuer un ours de franc aloi, c'est un mauvais chrétien que j'aurais abattu.

— Mais, ajouta-t-il en tirant de l'autre poche son second pistolet, il y aurait encore moyen de réparer, si le cas échéait, cette sotte bévue.

A la vue de cet auxiliaire respectable, Boldoni tourna sur les talons et s'éloigna; mais il ne put faire ce mouvement sans laisser apercevoir un tout jeune faon qu'il portait sur son épaule.

— Boldoni, lui cria mon père, tu viendras demain payer la redevance de ce gibier au bailli, ou bien tu sais qu'il ira pour toi de huit bons jours à la geôle.

Cette interpellation n'eut pas de réponse; mais on entendit fort bien le braconnier dire à voix basse à la cantonade :

— Viens, Ruder, laissons ce dogue en colère décharger sa bile. Nous lui ferons payer ses menaces plus cher qu'il ne pense.

Cet incident n'eut pas d'autre suite; mais mon père n'était pas au bout de ses tracas; car en arrivant à la maison, il trouva une lettre qui lui annonçait une importante faillite qui lui enlevait les trois quarts de sa fortune.

Son premier mouvement fut de courir chez ses bons amis Oswalden.

—Je suis un homme perdu, s'écria-t-il en jetant devant eux la lettre fatale, non-seulement ma fortune et l'avenir de mes enfants sont à jamais compromis ; mais mon honneur, oh ! mon honneur, qui le sauvera de ce naufrage?

— Mais, mon ami, dirent M. Oswalden et sa femme, tout malheur d'argent est réparable avec une intelligence et une probité pareilles à la vôtre, et quant à votre honneur, où voyez-vous qu'il puisse être entaché?.....

— Et ce billet de 80,000 francs payable dans dix jours que j'ai souscrit aujourd'hui même à Walter, comment le payerai-je..... Je vous le dis, je suis déshonoré.

— Diable ! fit Oswalden en se froissant la barbe entre les mains, 80,000 francs.... et dans dix jours !

— Ne vaut-il pas mieux être un homme mort, que d'être un homme sans honneur? reprit mon père en s'affaissant sur un siége et promenant autour de lui des yeux égarés.

— Non, dirent à la fois ses deux fidèles amis Oswalden et sa femme ; non, certes, maître Engelberg, quand on a des enfants qui vous font une loi de vivre et des amis qui vous aiment.

Mais mon malheureux père n'était plus en état d'entendre. Il était tombé dans une effrayante atonie. On le reconduisit à grand'peine chez lui et on le fit coucher.

— Je vais voir, dit Oswalden à sa femme en regagnant tristement leur logis, s'il ne serait pas possible que d'ici à dix jours je réalise le capital de cette rente de 4,000 francs qui devait être la dot de notre fille.... dame ! nous travaillerons, elle travaillera et Dieu récompensera nos efforts..... Mais dix jours seulement! Et les formalités, et les hommes de loi qui n'en finissent jamais !

Ce fut dans ces entretiens de ces deux nobles cœurs que se passa la nuit; mais hélas! le lendemain devait amener une nouvelle catastrophe bien plus terrible encore.

Vers le soir, comme ces trois amis étaient réunis dans la maison de mon père, tout à coup un officier de paix se présenta suivi de deux agents.

— Maître Engelbert, dit-il d'une voix émue, veuillez me représenter les deux pistolets que vous aviez hier en reconduisant le marchand Walter au roc Felssée sur la rive, gauche du Rhin.

— Et pourquoi cela, mein herr ? dit mon père avec hauteur. Est-il donc défendu de tirer sur un ourson ?

— Pardon, maître Engelberg, mais j'ai encore une autre mission à remplir près de vous.

— Quelque bon tour encore de ce mauvais sujet de Boldoni, fit encore mon père. Il m'aura mis sur le dos le faon qu'il a tué.

— Ce n'est pas précisément d'un délit de chasse qu'il s'agit, maître ; mais voyons les pistolets. — Les voici, Monsieur ; dépêchez-vous de constater qu'il y en a un de déchargé et veuillez nous laisser.

L'officier de justice fit sa justification, constata que l'arme était tout récemment déchargée et la mit dans sa poche.

— Maintenant, continua-t-il, j'arrive au plus difficile de ma mission. Je vous arrête, par l'ordre du grand bailli de Bâle, sous l'inculpation de meurtre sur la personne de Frédéric Walter.

A ces mots foudroyants, Oswalden et sa femme pâlirent et restèrent comme privés de sentiment.... mon père, lui, se mit à rire, de ce franc éclat de rire qui le prenait parfois aux bons jours.

— Monsieur l'officier, dit-il, vous vous êtes trompé de porte.....

— Mais Boldoni, maître, ne s'est pas trompé de nom, lui ; et c'est bien vous qu'il a désigné ; sa déposition du reste est corroborée de celle du pâtre Ruder. Tous deux affirment avec serment vous avoir vu faire le coup.

— Par le bonnet de Guillaume Tell, s'écria encore mon père, sur le même ton dégagé, il ne me fallait pas moins que cette grotesque aventure pour me faire oublier l'autre. Allons, Monsieur, saisissez-moi par le collet et menez-moi au grand bailli.

— Je ne ferai certes pas cet affront à l'homme le plus honoré, le plus vénérable du canton, dit l'officier, avec un ton de courtoisie exquis. Veuillez, maître Engelberg, vous rendre vous même chez le magistrat, mes gens et moi ne vous suivrons qu'à une distance très-respectueuse.

C'est pendant que ces choses se passaient que les deux amies Albertine et Louise arrivèrent à Augst. Je ne veux pas vous attrister par le récit de leur violent désespoir. Vous le comprendrez mieux que je ne pourrais le décrire.

Louise enfin bien convaincue du danger que courait son père, voulut courir aussitôt se jeter aux pieds du Landammann du canton supérieur pour lui demander l'élargissement de son père. Albertine vint à Bâle pour hâter la réalisation en espèce de cette rente qui lui avait été constituée par une tante très-riche qui voulait que ce fût sa dot, si elle se mariait. Albertine était trop heureuse de sacrifier cette fortune pour sauver l'honneur du malheureux qui voyait seulement là la grandeur de son infortune. Oswalden, toute la ville, tout le canton s'offrirent en masse pour répondre de l'innocence du respectable Engelbert.

Mais la justice devait avoir son cours, et le procès paraissait devoir être long et difficile. Louise revint enfin apportant cet argent, cette dot qu'elle abandonnait de si bon cœur. Dès le lendemain, la dette fut payée aux héritiers de Walter et la nouvelle en fut aussitôt portée au prisonnier.

— Mon cachot, dit-il, en apprenant cet heureux allégement à ses peines, mon cachot dès aujourd'hui est pour moi un paradis.

Arrivons maintenant, dit Fritz, après avoir pris quelques minutes de repos, arrivons à des faits d'une autre nature.

Louise, toute radieuse de s'être appauvrie pour sauver le père de son amie, était un soir dans une allée de son jardin attendant impatiemment le retour de ma sœur, quand elle vit tout à coup comme une ombre se dessiner devant elle. Elle allait se retirer précipitamment, mais cet ombre prenant un corps vint à elle sous les traits du garde-magasin de son père, de Jooss le crétin..... de ton père, mon ami, dit Fritz en s'adressant à Jooss. Pardonne-moi d'avance tout ce que je vais te dire de lui; mais je te dois la vérité, toute la vérité quelque dure qu'elle soit.

Jooss était un beau grand jeune homme serviteur dévoué jusqu'au fanatisme à la maison Oswalden, homme plein de cœur, de probité, d'honneur; mais de mœurs mélancoliques, quelquefois même rudes et sauvages.

C'est que Jooss était moins qu'un homme. Jooss était un crétin.

Objet de risée, de mépris, de répulsion de la part de ses semblables, il le sentait, il en gémissait, et sa pauvre tête au cerveau dérangé ne trouvait ni assez de force ni assez de persistante volonté pour sortir de cet état de dégradation intellectuelle.

De là sa misanthropie, de là ces excentricités de caractère qui rendaient ce jeune homme parfois si difficile à être deviné.

— Que fais-tu là, Jooss, que me veux-tu ? demanda Albertine, de cette voix si bienveillante et si douce qu'elle avait pour tout le monde.

— Moi ? fit le crétin, qui perdit à l'instant cette sorte d'assurance factice qu'il semblait s'être donnée, moi, maîtresse.... rien.

— Cependant tu semblais me chercher.

— Maîtresse, fit encore le crétin, avec une voix gutturale, rauque, presque effrayante. Vous n'avez plus de dot pour un mari.... vous êtes pauvre, bien pauvre maintenant.

— Mais, Jooss, Jooss, dit Albertine dans le plus grand étonnement de cette singulière sortie, quel sens ont ces paroles ? penses-tu que ce sacrifice ne me comble pas de bonheur, si je puis sauver notre bon ami ?

— Le sauver !

— Sa réputation, son honneur du moins.

— Et sa vie ? maîtresse, et sa vie ?

— Hélas ! s'écria la jeune fille, en élevant ses bras au ciel. Dieu lui suscitera-t-il un sauveur ?

— Peut-être !!! fit le crétin en reprenant ce ton de voix surnaturel, effrayant, qu'il avait déjà fait entendre.

Puis comme l'éclair qui passe et s'évapore, l'indéfinissable jeune homme disparut.

Albertine, presque épouvantée de ces mystérieuses paroles, était restée muette et immobile à la même place; cependant un grand mouvement qui se fit alors dans la maison la tira bientôt de sa stupeur.

C'était Louise qui arrivait, Louise plus éplorée plus découragée que jamais; car malgré ses supplications et ses larmes, elle n'avait obtenu, partout où elle s'était présentée, que de vaines paroles, de banales protestations.... et pas une solide espérance.

L'entrevue des deux amies fut touchante, douloureuse et déchirante tout à la fois.

— Oh! mon Dieu! s'écriait ma sœur abîmée dans son désespoir, faudra-t-il donc que mon père porte, malgré son innocence et ses vertus, sa tête sur l'échafaud!

Albertine, pensive et absorbée, ne répondit rien à cette exclamation.

Louise, étonnée, la regarda, cherchant à comprendre cette apathie et n'y parvenant pas.

Mais, toi donc aussi! s'écria-t-elle tout à coup, tu penses donc qu'il mourra si une tentative — et sais-je laquelle! — n'est faite pour le sauver?

— Non, dit Louise, rompant enfin le silence et montrant à son amie un visage pâle, livide, plein d'angoisses et de fermeté pourtant; non, il ne mourra point.

— Qui te l'a dit? s'écria ma sœur tremblante d'émotion.

— Je l'ai enfin deviné, je l'ai compris.

— Mais, qui donc, grand Dieu!

Albertine, prompte comme la gazelle qui entend l'arme meurtrière, s'était élancée et avait disparu avant que ma sœur eût pu faire un mouvement.

A la porte, ou plutôt derrière la porte par où sortit si impétueusement la fille d'Oswalden, un homme se tenait, l'oreille collée à la serrure, la respiration arrêtée, le cœur battant à déchirer son enveloppe.... Cet homme était Jooss. Il arrêta brusquement Louise par le bras.

— *Vous l'avez deviné, vous l'avez compris,* lui dit-il, eh ! bien écoutez-le.

Puis il entraîna la jeune fille au jardin. Là, il voulut parler, mais l'éclair d'intelligence qui avait brillé un instant dans le cerveau du crétin, cet éclair qu'une surexcitation insolite, capricieuse, inouïe, y allumait quelquefois, venait de s'éteindre.

Devant elle Louise n'avait plus que l'idiot, le paria, le Jooss, du Valais, type de la dernière dégradation de l'intelligence.

Il resta quelques secondes là sans mouvement, sans regard, sans vie ; puis, se frappant la tête comme l'homme désespéré qui voudrait que chaque coup fût le coup mortel, il s'éloigna et s'en alla se cacher dans les décombres d'un bâtiment en ruines.

Le lendemain, Louise courut à Bâle pour embrasser son père et pleurer avec lui.

Albertine, brisée par trop de coups intérieurs, passa la journée au lit, ne sachant plus si elle vivait encore.

Jooss ne parut pas. Il était resté dans ses ruines, son corps et son intelligence sommeillant comme le loir enterré sous les neiges pendant les froids d'un long hiver.

Vingt-quatre heures entières se passèrent donc dans ces conditions : la fille aux bras de son père, l'amie presque entre ceux de la mort, le crétin dans ceux du néant.

Le jour d'ensuite devait réveiller tout ce monde endormi. Il était marqué du doigt de Dieu pour opérer des miracles.

C'était le jour où mon père devait comparaître à la barre. Louise l'apprit, Louise était guérie. Forte, courageuse, sublime, elle sort de son lit, elle vole au milieu des décombres où Jooss était encore, elle l'appelle, elle lui relève la tête, et le brûlant de ses yeux hagards :

— Que me veux-tu ? lui dit-elle.

Le jeune homme, frappé de l'étincelle électrique, se dresse devant elle.

— Louise, lui dit-il, écoutez-moi..... Une créature sans nom, sans race, jetée sur cette terre dans un moment d'oubli de Dieu, s'est enfin indignée de n'être pas du nombre des hommes; elle sent cependant qu'il pourrait y avoir une place pour elle dans la grande famille..... Elle vient vous dire : Vous pouvez ressusciter Lazare..... Cette créature imparfaite, cette statue sans animation, sans feu, sans vie, c'est moi, moi, Jooss l'insensé, Jooss l'égoïste, Jooss l'implacable, qui, ne pouvant demander une parcelle de bonheur, parce qu'on le lui refuserait avec dédain, veut en voler une part tout entière.

Louise, en entendant ces extravagantes paroles, ne trembla pas, car elle était trop forte en ce moment.

Jooss continua : Engelberg sera sauvé et sortira triomphant de son cachot, si vous le voulez.... Vous me comprenez, Albertine, et vous ne pouvez répondre. Je le sais, car il faudrait la force des anges de Dieu pour parler en ce moment. Eh bien ! je continue. Vous n'aurez qu'un signe de tête à faire pour toute réponse. — Si je vous disais : Voici le père de votre amie, c'est moi qui vous le rends, qui vous le donne, et pour prix de sa tête rachetée que je vous dise, une heure avant ma mort, soyez ma femme. Que répondriez-vous ?

— Je dirais, comme je le dis ici devant Dieu : *Oui !* exclama Louise.

— Séparons-nous donc à l'instant, dit Jooss, car l'ange ne peut rester devant le maudit de Dieu.

A cet endroit de son récit, Fritz fut encore obligé de s'interrompre, tant son émotion et celle de ses deux auditeurs étaient profondes.

Il reprit donc après une pause :

— Le lendemain de cette entrevue, qui n'avait duré que quelques minutes, mon père était chez lui, au milieu de ses amis, dans les bras de ses enfants.

Jooss était les fers aux pieds dans son cachot, sous la terrible accusation de meurtre prémédité et accompli de sa propre volonté sur la personne du marchand Valter.

Et Louise, debout devant lui et entourée de toute la magistrature, disait :

— Voilà mon époux.

— Et mon père, s'écria à ces derniers mots notre Jooss, en s'élançant vers son maître Fritz, et mon père est mort sur l'échafaud !

— Non, mon ami, dit Fritz Engelbert, Ruder, le complice de l'infâme Boldoni, touché de tant de sublimité, vint tout déclarer aux juges.

Il eut la vie sauve, et Boldoni, le véritable et le seul assassin, paya son forfait de sa tête.

— Et Louise d'Oswalden? demanda le docteur.

— Elle tint sa parole donnée, reprit Fritz, elle épousa au grand jour, et fière de son dévouement, le crétin Jooss.

Au bout d'un an, cependant, la sublime enfant mourut dans les bras de son amie en lui léguant l'enfant qu'elle avait eu de ce mariage.....

— Viens donc, Jooss, maintenant que tu as rendu à Dieu le triste héritage que t'avait laissé ton père, viens reconnaître, remercier et aimer ta seconde mère.

Le départ pour Augst fut arrêté pour le lendemain matin, et bien que l'impatience, je ne dirai plus du maître et de son serviteur, mais des deux amis, fût des plus vives, Fritz tint cependant à compléter le programme de son excursion, et annonça que son intention était de faire au moins le tour du lac de Constance, et de voir, quoique bien rapidement, les jolies villes, les admirables paysages que baignent ses eaux.

Jooss, maintenant régénéré à la lumière intellectuelle, maintenant se sentant des yeux pour voir, des sens pour comprendre, une âme pour admirer, n'osa faire trop voir l'ardent désir qui le possédait d'aller se montrer à Louise Engelbert, non plus comme ce pauvre idiot bon tout au plus à faire la besogne d'un garçon de ferme, mais bien plutôt maintenant comme le digne fils de son admirable mère, Albertine d'Oswalden, et comme l'enfant tendre et reconnaissant de celle qui l'avait recueilli, protégé, aimé.

Oh! la Suisse! la Suisse! Vous qui ne l'avez point encore vue, vous tous, peuples, qui êtes à ses portes, que ce pèlerinage vous soit comme cette sainte obligation des musulmans qui doivent au moins, une fois dans leur vie, aller à la Mecque pour y adorer le tombeau du Prophète. Ne laissez pas arriver votre dernier jour sans avoir foulé le sol de l'antique Helvétie.

Tous, vous en retirerez jouissance, profit ou enseignement. Le philosophe trouvera dans les plis les plus cachés de ses ravins la vie douce, honnête, patriarcale de ses ancêtres. Le savant y fera de curieuses études de géologie; le naturaliste puisera à pleines mains dans les richesses végétales qui émaillent ses vallées et ses montagnes.

Le médecin n'y fera certes pas d'explorations infructueuses; car il emplira utilement son herbier de toutes ces plantes dont on distille de souverains élixirs : vulnéraires, mélisses, trésors de santé plus ou moins recommandés, plus ou moins recommandables.

Et le touriste, le peintre, le poëte, que n'iront-ils pas aussi puiser par là en souvenirs, en tableaux, en inspirations!

Oh! je le répète, ne laissez pas écouler vos jours valides sans aller voir ce divin panorama posé au milieu de l'Europe occidentale comme Éden l'était dans le poétique Orient.

A Constance, on retrouva le Rhin, et sur le Rhin ces trains gigantesques de bois flottants, sortes d'îlots où l'on bâtit presque un village.

Hommes et chevaux s'embarquèrent sur un de ces Léviathans du fleuve et glissèrent jusqu'à Schaffouse, pour de là reprendre un autre véhicule de même taille qui amena nos deux voyageurs vers leurs dieux pénates à Augst, l'antique capitale des Rauraques.

Si ce récit n'était pas déjà bien long, je vous aurais raconté comment Fritz et Jooss firent leur entrée chez maîtresse Louise. je vous détaillerais le costume que notre jeune artiste fit prendre à son compagnon, et qui n'était autre que ses propres habits de gala, car Fritz voulut dès lors que le fils d'Albertine Oswalden fût son frère.

Mais ma plume serait impuissante à peindre le saisissement, le bonheur, l'enivrante joie de Louise, en retrouvant dans son fils d'adoption l'intelligence et les vertus de son amie.

Ce fut à cette occasion que le gros Guillaume, le frère aîné de Fritz, qui se piquait parfois de faire le bel esprit, s'écria de sa bonne grosse voix de paysan bâlois, et paraphrasant un mot célèbre d'un prince français à son retour de l'émigration :

« Il n'y a rien de changé dans notre petit cottage; il n'y a qu'un enfant de plus. »

Cela prouve le bon cœur de Guillaume.

Maintenant, si vous le permettez, mes jeunes amis, revenons un peu à nos moutons, c'est-à-dire à nos lépidoptères, que nous avons en apparence un peu oubliés. Cependant, remarquez que je dis en apparence, car, en réalité, pendant que je causais ainsi, un autre faisait notre besogne, et c'était ce bon Jooss qui nous moissonnait çà et là de charmants papillons, dont Mlle Louise Engelberg a bien voulu dédoubler sa riche collection, tout exprès pour que je pusse vous les faire admirer.

Et d'abord je commencerai par faire (toute révérence gardée) quelques interpellations à messieurs les nomenclateurs d'entomologie, les priant de m'expliquer — et je suis persuadé d'avance que je les mets dans un furieux embarras — pourquoi ils ont donné des noms si étranges, si bizarres (j'allais dire si baroques) à certains papillons qui ne présentent, en vérité, aucune analogie raisonnable avec ces dénominations. Ainsi, voyez dans ce cadre la noctuelle *thyrrhœa*. Thyrrhéus est le surnom

1 — La Noctuelle du Frêne
2 — La Mariée *(Genre Noctuelle)*
3 — Noctuelle Thyrrhœa.
4 — La Fidonie à Plumet.
5 — Géomètre Découpure.
6 — Pronuba.

d'Apollon, protecteur des *portes*, et notre innocent papillon,
convenez-en, n'a certes aucun rapport avec quelque porte que
ce soit. C'est un charmant petit personnage aux ailes vert-olive,
portant deux taches rougeâtres, l'une en croissant, l'autre irré-
gulière; l'extrémité des supérieures a une large bande rose-
briqueté qui fait un fort bel effet avec le vert local. Les ailes de
dessous sont jaune d'ocre, avec deux larges bandes centrales
noires veloutées... Tout cela, dites-le moi, a-t-il quelque ressemblance avec les portes de ce M. Apollon ?

Voici encore la noctuelle *pronuba ;* ses ailes supérieures sont
parfaites de coloris et surtout de teintes doucement harmonisées :
c'est une fusion de jaune feuille morte, brun jaune, ocre chaud
et riche, souvent glacé de teintes ferrugineuses, le tout ondulé
mollement par des lignes, des taches, des yeux savamment
nuancés. Les secondes ailes ont quelque chose de moins suave
peut-être, parce que c'est une teinte pâle jaune ocrée, heurtée
par deux bandes noires sans reflets.

Eh bien ! ce papillon s'appelle *pronuba*. Or, ce nom est celui
de Junon présidant aux mariages, et à laquelle les jeunes fiancés,
pour se la rendre favorable, sacrifiaient sur son autel une victime
dont le fiel avait été retiré, symbole de la douceur qui doit régner
entre deux époux.

Puis, voici la *promissa* (la promise), la *nupta* (la mariée).

La promise, on le voit, est encore dans tous ses atours; c'est
une grande dame qui tient, à ce qu'il paraît, à captiver encore
le cœur et les yeux de son futur. Sous un manteau d'une riche
simplicité, de couleur brune, mais profusément orné de brande-
bourgs savamment agencés, c'est-à-dire sous ses ailes supérieures, elle laisse voir une robe d'une teinte éclatante de rouge cra-

moisi, aux reflets satinés et largement bordée d'ornements de velours noir : ce sont là ses ailes inférieures.

La mariée (nupta) a grandi en désinvolture, en splendeur ; son manteau de dessus est plus ample, plus riche ; son vêtement de dessous (c'est-à-dire ses ailes supérieures et les inférieures) a un éclat éblouissant de rose carmin que veloutent encore des bordures et des bandes découpées en festons.

Voilà, convenez-en, une magnifique mariée, un bien beau papillon.

Celui-ci, qu'on appelle *libatrix*, est parfaitement nommé aussi *découpure*. S'il n'a pas des couleurs éclatantes, il a au moins des formes bien originales ; on dirait qu'il a été dessiné par un géomètre, qui a pris la règle et le compas pour en arrêter les dessins à angles droits et raides. Le fond local des ailes est d'un fauve légèrement briqueté ; les supérieures sont coupées vers le milieu par deux lignes blanches qui encadrent un joli semis de taches orangées placées symétriquement sur un semis de petits points rougeâtres.

Les ailes de dessous sont tout simplement fauves, avec un ton plus foncé à nervures noirâtres vers les extrémités.

Nous arrivons à un petit bijou de papillon que je vous engage à regarder bien attentivement ; c'est le *fidonie plumistaria* (à plumet) ; phalène qui a grand tort de s'être enrôlée dans les nocturnes, parce que, par ses riches couleurs, par ses savants dessins géométriques, elle méritait d'apparaître au grand jour.

Voyez-la d'abord relevant sa petite tête ronde tenant à un corps quadrillé comme un damier, et si fièrement empanachée de deux aigrettes qui lui ont valu son nom de *plumistaria*. Puis, admirez ce semis tout éclatant de points noirs jetés à profusion sur les ailes supérieures que coupent en écharpe des bandes déchiquetées d'un beau noir.

Les ailes de dessous ont la teinte jaune des premières, quoique plus vive, plus tranchée; les dessins, bandes et points noirs s'y trouvent dans un ordre plus symétrique, et sont charmants à voir.

Voici maintenant un des gros bonnets de la gent lépidoptère nocturne. C'est un personnage d'importance, car vous voyez que, dans ce cadre même, il occupe une notable place. On l'appelle la *lichnée du frêne*. Elle a le vol lourd, bruyant; on dirait d'un oiseau qui passe quand elle voltige le soir. Ses ailes, à puissante envergure, sont très-différentes de couleur; les supérieures ont une douce et fort agréable teinte de gris-cendré, coupées perpendiculairement de doubles zigzags, dont ceux du centre sont teintés de jaune pâle. L'extrémité de ces ailes est festonnée d'un mince filet noir, ayant à chaque échancrure une petite fioriture en forme de losanges posés sur un pédoncule.

Les ailes inférieures sont, comme je l'ai dit, toutes dissemblables; le fond en est noir, et une large et magnifique écharpe bleu de ciel les coupe de haut en bas, comme fait le grand cordon de l'ordre sur l'habit d'un prince du sang.

Telle est la lichnée du frêne, et certes c'est une bonne chance quand on peut mettre la main dessus. Jooss a donc bien fait d'en attraper deux pour que je puisse aujourd'hui vous faire voir celle-ci.

Nous ne passerons pas sous silence ce papillon si élégant, si svelte, si richement bigarré qui se laisse voir au milieu de ce cadre, c'est le cossus du marronnier ou *zeuzère æsculi*. Sa robe est fond blanc, comme vous le voyez: mais distinguez bien cha-

que nervure dessinée d'un petit filet orangé, et dans chaque intervalle vos yeux ne sont-ils pas éblouis par ce semé feu et serré
de points allongés dont chaque extrémité a un reflet bleu (aux
secondes ailes, ces points sont tout à fait bleus ou plutôt cen-
dré-bleu)?

Nous dirons un mot, en passant, de ce frère lépidoptère, de
l'ordre des capucins. Il se nomme le *minime à bandes* ou *bombyx du chêne*. Il se figurait sans doute qu'il nous échapperait
sous son costume modeste de carmélite ; mais le vœu de simplicité qu'il croit avoir fait, n'est pas tellement tenu qu'il n'y
ait encore quelques détails à admirer en lui.

Ses ailes sont de ce beau brun chaud, rutilant qu'on voit sur
un gros marron d'Inde avec ses dégradations qui se fondent si
harmonieusement en une teinte non moins riche d'ocre, tantôt
pâle, tantôt foncée. Là, enfin, pour compléter le costume, notre
capucin porte, comme vous le voyez, deux coquilles en sautoir
et, pour compléter l'illusion, une sorte de poussière grisâtre
saupoudre tout l'habillement et donne à croire qu'il revient,
en bon frère quêteur, de faire sa tournée pour le couvent.

Près du capucin, voici Perrette ; le contraste est curieux en
vérité ; c'est l'élégance et la coquetterie près de la pauvreté et
de la bonhomie. Cette Perrette s'appelle dans sa tribu la *bombyx
villica* ou l'*écaille fermière*. Tout est bien en elle, élégance de
taille, gracieux contours, couleurs assorties avec goût. Perrette,
par exemple, n'a plus son blanc corsage, elle s'est faite belle
comme au jour de la fête du village. C'est d'abord un riche habillement de velours noir (les premières ailes), tacheté de larges
points d'un beau jaune-pâle brillant comme le satin ; puis
un jupon d'une riche couleur aurore (les secondes ailes),

avec des agréments noirs comme le fond du corsage.

Je pense qu'avec un tel costume, on peut se présenter partout ; aussi voyez notre fermière, elle a l'air tout à son aise parmi les beaux personnages qui l'entourent.

Après la fermière, voici la grande dame, voici chimène (*noctua chimène* ou la *phalène chinée*), mais ce n'est pas la Chimène après l'attentat de son Rodrigue, venant crier à don Fernand :

« Sire ! sire ! justice !

. . . .

   » D'un jeune audacieux punissez l'insolence,
   » Il a de votre sceptre abattu le soutien.
   » Il a tué mon père... »

Non, ce n'est pas Chimène en longs habits de deuil, c'est la belle et heureuse fille de don Diégo Gomès dans ses atours de gala.

Voyez en effet notre chimène avec ses ailes brillantes, fastueuses ; les supérieures ont, sur un fond d'or, de larges bandes noires posées transversalement, avec une lunule aurore à l'extrémité. Les inférieures sont de cette teinte rouge carmin foncé qui simule si bien la pourpre impériale ; trois ornements de velours noir en rompent, vers les extrémités, l'uniformité fatigante aux yeux.

Ce n'est pas un papillon, c'est une fleur ; c'est de l'or et de la pourpre que l'on croit voir voltiger.

Enfin voici la dernière de la collection de maîtresse Louise Engelbert ; c'est la *martre écaille*.

Signalons tout de suite la singularité de ses couleurs ; le fond des premières ailes est café au lait, les larges taches qui le maculent sont couleur chocolat, et enfin deux traînées semblables à la voie lactée figurent assez bien deux filets de crème appétissante qu'on aurait versés là comme par maladresse.

Les secondes ailes sont plus riches en couleur; c'est d'abord un fond teinté de jus de framboise, puis çà et là on dirait de ces gros bonbons de fantaisie, bleus au centre, noir à l'entour et comme nageant dans un bain de sirop aux reflets dorés.

Ce petit appétissant lépidoptère semble du reste savoir tout ce qu'il vaut; car il est, dit-on, dans sa patrie, les États-Unis, le plus impertinent des papillons; il voltige au nez des gens, les heurte, les agace, les harcèle, et joint à tant d'effronterie celle de ne se laisser jamais prendre.

Enfin nous en tenons un; examinons-le tout à notre aise, et surtout admirons-le, car il mérite la peine de l'étudier avec le plus d'attention possible.

Mes jeunes amis, notre collection, je crois, est arrivée à une honnête perfection, et notre but d'amateur est atteint, car nous voici au moins cent beaux sujets tous remarquables par leurs brillantes couleurs et l'élégance de leurs formes. Nous pouvons donc clore là la campagne et remettre notre chasse à l'année prochaine.

Cependant je crois qu'il nous manque encore le *Grand-paon*, le géant de nos papillons de France; mais qui, du reste, n'a de rare que sa grande taille; car on le trouve facilement partout.

Ce Grand-paon me remet en mémoire un autre épisode encore. — (Je vous ai déjà prévenus, je crois, que ma mémoire locale est des plus heureuses à l'endroit des papillons.) Or, voici ma narration :

Je venais d'assister au baptême d'un joli brick côtier qu'un de mes parents avait fait construire, gréer et lancer à Cherbourg, il y a quelques années, et je me retirais, après cette joyeuse cérémonie, cheminant et devisant amicalement avec un riche patron de barque du lieu. J'écoutais surtout avidement le récit émouvant et souvent terrible de ses péripéties de pêche dans la haute mer, quand tout à coup je plantai brusquement là mon narrateur pour m'élancer après un admirable *Grand-paon* qui venait de me passer effrontément sous le nez. — Un *grand-paon*, mes amis (le *Pavonia* major)! le Léviathan des papillons, plus large d'envergure que toute la main étalée. Un Grand-paon, et surtout en plein jour! C'était à me faire excuser mille fois de fausser ainsi compagnie à mon patron de barque.

J'eus le bonheur de mettre tout de suite la main sur ce gros étourdi qui sortait ainsi de ses habitudes, — sans doute par suite de quelque accident, — en se permettant, lui, papillon nocturne, de paraître en plein midi. Je revins aussitôt triomphant, et mon Grand-paon fiché à mon chapeau, près de mon compagnon de route.

A mon approche, cet homme, jetant un coup d'œil sur ma conquête, sembla retenir un mouvement de répulsion qui ne m'échappa pas, et qui, comme vous le pensez, m'intrigua énormément.

Je lui fis cependant mes excuses sur mon impolitesse, et le priai de continuer le narré de ses faits maritimes.

—Je... le... veux bien, me dit-il en s'efforçant péniblement à parler, oui... je vais continuer.

Et il resta muet.

Je le regardai de plus en plus étonné. Il devina ma pensée, et rompant tout d'un coup le silence :

— Eh bien ! tenez, Monsieur, me dit-il, je vais vous avouer la chose. J'ai joué bien souvent avec la tempête, j'ai tout enduré, tout souffert, ma barque s'est vingt fois ensablée, s'est échouée, s'est heurtée, brisée sur les rochers. J'ai vu le fond de la mer, j'ai vu des requins, j'ai vu la mort de bien près..... et par ma foi, je crois que tout cela m'a causé moins d'émotion que ne m'en fait aujourd'hui ce satané papillon juché sur votre chapeau.

— Ah ! c'est par trop fort ! m'écriai-je.

Et toutefois je me hâtai de mettre mon lépidoptère dans l'intérieur même de mon chapeau.

— A présent, me dit le patron, en me serrant la main, en signe de remercîment, je vais vous conter mon histoire..... et vous verrez si je dois aimer les Grands-paons.

Nous nous assîmes à l'ombre de quelques pommiers, et mon homme commença ainsi :

Nous étions en 1807, c'était sous l'empire et en plein blocus continental. La France et l'Angleterre se faisaient des niches à qui mieux mieux. Nos barques armées en guerre pourchassaient les pêcheurs anglais qui s'approchaient trop près des côtes, et, de leur côté, les Anglais se hasardaient quelquefois jusqu'à venir aborder dans quelque crique sans défense pour y faire la contrebande, ou le plus souvent pour piller et nous faire quelques prisonniers.

A cette époque, mon père et ma mère, qui étaient de pauvres pêcheurs dans l'île d'Aurigny, à quelques brasses de Cherbourg, vivaient péniblement du produit de leur pêche. J'étais leur unique enfant et je venais d'atteindre ma onzième année.

Ma mère, robuste et intrépide femme, partageait avec mon père tous les dangers de la mer; mais, aussi prévoyante que tendre, elle n'avait pas encore voulu me permettre de prendre part à leurs pêches en haute mer et m'avait chargé jusqu'alors d'occupations moins dangereuses. J'avais mission d'étendre les filets, de soigner et d'aller vendre le poisson à la ville et de préparer le repas du soir, pendant l'absence de mes parents.

Depuis ce blocus qui nous gênait tant dans ces excursions loin du rivage, j'avais encore un autre emploi, et voici en quoi il consistait :

On avait installé au cap de la Hogue, sur la tour du fanal, une vigie chargée d'explorer la haute mer et de donner, à l'aide de signaux convenus, l'éveil aux garde-côtes, chaque fois qu'une voile anglaise apparaissait à l'horizon. Or, mon père qui, malgré les avis de ses amis, se hasardait intrépidement en mer, avait imaginé de planter près de notre cabane, une haute perche à l'extrémité de laquelle était attaché un drapeau blanc qui pouvait descendre ou monter à volonté au moyen d'une poulie et d'un cordage. Ma mission consistait donc à me tenir près de ce mât et à descendre bien vite le drapeau, chaque fois que je voyais la vigie de la Hogue faire un signal de danger. Par ce moyen, mon père, averti toujours à temps, rentrait immédiatement au port.

Les chances de danger se trouvaient ainsi bien diminuées pour mes parents qui avaient toujours l'œil sur mon drapeau, comme moi je l'avais sur la vigie du fanal. Mais hélas! je n'avais que onze ans et j'étais encore bien enfant, bien joueur.... et presque aussi amateur que vous de beaux papillons.

Or, un jour que j'étais assis, depuis quatre mortelles heures, au pied de mon mât de signal et les yeux fixés sur la vigie, un Grand-paon de la plus belle espèce vint se poser à dix pas de moi. — Ainsi que le vôtre, Monsieur, ce petit vagabond courait clandestinement la campagne. D'abord je le regardai assez indifféremment, me contentant de murmurer entre mes dents :

— Si je n'avais pas mon poste à garder, comme j'aurais promptement bon marché de ce petit effronté.

Le papillon, qui comprit sans doute mon embarras, crut alors n'avoir plus besoin de se gêner. Il voltigea à quatre pas, tout autour de moi, puis en vint jusqu'à se poser audacieusement sur mon genou..... j'allongeai incontinent la plus vigoureuse tape que j'eusse donnée de ma vie. Mais ce fut mon genou qui la reçut, et le papillon s'envola en riant dans sa barbe.

La maudite, bête enchantée de la belle pièce qu'elle venait de me jouer, eut l'impertinence, pendant que je frottais mon genou endolori, de me passer sous le nez en me l'effleurant.

C'en était trop ; je me levai et lui jetai mon chapeau. Il fallait bien ensuite aller ramasser ce chapeau. Le Grand-paon s'était posé dessus et me narguait de plus belle.

Nouveau lancement de chapeau, nouvelle course pour le rattraper.

Enfin, Monsieur, que vous dirai-je ? D'effronteries en effronteries, le satané papillon me fit voir du pays plus qu'il ne fallait, et tout à coup..... O surprise, ô désespoir ! un coup de canon retentit à mes oreilles, et je jetai les yeux sur la vigie du fanal..... elle venait de signaler un navire anglais.

Et mon drapeau blanc, toujours flottant au haut de son mât, donnait traîtreusement le signal de la sécurité.

Ce jour là j'attendis mon père et ma mère jusqu'au soir.... ils ne vinrent pas! Je les attendis la nuit suivante, le lendemain, le surlendemain encore.... ils ne vinrent pas!...

Le brick anglais, effrayé par le canon de Cherbourg, avait regagné la haute mer; mais hélas! il avait surpris et emmené prisonniers mes parents adorés, mes parents que mon incurie, que ma coupable légèreté avaient perdus.

Je ne vous dépeindrai pas ma douleur; vous la comprendrez.

Me voilà donc seul, avec mes remords, mon inexpérience d'enfant, et des embarras sans nombre dans une si difficile position.

Mon père, qu'une mauvaise chance poursuivait depuis longtemps, devait une année de loyer de notre pauvre cabane, plus quelques dettes criardes dans les environs.

Les dettes me furent remises; mais l'avare propriétaire de notre logement n'entendit pas raison et fit vendre jusqu'à la dernière nippe de mon chétif patrimoine, puis me mit inhumainement à la porte.

L'indignation publique me vengea; car jamais sa maison ne fut relouée.

Quelques personnes charitables me recueillirent d'abord, mais bientôt, honteux de vivre de la charité publique, j'allai me louer à un riche marchand de marée, homme assez juste, assez humain, mais d'une avarice sordide.

Cependant je fis mon devoir chez lui et je n'eus pas à m'en plaindre.

J'arrive maintenant à une épisode non moins importante de cette triste histoire.

Un soir, par un temps d'orage, je revenais de relever des filets oubliés sur la plage et je marchais silencieusement, éclairé tantôt par des échappées de lune qui perçaient de gros nuages noirs, tantôt par les violents éclairs qui illuminaient l'horizon ; quand tout à coup un homme couché dans les varecs de la falaise se leva à demi et me dit à voix basse.

— Jacques, Jacques, arrête-toi, couche-toi vite dans l'herbe et surtout tais-toi.

Effrayé de cette singulière apostrophe, je jetai des regards tout autour de moi. La terre était jonchée de soldats de marine qui, tous, le fusil au poing, se tenaient cachés et semblaient guetter quelque chose sur la mer.

Effectivement, j'aperçus à l'horizon une point blafard et mobile qui semblait s'approcher.

C'était une voile anglaise. Je compris tout et me couchai bien vite près du soldat de marine qui était mon parrain.

Le schooner anglais qui s'approchait sans bruit, porté rapidement à la côte par une bonne brise de mer, vint jeter l'ancre à un demi-mille, puis mit ses embarcations à l'eau.

On les laissa faire. Pourquoi donc gêner ces messieurs dans le cours de leurs visites ?

Arrivés sur la plage, les Anglais commencèrent par s o-rienter, puis se formèrent résolùment en colonne. — Ils étaient 20 à 25 à peu près, commandés par un officier. — Enfin ils se mirent en marche.

Ce fut alors au tour des nôtres à manœuvrer. Par une combinaison stratégique des plus heureuses et à la faveur de l'obscurité qui était complète en ce moment, la position fut tournée, et en un clin d'œil, mes étourdis d'Anglais furent « pris et frits. »

Quelques coups de fusil furent bien échangés de part et d'autres, mais la partie était trop inégale pour que la victoire ne restàt pas aux Français. On emmena messieurs les habits rouges qui furent conduits en lieu sûr ; leurs barques et surtout le schooner, qui étaient de bonne prise, furent confisqués au profit de l'État.

Nous eûmes à cette affaire trois blessés, les Anglais en comptèrent onze ; de plus, leur officier ne fut pas retrouvé.

Arrivons à la dernière phase de mon récit :

Après le départ des garde-côtes et de leurs prisonniers, la solitude et le silence se refirent autour de moi. On avait emporté les blessés, mais quelques débris d'armes étaient restés sur le champ de bataille. Je ramassai à tout hasard un tronçon de sabre et deux gros pistolets d'arçon... non chargés.

Avec cela je me crus invincible et j'aurais défié

> ... « Navarrais, Maures et Castillans
> » Et tout ce que l'Espagne a produit de plus grands. »

Je pouvais à présent marcher dans les ténèbres ; je n'avais plus peur.

Et, en effet, j'avançais la tête haute et ma moitié de sabre en avant, quand un frôlement d'habit et une plainte mal étouffée vinrent m'arrêter tout court.

J'aurais bien crié : qui vive ! mais je ne sais pourquoi ma langue se refusa tout net à prononcer ce mot sacramentel.

J'étais là, éclairé par un indiscret clair de lune qui me mettait en vue de toutes parts, quand une forme noire sembla s'allonger vers moi, en sortant d'un creux de rocher.

— Enfant, me dit la forme noire, as-tu dans le cœur cette humanité, cet instinct généreux qu'on prête aux Français ?

Je fis un pas en avant un peu rassuré.

— Qui êtes-vous ? dis-je.

— L'officier anglais de ce malheureux schooner qui vient d'être capturé, lui et son monde.

— Alors vous êtes mon prisonnier, m'écriai-je en brandissant mon sabre et mes deux pistolets.

— Pauvre enfant ! dit l'Anglais avec un sourire. Tiens, viens plutôt m'aider à bander mon bras blessé d'un coup de feu.

— Ah ! si vous êtes blessé, c'est différent ; mon père m'a toujours recommandé d'être généreux et bon. Tenez, Monsieur l'officier, voici ma cravate ; c'est une solide cotonnade, allez ; elle vous attacherait deux mâts ensemble que le plus fort *noroué* en perdrait son latin.

Bref, j'aidai *mon prisonnier* à panser sa blessure, qui, heureusement n'avait intéressé que les chairs.

— Ce n'est pas tout, maintenant, dit l'officier, il faut me tirer de ce mauvais pas et me procurer les moyens d'aller retrouver la croisière anglaise qui est en panne à quatre lieues en mer.

— Oh ! mais pas du tout, m'écriai-je. Jacques Michaud est Français avant tout, mon beau Monsieur, et..... suffit ! je ne prête pas les mains à ce micmac-là. Du reste, ajoutai-je avec une animation, une colère toujours croissante, c'est à vous, c'est aux Anglais que je dois d'avoir perdu mon père et ma mère..... et d'après les lois de la guerre.....

— Peste ! fit l'officier du schooner, comme tu raisonnes politique, mon petit bonhomme !

Cette familiarité d'expression piqua, je l'avoue, mon amour-propre ; alors je lui racontai, non sans quelque boutade d'humeur, tous les malheurs qui avaient fondu sur ma famille.

L'Anglais m'arrêta au milieu de mon récit.

— Le temps presse, me dit-il, bientôt le jour paraîtra et avec lui des dangers sans nombre pour moi. Mais tout peut s'arranger, même ta susceptibilité nationale et mon intérêt. Écoute, enfant. Ton père et ta mère sont nos prisonniers; je puis te les rendre.

— Mon oncle, lord Stelfort, est commandant des pontons anglais; tu connais sans doute ces prisons flottantes où nous retenons nos prisonniers de guerre?

— Oh! oui, dis-je, haletant d'impatience et d'émotion, elles ont ici une assez affreuse réputation... et leurs gardiens aussi.

— L'officier, sans relever cette apostrophe, continua :

— Mon oncle ne refusera pas d'échanger deux pauvres vieillards contre son neveu.

— Mais.....

— Mais ce sera pour la France deux nationaux pour un seul ennemi. En aidant à cette spéculation diplomatique, tu sers encore ton pays.

Bref, mon Anglais avait une parole dorée, persuasive; moi, j'étais encore bien enfant, et surtout j'avais en perspective mon père et ma mère à sauver. Et à la fin de sa péroraison, je lui sautai au cou.

La France et l'Angleterre signaient la paix.

Mais j'abrége. Mon officier fut conduit par moi, à la faveur de la nuit qui durait encore, dans notre ancienne cabane toujours inhabitée; je fis facilement sauter le loquet de la porte, et je descendis *mon prisonnier* (cette fois je pouvais lui donner cette qualification) au fin fond de la cave au poisson.

— Avez-vous de l'argent, beaucoup d'argent? lui dis-je. Il vient de me pousser une idée.

— Vingt-cinq guinées à peu près, me répondit-il en me tendant sa bourse.

— Bon! donnez; ne vous ennuyez pas trop..... Mais surtout, monsieur l'Anglais, fis-je en secouant fortement son bras valide; tenez votre parole.

— *L'honneur avant la vie*, c'est la devise de mes armes.

Je le crus et le quittai.

Je courus bien vite chez mon patron, le marchand de marée. Il m'avait cru mort dans la bagarre, et fut ravi de me revoir (je le crois bien, il m'avait payé mon mois d'avance).

— Patron, lui dis-je, voulez-vous gagner 600 francs?

— Ah! bah! fit-il en écarquillant ses gros yeux. Est-ce qu'il y a quelque bon coup de contrebande à faire?

— A peu près. Voyons, patron, dites-vous oui?

— Et si j'y risque mon cou?

— C'est moi qui risque tout.

— Alors ça peut s'arranger. Que faut-il faire?

— Me donner, pour la nuit prochaine, la clef du cadenas de la *Fluette*.

Or, la *Fluette* était une barque d'une admirable perfection, svelte, élancée, glissant sur la mer comme une anguille, une barque qui avait valu au constructeur un brevet de perfectionnement.

A cette proposition, le marchand de marée fit un saut de carpe effrayant.

La *Fluette!* mon gas. Oh! jamais, au grand jamais.

Je versai les vingt-cinq guinées sur la table; c'était de l'or tout neuf.

La clef de la *Fluette* me tomba dans la main.

1 — Le Bombyx du Chêne
2 — Le Grand Paon.
3 — La Callimorphe dace
4 — La Fermière

— Mais, patron, fis-je encore en changeant de conversation. tant j'avais peur d'une rétractation, savez-vous bien que je meurs de faim? Hier, je n'ai ni dîné, ni soupé; c'est donc de deux repas que je suis en retard.

— Eh! va donc les réclamer à Marguerite, me répondit l'avare en faisant sonner chaque pièce d'or pour voir si elles étaient de bon aloi.

Vous devinez que ces deux repas arriérés avaient leur destination; je portai presque tout à mon Anglais, qui, soit dit par parenthèse, commençait à sentir furieusement le poisson dans sa cave à marée, qui en avait encore conservé le parfum.

Mais, Monsieur, cette histoire est déjà bien longue; je passerai donc sur les détails de notre voyage nocturne, sur les contes qu'il me fallut faire aux douaniers garde-côtes pour franchir leur ligne, avec ma *Fluette* et mon Anglais couché à plat ventre au fond et enseveli sous un immense filet, et sur mon voyage à vol d'oiseau jusqu'à la croisière anglaise.

Je vous dirai seulement que tout réussit à souhait. J'ajouterai encore que six semaines après, pour un ennemi de moins, deux Français rentraient en France; c'était mon père et ma mère.

Je les conservai jusqu'à l'âge de quatre-vingt-dix ans. Mon courage, et j'ose le dire, ma probité, m'ont porté bonheur. Je fis de bonnes affaires, et aujourd'hui je suis patron de barque, jouissant d'une honnête aisance, aimant bien ma femme et mes enfants..... mais détestant toujours les *Grands-paons* et toute la séquelle des papillons.

———

L'année avait marché, comme toujours, à pas de géant, les beaux jours, et par conséquent la saison de la chasse aux papillons, touchaient à leur terme, et je pensai à revoir tous mes sujets posés provisoirement dans des cadres passe-partout, pour leur assigner la place spéciale réservée à chaque catégorie.

Après un assez long et minutieux travail, je vis enfin ma collection s'épanouir resplendissante de ses mille couleurs de pierres précieuses tout autour de mon cabinet, et je m'applaudissais d'avoir terminé ce long ouvrage, quand j'avisai un long rayon qui faisait tout le tour de mon cabinet et qui servait autrefois à percher une grande quantité d'oiseaux empaillés dont je me suis défait depuis.

Je grimpai sur un marchepied pour aller voir si je n'aurais pas oublié là quelque chrysalide; car j'en mettais un peu partout.

Ces planches étaient recouvertes dans toute leur longueur de feuilles de papier gris couvertes de poussière. — J'en demande bien pardon à la *bonne*, mais il y avait bien six mois que ces rayons haut perchés n'avaient été époussetés. Je descendis néanmoins ces feuilles toutes grises de ce ton uniforme que donne un long séjour dans un lieu oublié, puis je me disposais à souffler dessus quand je crus apercevoir..... Oh! la drôle de chose, mes jeunes amis. Je vis, je distinguai.... oui, c'était bien cela, en vérité, — une charmante petite suite de dessins ou plutôt de lettres d'écriture. Tout cela dans des formes tellement microscopiques que je pris mon binocle pour m'assurer encore mieux du fait.

Était-ce bien de l'écriture, étaient-ce des hiéroglyphes?... C'était quelque chose toujours, et ce quelque chose m'intrigua tellement que je me mis à l'étudier, à l'étudier tant que je pus.

J'y gagnai, il est vrai, un fameux mal de tête; mais je vins enfin à bout de tout savoir, et je me crus dès lors le droit d'être aussi fier que feu M. Champollion l'était quand il déchiffrait une page du zodiaque de Denderah.

C'était... le croirez-vous, lecteurs? C'étaient les *Mémoires d'un papillon*, écrits par lui-même.

Vous criez au prodige; vous êtes stupéfiés, n'est-ce pas?

Eh bien! c'est comme cela. Maintenant admettez de bonne grâce cette donnée. Croyez-moi sur parole, comme vous avez fait pour toutes les histoires qui précèdent, et écoutez ma traduction.

« Je suis seul ici sur cette planche où ma chrysalide avait été posée par une main amie. J'ai pourtant bien voyagé déjà, j'ai vu l'Océan, j'ai vu les Pyrénées, j'ai vu le beau ciel d'Espagne, et maintenant je reviens mourir sous le ciel gris de Paris.

» Cependant ayant encore quelque temps à vivre, et comme je crains de m'ennuyer à ne rien faire... Napoléon le Grand n'a-t-il pas dit que l'homme le plus heureux c'est le plus occupé — (vous voyez que je sais un peu d'histoire), — je veux écrire mes Mémoires. — Les lira qui pourra. Cette poussière fine et unie sur ce papier blanc me servira à merveille. J'ai six pattes encore vigoureuses; elles me tiendront lieu alternativement de plume.

Je m'appelle Alexanor, et de mon nom grec *papilio polydamas* (qui surpasse tous les autres). Ma famille est celle des papillonides, remarquable par la richesse de ses ailes et de son envergure. *Je me suis laissé dire* que je n'étais pas sans grâce et sans beauté, et plus d'un amateur de la gent lépidoptère a fait cas de mes magnifiques ailes couleur d'or avec de larges bandes de velours noir, et de ces larges taches d'azur si gracieusement placées au bas de mes secondes ailes, et limitées par un point rouge et brillant comme un rubis.

Puisque j'écris l'histoire de ma vie, je dois être sincère et confesser tous mes moindres défauts... Eh bien ! j'avais celui de la curiosité.

Affreux travers, je vous assure, source de tous les autres vices, source de bien des malheurs, comme vous le verrez.

Mais je commence le récit de mes tribulations.

A peine éclos, je pris ma volée par la fenêtre. D'abord, les roses, les lis, les œillets, les tubéreuses aux suaves parfums eurent mes premières visites. Puis la curiosité m'emportant, je m'approchai de la fenêtre d'une riche habitation où je voyais beaucoup de mouvement. Il y avait là une jeune fille de douze à quatorze ans, et son père, tous deux en habits de voyage et prêts à monter dans une chaise de poste qui les attendait au perron.

Dans les adieux qu'ils firent, j'entendis qu'ils allaient aux eaux de Bagnères-de-Bigorre, dans les Pyrénées.

— Mon pays ! m'écriai-je mentalement.

Puis je m'approchai étourdiment de la jeune fille ; mais crac... me voilà coiffé d'un filet à papillons, entortillé, presque étouffé, et bientôt tiré de là par un maudit petit garçon qui, me saisissant entre ses deux doigts, me porta à un moineau franc qui piaulait à quelques pas de là dans une cage.

C'en était fait de moi, si la jeune fille —elle s'appelait Émilie de Limbourg — ne se fût précipitée vers mon petit bourreau et ne m'eût repris d'entre ses doigts.

— Un si beau papillon, s'écria-t-elle, pour un si vilain oiseau ! oh ! ce serait un crime.

» Je fus sauvé; Émilie me posa délicatement sur un rosier, puis, comme tous les bons cœurs, elle ne pensa plus au bien qu'elle avait fait et suivit son père qui montait en voiture.

» Je regardais tristement cette aimable enfant toute prête à s'en aller, quand tout à coup une idée me traversa le cerveau.

— Elle va aux Pyrénées! dis-je, c'est là que sont mes pareils, mes frères, c'est de là qu'une main indiscrète et avare m'a apporté ici..... si j'y retournais!..... Si je profitais de cette magnifique occasion de faire deux cents lieues sans me fatiguer, et surtout voyageant avec ma petite bienfaitrice.

» Aussitôt arrêté, aussitôt exécuté; je partis à tire d'aile de mon rosier, et j'allai me poser sur le chapeau du cocher..... tout juste comme la mouche du coche (vous voyez que je connais aussi un peu mon Lafontaine). Les chevaux nous emportèrent comme le vent. J'étais si heureux de penser que j'allais revoir mes dieux pénates!

La journée, cependant, fut bientôt terminée. La nuit vint, et avec elle une petite brume humide qui m'obligea de quitter bien vite le chapeau de mon cocher. Je me réfugiai alors sans façon dans l'intérieur de la voiture. Le père et la fille dormaient comme des bienheureux.

Je me posai le plus doucement que je pus sur une des mains d'Émilie, et bien m'en prit, en vérité; car bientôt un gros bupestre noir et hideux grimpa le long de son bras et allait toucher son cou si rose et si blanc, quand, transporté d'indignation, je m'élançai sur la méchante bête, et à grands coups d'aile, je lui brisai ses longues antennes.

Le bupestre vit qu'il ne faisait pas bon là, il ouvrit ses grandes ailes et s'envola par la portière.

Après lui vint une chenille, c'était la chenille d'une *noctuelle promissa*, papillon d'un beau jaune de chrôme ombré de nervure bistre et piquetée de blanc. J'allai lui dire deux mots à l'oreille; elle eut l'obligeance de quitter aussitôt Émilie; mais l'indiscrète, malgré l'exquise politesse dont j'avais usé avec elle, eut l'indélicatesse de passer de la fille au père, et de labourer, de ses douze pattes velues, le nez tout entier de ce monsieur.

Je blâmai fort cette irrévérence et me promis une autre fois de parler plus ferme aux noctuelles promissa.

On arriva le matin à un hôtel où M. et Mlle de Limbourg descendirent pour déjeuner.

Émilie demanda du lait et recommanda que ce soit surtout de ce bon lait chaud, sortant du pis de la vache, comme on n'en boit qu'à la campagne.

L'hôtesse promit sur son honneur qu'elle n'en donnerait pas d'autre, et partit avec sa boîte au lait.

Je la suivis pour surveiller un peu l'affaire.

Ce que j'avais supposé arriva; l'infidèle aubergiste mit un bon cinquième d'eau dans le lait, puis l'apporta dans la salle à manger.

Comment faire pour que ma petite protégée ne boive pas cet indigne mélange?..... Heureusement que j'ai l'imaginative assez féconde; je courus à tire d'aile chercher sur la litière des vaches un petit fétu de paille... un peu avancée, et je le jetai dans le lait.

— Oh! qu'y a-t-il donc dans mon lait? s'écria la jeune fille.

— Rien, dit le père, un fétu de paille.

— C'est égal, dit Émilie. Je suis un peu difficile, tu le sais bien, petit père, pour tout ce qui se boit ou se mange, et je vais moi-même à l'étable me faire servir une autre tasse de lait.

— Voyez un peu la petite dégoûtée! fit M. Limbourg, pour une niaiserie pareille, ne pas prendre ce lait? Eh bien! moi, je le boirai, ajouta-t-il.

Et d'un trait il avala le contenu de la tasse, moins le brin de litière, cependant, et trouva le lait délicieux, pur et parfait.

Emilie eut une bonne tasse toute chaude qu'on ne put, elle présente, lui falsifier. Quant à moi, je fus enchanté de ma ruse et de son résultat.

Nous remontâmes en voiture. Mes deux compagnons de voyage admirèrent la campagne, qui, en effet, était admirable. De mon côté, je ne restai pas inactif; je voulus aussi voir du pays, et je voltigeais tantôt en avant, tantôt en arrière de la chaise de poste, allant serrer la patte à mes confrères les papillons que je rencontrais, leur donnant des nouvelles de Paris, et prenant leurs commissions pour la ville prochaine.

Ainsi, je fis mes compliments d'amitié au *bombyx carpini*, ce papillon si bizarrement bigarré de brun et de zones lie-de-vin, avec une large prunelle irisée, posée au milieu d'un bel ovale gris-de-lin. Je saluai en passant le *bombyx petit-paon*, cadet de famille, simple et modeste sous son vêtement mélangé de gris, de teintes vineuses, découpé en festons, et égayé seulement par deux yeux gros-bleu, bordés de jaune sur les quatre ailes. Certes, ce cher bombyx petit-paon n'a pas l'ampleur, l'envergure, l'importance de son frère aîné le *Grand-paon;* mais je dois convenir qu'il est fort bien de sa personne.

C'est ainsi que notre voyage s'accomplissait au milieu des distractions et des plaisirs de tout genre.

Emilie avait fini par me remarquer, et semblait prendre plaisir à me voir voltiger à la portière. Elle reconnut même que j'étais ce pauvre condamné à mort qu'on avait porté au moineau franc; car j'avais eu un coin d'aile arraché dans cette échauffourée, et cet accroc dans mon vêtement doré ne lui avait pas échappé.

Nous poussâmes ainsi jusqu'aux Pyrénées, chacun abrégeant le temps à sa manière : M. de Limbourg en dormant et en mangeant, puis en mangeant et en dormant; Émilie en chantonnant quelques rondes enfantines et dessinant à vol d'oiseau un croquis par ci par là, et moi en veillant sur tout ce monde-là.

Enfin, voici les Pyrénées, mon beau pays, mes hautes montagnes, mes rampes escarpées le long des précipices; voici mes Pyrénées, avec leur base brûlée du soleil, leur sommet blanc de neiges éternelles.

Oh! si vous voyiez le *mont Perdu*, ce géant des montagnes, dont la tête se perd au-dessus des nuages à plus de 3,000 mètres de hauteur; puis, ses rivaux qui l'entourent : le *Cylindre de Marboré*, le *Pic du Midi* et le *mont Maudit*, qui a ses pieds en France et sa tête en Espagne!

Nous admirâmes et passâmes. Bagnères, avec sa population cosmopolite, aristocratique et ses eaux salutaires, nous attendait. Nous logeâmes à l'Élysée Asaïs;—quand je dis : nous logeâmes, mes lecteurs entendront bien que mes deux amis avaient chacun un bon lit, et moi une rose, un lis ou un bouquet de violettes, que ma bonne petite Émilie avait toujours grand soin de me tenir tout frais.

Au bout d'une huitaine, quand on eut bien admiré la ville et les environs, on commença à désirer voir un peu plus loin. Les vœux de la petite Émilie étaient des lois pour son père; et aussitôt une partie fut organisée pour aller explorer la délicieuse vallée de Campan. Émilie voulait voir, au pied du mont Lhoyris, cette grotte si magnifiquement décorée de pendentifs cristallins, de stalactites d'albâtre, qui, à la lueur d'une torche, font étinceler ce palais des fées de mille lueurs diamantées. Elle était curieuse d'aller jeter une pierre dans ce puits sans fond, nommé le puits d'Arris, qui reçoit le projectile et n'en renvoie pas même le bruit.

On visita tout cela; puis, de proche en proche, on voulut voir autre chose. Le val d'Arreau était tout voisin. Il fut convenu qu'on s'y rendrait.

Cette course devait être pour le lendemain. Cependant M. de Limbourg s'étant trouvé légèrement indisposé, — je vous dirais bien, si je ne craignais que vous ne le redissiez, que c'était par suite d'une toute petite indigestion, — la partie fut donc ajournée jusqu'à son rétablissement.

Cependant, le père d'Émilie, qui ne gardait la chambre que par précaution, souffrait de voir sa fille rester inactive au milieu de tant de beautés qu'ils avaient à voir. Il lui conseilla alors de faire quelques petites excursions sur les pentes de la chaîne de collines qui enceignent la vallée. L'enfant y consentit, en faisant chaque matin une promenade dans ces beaux lieux, sous la surveillance de Pierre, leur valet de chambre, qui les avait suivis. Je ne quittais pas ma petite maîtresse, et comme je connaissais les lieux (je suis né dans la vallée même d'Arreau), je la précédais dans les sites les plus pittoresques, les plus agréables. L'intelligente jeune fille me comprenait, et me suivait, moissonnant des fleurs tout le long de son chemin, et, par pure bonté d'âme et de déférence pour moi, ne touchait à aucun des papillons qui voltigeaient follement autour de nous.

Un matin qu'Émilie, contrairement à ses habitudes, s'était

dérangée du chemin que je lui indiquais en la précédant, il nous arriva une terrible aventure..

Je vais vous la raconter.

Le sentier que suivait la fille de M. de Limbourg ne m'était pas connu, et, de plus, me paraissait suspect; c'était un simple pressentiment, croyez-le bien, car les papillons n'ont pas le don de prévision comme les sages de l'espèce à deux pieds sans plume.

Je pris donc les devants, et m'enfonçai dans un escarpement sombre, rocailleux, louche, et véritablement de mauvais augure.

Cependant, rien de sinistre n'apparaissait encore. Je crus un instant m'être épouvanté à tort, et me mis à babiller avec quelques vieux amis que je reconnus dans leur trou, attendant la nuit; car c'étaient des papillons crépusculaires.

C'était d'abord la gentille *fidona plumistaria,* aux ailes toutes chamarrées de jaune, de blanc, de ponctures noires, en forme de dessins cabalistiques se dessinant sur un fond gros-brun.

C'était la pâle *noctua plébéja* avec ses ailes à teinte d'agate, avec de gracieuses arborisations couleur gorge de pigeon, accentuées de petits crochets noirs.

C'était encore la *gonoptera libatrix* dont les ailes échancrées ont un si étrange aspect et se partagent en deux parties bien distinctes, l'une chaudement colorée de bistre et or très-harmonieusement fondus, l'autre d'un ton uni, mi partie brun-vineux, mi-partie brun-foncé.

Enfin c'était la toute petite *tynea-conchella,* lépidoptère lilliputien aux ailes tachetées comme la peau d'un léopard quand..... quand un affreux grognement se fit entendre à quelques pas de moi.

Je fis un soubresaut de cinq mètres.

J'avais un ours devant moi !... Un ours qui, descendant lentement une rampe de la montagne, allait se trouver bientôt face à face avec ma gentille petite Émilie ! Horreur ! !..

Il fallait sauver l'enfant à tout prix ; mais comment faire ? Voyez-vous un papillon se battant avec un ours !

Cependant les moments sont précieux ; l'ours et l'enfant marchent toujours et se rapprochent ; ils vont être en présence !

Que faire ? J'étais au désespoir, j'étais dans un état voisin de la folie ; cependant je ne perdais pas encore la tête et cherchais toujours, quand j'avisai dans un tronc d'arbre une grappe vivante, remuante, bourdonnante ; c'étaient des frelons qui émigraient. Une inspiration vient aussitôt illuminer ma petite tête de papillon ; je vole à eux, je leur conte l'affaire, je les stimule, je leur rappelle que l'ours est l'ennemi né de toute la gent qui fabrique le miel, je leur dis encore que mademoiselle de Limbourg n'a jamais fait de mal à aucun insecte, qu'elle ne toucherait pas à une mouche. — On sait que tout cela était vrai.

Mon éloquence persuade bientôt et entraîne les masses ; je me mets à la tête de l'escadron volant et nous fondons sur la grosse et vilaine bête qui venait de prendre le petit trot, sans doute parce qu'elle sentait la chair fraîche.

En un instant, mon ours n'était plus un ours ; c'était un démon. Assailli brusquement par quatre ou cinq cents mouches à la fois, il se roulait, se débattait, hurlait, écumait et ne songeait, ma foi, plus guère à déjeuner d'une jeune fille.

Je ne m'arrêtai pas à voir la fin de ce frénétique accès, je remerciai mes bons amis les frelons et volai à tire d'aile vers ma protégée ; mais l'alarme avait été donnée par les hurlements du furibond, et j'aperçus Émilie arpentant la plaine, comme une biche aux abois. Son domestique pouvait la suivre à peine.

La jeune fille arriva à l'hôtel haletante, suffoquée, demi-morte de fatigue et de peur. Elle se mit au lit bien vite, autant pour se reposer que pour rasseoir ses esprits bouleversés.

M. de Limbourg n'était pas à la maison en ce moment, son médecin lui trouvant les forces revenues, et la santé sensiblement améliorée, lui avait conseillé d'aller prendre un bain dans un joli petit ruisseau limpide et frais qui coulait à deux cents pas de l'habitation.

Le père d'Émilie était donc parti pour ce bain et avait choisi, pour être à son aise, un endroit écarté, ombreux et caché sous des saules pleureurs, au confluent de ce ruisseau qui faisait là sa jonction avec un autre bras qui glissait comme un ruban moiré sous les herbes de la prairie.

Mais M. de Limbourg était affligé d'un terrible inconvénient. Il était d'une rotondité, d'une pesanteur phénoménales ; aussi une fois dans le simple appareil d'un baigneur, il se laissa glisser tout doucement, tout doucement sur le vert gazon qui formait la berge du ruisseau..... Tout allait bien jusque-là ; mais plus il approchait de l'eau, plus le gazon était humide et glissant..... et ma foi, crac ! le gros homme coula à fond, comme une masse de plomb.

Heureusement le ruisseau était très-peu profond et le lit en était formé de sable fin et mouvant. M. de Limbourg échoué ainsi par cette perfide glissade s'ensabla si bien et s'empêtra si malencontreusement les jambes dans les nénufars et les plantes d'eau qui tapissaient le fond, qu'il se trouva moulé et scellé dans l'énorme trou qu'avait fait la partie inférieure de son corps. Là, il se trouva tout naturellement sans force et sans moyen d'action pour se tirer d'affaire, n'ayant cependant, par un bonheur providentiel, de l'eau que jusqu'aux épaules.

Il n'y avait pas danger de mort; mais il y avait pour lui grand risque de rester longtemps là, si l'on ne venait l'en retirer.

Voilà où en étaient les choses, quand Émilie, reposée de corps et d'esprit, se réveilla.

Sa première pensée fut pour son père. Elle l'appela; personne ne répondit. Elle sauta en bas de son lit de repos et s'informa avec grande inquiétude dans la maison de ce qu'était devenu son père. On la rassura un peu, en lui disant qu'il allait beaucoup mieux et qu'il était allé se baigner. Elle attendit.

Cependant deux grandes heures s'écoulèrent encore, et le cher papa ne revenait pas. Émilie commença à se tourmenter, et bientôt n'y tenant plus, elle sortit pour battre la plaine.

Je n'étais pas non plus sans inquiétude, et je partis à tire d'aile par la fenêtre.

J'eus bientôt aperçu mon gros personnage échoué, tel qu'une barque sans fond, et se démenant comme un possédé dans le nid qu'il s'était fait.

Ce n'est pas moi, certes, qui aurais été capable de le soulever de là. Un fétu de paille m'aurait fatigué; et qu'était donc mon gros homme auprès d'un fétu?

Il fallut encore avoir recours à mon imaginative. J'explorai les environs..... Personne. Je volai plus loin, je tournai, je cherchai. Enfin j'aperçus un garçon meunier qui dormait comme un bienheureux près de son âne, qui employait mieux son temps en broutant l'herbe d'autrui.

Il fallait au plus tôt réveiller cet homme, ce qui ne fut pas du tout difficile, car je travaillai si bien des pattes en lui grattant les paupières et le bout du nez que, tout d'un coup, je vis mon dormeur se remuer, ouvrir à demi un œil, et m'allonger une vigoureuse tape qui, grâce à ma promptitude et à ma légèreté, tomba en plein sur sa joue. Un épais nuage de farine s'éleva aussitôt et faillit m'asphyxier ; mais j'attendis hors de portée que le tourbillon fût apaisé, et je recommençai mon manége. Nouvelle tape, nouvelle taquinerie ; enfin les choses allèrent si bien à mon gré, que le garçon meunier jurant, gesticulant, et exaspéré de plus en plus, se leva et courut après moi pour m'exterminer.

Mais il avait affaire à forte partie, croyez-le. Sa colère entrait, du reste, trop bien dans mes vues, pour que je ne fisse pas tout pour qu'elle allât *crescendo*.

— Je t'aurai mort ou vif, s'écria-t-il enfin, en saisissant des cordes qui étaient entortillées au bât de son âne.

— Bon ! me dis-je, ce sont précisément des cordes qu'il me faut.

Et après cette mentale réflexion, j'allai me jeter tête baissée sur l'œil droit de mon homme.

Il fit un juron à épouvanter toutes les oréades des montagnes, toutes les hamadryades des bois. Il y gagna que ce fut l'œil gauche qui eut son tour. Puis je filai dans la direction de mon baigneur embourbé. — A moi, Martin, s'écria l'irascible garçon meunier à son âne. C'est par trop fort ! courons sus à l'effronté coquin qui nous brave. Nous aurons sa vie ou il aura la nôtre.

Voyez-vous encore un garçon meunier et un papillon luttant ensemble dans un combat à mort ?

Il enfourcha donc son âne et le mit au triple galop après moi.

— Un âne!... me dis-je de nouveau; c'est précisément ce que je voulais encore.

Enfin nous arrivâmes près de M. de Limbourg, qui commençait à trouver son bain infiniment trop prolongé.

Le meunier qui, au demeurant, était un bon garçon, voyant un homme dans un si piteux cas, oublia bientôt le papillon et sa rancune, et courut au père d'Émilie.

Mais comment soulever une masse pareille? Un hercule du nord n'y aurait pas suffi. On chercha donc les moyens les plus convenables pour opérer ce sauvetage. Enfin d'expédients en expédients on s'arrêta à celui-ci : des cordes furent passées sous les jambes et sous les bras du patient, et l'âne et le fouet aidant, M. de Limbourg fut tiré heureusement, et victorieusement remorqué hors de son trou.

Il se hâta bien vite de se rhabiller et récompensa généreusement son sauveur, sans oublier d'ajouter à son honnête rétribution de quoi payer un bon picotin d'avoine à maître Martin..... qui l'avait bien gagné.

Émilie arriva quelques instants après, et l'on jugera facilement de sa joie, sachant qu'elle retrouva sain et sauf son bon père, qui toutefois ne lui conta que la moitié de l'affaire.

Là s'arrêtèrent mes exploits. Je n'étais, du reste, plus trop en état d'en faire beaucoup d'autres. J'étais né au mois de juin et nous étions fin de juillet. Je me faisais vieux et j'aspirais au repos.

Du reste, M. de Limbourg ne tarda pas à parler de retour.

Quelques jours après cette aventure, en effet, on se remit en route pour Paris. Je pris mes invalides dans le calice d'une rose que ma bonne petite Émilie voulut porter à sa ceinture, et qu'elle changeait chaque jour pour que mon lit fût toujours frais et odorant..... et nous rentrâmes dans nos foyers.

A l'instar des animaux qui se respectent et qui tiennent à mourir dignement dans la solitude et face à face avec eux-mêmes, le lendemain de mon arrivée ici, j'effleurai en un tendre et dernier baiser la joue de ma chère et bonne petite maîtresse, et.....

Ici les caractères devenaient illisibles, on voyait qu'ils étaient tracés par une patte faible et mourante..... et à côté de la dernière lettre gisait le corps du pauvre et bon Alexanor.

Continuons notre promenade ; le Grand-Paon nous a tenus un peu longtemps, ce me semble, à la même place. Voici à deux pas un cadre tout fourmillant de jolis papillons du midi. Ce sont de petits marins tout saturés encore des brumes de la Méditerranée, et que je puis appeler mes *chers* papillons ; car je n'ai pas manqué de tribulations pour les avoir et pour les conserver.

Le hasard, ou plutôt mon goût pour les explorations lointaines, m'avait conduit à Port-Vendre, jolie petite ville au pied des Pyrénées orientales et sur la Méditerranée. Là, on trouve encore les mœurs d'Espagne, le bolero, le fandango, les castagnettes et la guitare..... et surtout beaucoup de papillons.

Je me dépêchai de me munir de tous les engins nécessaires et de courir sus à la gent lépidoptérienne, et chaque matin je me rendais sur le versant des Pyrénées qui touche à la mer.

Mes premières conquêtes furent d'abord un beau *satyre Evias*, papillon diurne aux formes gracieuses et élancées, ayant pour fond local une riche couleur brun-noir coupée par une large bande (qui tient au moins un tiers de l'aile, et de la plus belle teinte d'or glacé de violâtre. En haut de cette bande éclatante sont deux yeux lapis-lazuli cerclés de velours noirs. Puis sur les ailes inférieures, ces yeux sont répétés au nombre de cinq sur des teintes un peu plus ternes.

Puis je m'emparai du petit *satyre Pamphile*. Savez-vous ce qu'était son homonyme? Rien moins qu'une des filles d'Apollon! et que messieurs les Lyonnais me permettent donc de leur dire qu'ils sont tous des ingrats; car sur les armes de la Province, au frontispice de leurs portes de ville, ils auraient dû sculpter un *Satyre-Pamphile* dans une couronne civique de feuilles de chêne.

Pamphyla était, qu'ils le sachent donc bien, l'habile ouvrière qui a inventé l'art de tisser les étoffes de soie.

On n'a qu'à la regarder, du reste, et l'on verra aux teintes douces et soyeuses de sa robe jaune-pâle, aux reflets miroitants qu'elle projette, que c'est bien une brodeuse de soie qu'on a sous les yeux.

Un soir que j'étais mécontent de ma chasse, les papillons n'ayant pas donné, je suivais un petit bois de cyprès, cherchant, de guerre lasse, quelque modeste crépusculaire qui ne me fît pas rentrer au logis les mains nettes, quand quelque chose vint se heurter en plein sur mon nez, et au même instant un chant gutturale et étrange se fit entendre à travers les cyprès.

De mon naturel, je ne m'émotionne pas très-facilement; une chiquenaude sur le nez, et un homme qui chante dans les broussailles, cela n'est pas très-effrayant.

Je courus au plus pressé et je mis la main sur l'effronté papillon qui m'avait manqué de respect; c'était un magnifique crépusculaire, le *sphinx nicœa*. C'eût été vraiment fâcheux de laisser échapper une si belle proie.

Voyez-le dans l'angle de ce mur, comme ses ailes allongées en pointe sont savamment peintes d'un brun-verdâtre qui se fond doucement et prend dans sa demi-teinte un reflet doré qui s'interrompt brusquement pour reprendre le ton sévère et revenir insensiblement au jaune-d'or.

Le corps de ce papillon, qui est démésurément gros, a tout à fait l'aspect du dos d'un juge de la cour de cassation ; car il a deux hermines soyeuses blanches coupées de bandes noires qui lui descendent à partir de la naissance des ailes jusqu'au bas du corps.

Ma trouvaille était vraiment précieuse ; aussi je me hâtai de la ficher à mon chapeau, et je m'occupai ensuite du chanteur qui fredonnait toujours sans se laisser voir.

Cette voix, espèce de bourdonnement bizarre, était rauque, monotone, sans harmonie et fortement accentuée selon le rhythme provençal.

Voici du reste ce que l'homme invisible chantait :

Quand le bonhomme va-t-au marché,
Quand le bonhomme va-t-au marché.
C'est pour une poule acheter.
C'est pour une poule acheter.
   Eh ! cocodai, bonhomme.
Tu n'es pas maitr' dans ta maison
Quand nous y sommes.

C'était un marin ; il n'y avait pas à s'y tromper ; car cette chanson court sur tous les navires de France et de Navarre.

Il y eut douze couplets sur le même son et dans le même esprit. Je fais grâce au lecteur des onze autres.

Enfin le chanteur parut. J'étais resté là alléché par la capture de mon beau *satyre nicæa*, espérant en attraper un autre.

Je vis alors un gros homme court, rougeot, la face rebondie et joyeuse. Son petit chapeau ciré, sa chemise à collet bleu, bordé de blanc, et sa grosse veste avec des boutons de métal disaient assez que c'était un marin.

Il vint à moi, sans façon, me prit la main qu'il serra à la disloquer.

— Touchez là, me dit-il, vous êtes un aimable homme ; vous avez eu la chose de rester amarré là comme un brick en panne pour m'écouter chanter. C'est bien, je suis content de vous.

Je n'osai pas le détromper, en lui disant que c'était franchement pour des satyres-nicæa plutôt que pour lui que j'étais resté en place, mais je craignais de trop le froisser dans son amour-propre de chanteur.

— C'est que voyez-vous, continua le gros sans-souci en me suivant et réglant son pas sur le mien, tous ces failli-chiens de la felouque font des huées à démâter le bâtiment, chaque fois qu'ils m'entendent chanter après mon quart de tribord. Ils disent que c'est moi qui fais venir le mauvais temps. Mais enfin, une fois dans ma vie, j'aurai eu un auditeur attentif, connaisseur... et bon enfant.

— Mais à propos, reprit ma nouvelle connaissance (car il venait de me prendre sans façon sous le bras), n'est-ce pas un papillon que vous avez arrimé là à votre chapeau, comme un drapeau amiral à la corne du petit foc ?

— Un papillon, en effet, dis-je d'un ton un peu sec et tout en cherchant à me dégager de l'étau qui me serrait le bras.

— N'ayez pas peur, me dit-il, en rattrapant mon bras qui se tortillait inutilement sous le sien, appuyez-vous là-dessus ; c'est solide comme les bastingages d'un trois-mâts. Mais à propos, où allez-vous ? En ville, hein ? Bon, je vous accompagne ; nous passerons justement devant l'auberge du *Pélican-Blanc*, nous y entrerons. Je vous ferai goûter là de la *blanquette de Limoux ;* c'est un joli petit vin blanc qui vous réveillerait un mort.

— Mais, mon brave, lui dis-je, en recommençant mes manœuvres stratégiques pour délivrer mon bras captif, je ne demeure pas de ce côté, et je vais vous demander la permission de vous quitter.

— Par exemple ! exclama l'enragé marin, me quitter ! Oh ! que nenni, vous avez trouvé que je chantais bien, et je veux que vous le disiez à tous les camarades. Nous les trouverons tous au *Grand-Pélican-Blanc...* ils n'en sortent pas.

—Je ne bois jamais ni blanquette ni vin quelconque en dehors de mes repas, lui dis-je.

Probablement que mon homme ne comprit pas cette phrase-là, car il continua sur le même ton :

— C'est notre *maître coq* qui va un peu larguer sa langue et ouvrir des yeux comme des écoutilles quand il saura que j'ai trouvé quelqu'un qui convient que je chante agréablement.

— Mais tenez, continua-t-il, puisque vous aimez tant ce petit talent de société que j'ai l'amour-propre de cultiver assez gentiment, je vais vous en chanter une autre ; c'est une chanson nègre que j'ai apprise au Sénégal, où nous étions en croisière l'année dernière.

— Mais je vous assure, mon cher ami, que je n'ai nullement le temps de vous entendre. On m'attend chez moi.

— On vous attend! Et qui donc? Madame votre épouse? Qu'à cela ne tienne, nous irons la prendre. Elle ne refusera pas un pichet de blanquette au *Pélican-Blanc*. Tous les marins y mènent aussi leurs épouses.

— Mais, par sainte Barbe! m'écriai-je, en mettant ma voix à l'unisson de cet entêté de marin, je vous dis que c'est impossible.

Pour toute réponse, il entonna son couplet nègre.

> Sabati. Jadi, nou-nann,
> Demba, Dali. souma rak
> Nou-nann.
> A ya, a ya,
> Nou-nann [1].

Oh! cette fois c'était plus fort que jamais. Des chats qui miaulent, des chiens qui hurlent, des bœufs qui beuglent, tout cela réuni ensemble aurait fait un concert moins discordant que l'affreuse musique que j'entendais.

Et j'allais être obligé d'affirmer devant une nombreuse assemblée que le petit talent de société de cet homme était de mon goût!...

[1] Traduction : — Sabati. Jadi, buvons;
Demba. Dali. mes amis.
Buvons.
Oh! la la, la la
Buvons.
(Chant yoloff.)

— Non, de par tous les diables ! m'écriai-je, furieux, exaspéré, et en arrachant mon malheureux bras meurtri du piége où il était si rudement tenu.

Puis, prenant mes jambes à mon cou, je me sauvai comme un voleur.

Le lendemain, je demandais un passage sur un bâtiment côtier qui partait pour Marseille, et, dans la crainte de rencontrer encore mon buveur de blanquette de Limoux, je m'élançai à bord.

La première personne contre laquelle j'allai me heurter en sautant sur le pont..... c'était mon chanteur !

— Je suis perdu ! m'écriai-je ; cette fois-ci je n'échapperai pas à la *blanquette de Limoux ;* mais je réfléchis bien vite que le *Pélican-Blanc* n'avait probablement pas de succursale à bord, et je me remis un peu de ma peur.

— Eh ! le voilà, ce cher ami, s'écria d'une voix à faire déráper le navire de dessus ses ancres mon bruyant marin. Oh ! eh ! les autres, venez tous entendre comme quoi je chante comme feu M. Apollon, le maître d'orchestre de l'Olympe.

Aussitôt sortit des écoutilles, de l'entrepont, de la cale et de tous les trous possibles, une nuée de matelots et de novices qui vinrent m'entourer, en riant de tout leur cœur.

— Monsieur, continua mon impitoyable chanteur, a eu pourtant la chose de rester trois quarts d'heure en suspens, la bouche ouverte et un pied en l'air, pour m'écouter dire la fameuse chanson : « Eh ! cocodai, bonhomme ! » Et il revient, j'en suis sûr, pour entendre les vingt-trois derniers couplets de ma chanson nègre.

— Eh ! non, mille fois non. dis-je. Je ne prends passage sur votre bâtiment que pour explorer d'ici à Marseille les côtes de la Méditerranée que je sais riche en beaux papillons.

— Des pa.....pillons!!!... exclamèrent toutes les bouches en s'ouvrant démesurément; mais, cher Monsieur, vous serez le sauveur de l'équipage, si, seulement, sans sortir de cette méchante felouque [1] vous voulez nous débarrasser de toutes les teignes qui *périssent nos z'hardes.*

Des teignes! me dis-je tout bas; mais parmi cette estimable famille, il y a la *tinea granella* (teigne des grains), gentille petite personne dont l'adresse pour se loger et se vêtir est si admirable qu'on serait tenté de l'aimer..... si on ne la détestait pas; car la petite vilaine, quoique tout douillettement enveloppée dans un sarreau fait d'écorce de grains de blé et de fils fins et soyeux qui la font ressembler à un petit poupon dans son berceau, quoique douée, dis-je, d'une bonne petite figure, c'est une ravageuse impitoyable de froment.

Un matelot, c'était un gabier de bâbord, magnifique de corpulence et haut en couleur, vint m'offrir, avec toutes sortes de gracieusetés, un assortiment des plus complets de *tinea sarcitella* (teignes du drap) qu'il venait de récolter sur ses habits, qui, dit-il, se mangeaient aux vers; la *sarcitella* est encore une petite rongeuse de première force avec ses petites ailes gris-perle et son petit nez pointu. La *pellionella*, sa cousine germaine, qui travaille dans les fourrures, est aussi fort bien de sa personne sous son manteau argenté. Puis viennent la *tinea crinella*, ouvrière ravaudeuse en crins, la *tinella* trapézoïde, qui fourrage

____

[1] Lougre. — Petit bâtiment long et en usage sur les côtes de la Méditerranée, pour les transports d'un port à l'autre.

un peu partout. Je collectionnai avec ardeur tout ce petit monde et m'en composai un cadre lilliputien qui ne laisse pas que d'avoir sa valeur. Et tous ces gros gaillards qui me regardaient faire avec étonnement, disaient avec leur gros rire moqueur :

— Est-il drôle, ce Monsieur-là ! Avec toutes ces vilaines bêtes qu'il pique et qu'il brosse si soigneusement, est-ce qu'il a envie d'en faire une fricassée ?

Mon ami, le chanteur, qui se nommait à bord le *Beau gabier*, et de son vrai nom Carcadec, me resta fidèle et fit entendre qu'on eût à respecter un homme à qui il devait enfin cette réputation, après laquelle il courait depuis si longtemps, d'être un digne émule d'Apollon.

— Laissez faire, me dit-il, on vous en fournira des papillons. On sait où ça perche, et l'on n'est pas manchot.

La felouque avait pour mission de longer les côtes de la Méditerranée, au lieu de suivre le droit chemin de Porte-Vendres à Marseille (traversée qu'un bateau à vapeur fait en douze heures au plus). Elle devait toucher terre à Rivesaltes, à Salces dans l'étang maritime de Leucate, pour y prendre un chargement de vin muscat, puis à Cette pour de l'huile et de la graine de vers à soie.

On leva l'ancre enfin, et nous partîmes.

Les premières heures de notre navigation furent tranquilles et monotones d'une manière désespérante. J'aurais voulu, pour la première fois que j'allais sur mer, voir au moins ce que c'était qu'une houle un peu mutine, une brise carabinée, un grain, comme disent les marins, mais rien ne venait. J'en parlai à mon gros Carcadec.

— Dame, me dit-il, ça vient quelquefois ; mais faut un

peu y aider; ainsi j'ai vu, dans une acalmie de plusieurs jours, le vent arriver au commandement de l'équipage.

— Comment! dis-je, le vent obéit au commandement?

— Mais certes, mon cher Monsieur, et si les camarades voulaient y mettre un peu de bonne volonté, ils n'auraient qu'à siffler tous ensemble, et vous verriez. Mais faut pas.... ça donne de la besogne; ça casse les *cacatois*, et puis ça vous fait aller à Pékin, quad on veut aller à Rome.

Je laissai babiller mon trop crédule marin et m'amusai à examiner les côtes dont nous nous approchions quelquefois à moins d'une demi-lieue.

Nous arrivâmes en quelques heures à Rivesaltes. Il ne restait plus qu'à franchir le barre de l'étang de Leucate, dans lequel la felouque était déjà à demi engagée, quand tout à coup je sentis le vent fraîchir autour de moi, et de plus une forte embardée que fit le bâtiment sans que je m'y attendisse, — car je n'ai pas le pied marin, croyez-le, — me fit asseoir forcément sur un monceau de cordages.

Carcadec, qui était accouru pour me retenir, me dit en étouffant un petit rire narquois.

— Hein! bourgeois, vous avez *cabané* un peu rudement, mais fallait pas vous *affaler* comme cela sur des cordages fraîchement goudronnés, *ça périt les z'hardes.*

— Qu'est-ce donc que ce vent qui vient si brutalement nous souffler au nez, dis-je en me relevant avec une certaine difficulté, j'en conviens. Pendant ce temps-là, Carcadec avait étudié le ciel, et je le vis froncer le sourcil plusieurs fois.

—Eh bien? lui dis-je.

Mais pour toute réponse, l'intrépide chanteur se mit à siffloter ce distique sur un air quelconque.

« Sud-Ouest du soir ou Nord-Ouest du matin
» Matelot, prends ton tourmentin » (manteau).

— Ah! enfin, fis-je, nous aurons donc une toute petite tempête.

— Possible, bourgeois; voilà un ciel bien *pourri (nuageux)*, de *bel azur* (serein) qu'il était. Gare qu'il vienne *au ciel d'enfer* (rouge et tempétueux) maintenant.

Pendant que le mouvement se faisait tout autour de moi, qu'on mettait le navire à sec de voiles, car le vent de mer soulevait déjà une houle toujours inquiétante quand on est près de quelque cap, et qu'enfin on se tenait prêt à toute éventualité, je m'étais assis sur le bastingage, sorte de parapet qui régnait seulement à la proue, et je me laissais balancer au roulis du bâtiment. Tout à coup je vis apparaître à la pointe de ce cap qui ferme à demi, en un assez long circuit, l'étang de Leucate, en face de Salces; je vis, dis-je, une nuée de cette belle et gracieuse famille des *chelonia* ou *écailles* dont les couleurs sont si brillantes, les formes si sveltes, comme vous pouvez le voir dans ce cadre.

— La brise de mer qui fraîchissait de plus en plus venait sans doute de mettre toute la tribu en révolution; car elles tournoyaient autour du cap et jusqu'à la surface des flots comme un nuage multicolore et étincelant.

— Eh! maître Carcadec, dis-je à mon matelot, aurai-je encore le temps de pousser jusqu'à ce cap avant que cela ne se gâte tout à fait là-haut?

— Dame, bourgeois, on vient de disposer tous les apparaux

pour mettre en panne. Voyez, le vent veut nous affaler sur la côte, et nous ne pourrions jamais *ranger le cap à honneur.* Le petit *hunier est brassé à tribord,* l'ancre est jeté, et nous voilà, pour le quart d'heure, le bec dans l'eau jusqu'à ce que ça se décide..... Mais, ajouta-t-il, en s'arrêtant tout court, savez-vous *nager?*

— Comme un poisson, dis-je.

— Vous répondez là, bourgeois — faites excuse de la liberté — comme un vrai marin d'eau douce; *nager,* chez nous, veut dire tricoter des bras et des mains avec une une bonne paire d'a-virons; c'est que, voyez-vous, je suis de *tribord* aujourd'hui, et j'aurais sur les ongles un peu serré, si je n'étais pas à mon poste. Du reste, voilà le canot amarré en bas des *tire-veilles,* et vous pouvez bien.....

Mon gabier de tribord n'avait pas achevé que je m'étais déjà *affalé* — (voyez comme je connais bien le jargon de ces messieurs) dans la légère embarcation, et que je courais sus à mes chélonia-écailles.

La première que j'attrapai au vol fut l'*écaille civique,* charmant petit papillon, dont les ailes café au lait ont de larges taches carmélites symétriquement disposées, et dont les ailes à fond local rose lie de vin, sont parsemées de plaques noires veloutées et bordées inférieurement de jaune pâle.

D'autres plus petites, la *fuligineuse,* la *mendiante,* la *lucti-fera,* la *lubricipeda,* n'eurent pas la complaisance de venir me trouver. Il fallut donc que ce fût moi qui fisse la première politesse. En deux bons coups d'aviron, je fus sous le cap qui surplombait la mer.

Mon filet eut bientôt raison de la *fuligineuse,* petit papillon qui a tout l'air d'un ramoneur à moitié débarbouillé, laissant voir sous une couche de suie quelques parties roses. Vint ensuite l'*écaille-deuil* ou *luctifera*, que j'ai prise, parce qu'un collectionneur ne doit rien négliger ; car elle porte un vêtement plus que modeste : tout est gris-brun chez elle, sauf quelques échappées de teintes jaunâtres qui se trouvent à l'extrémité inférieure des ailes. Enfin, j'englobai dans mon filet une notable quantité de *lubricipèdes*, petite nation leste et preste comme l'éclair, jaunes comme ces petites oies qui viennent au monde, et toutes piquetées de noir.

J'en étais là de ma chasse, qui était tellement fructueuse qu'elle m'absorbait tout entier, quand j'entendis une voix de Stentor crier :

— Oh ! du canot ! aborde ! aborde !

C'était mon matelot qui, se faisant un porte-voix avec ses deux larges mains, m'engageait à remonter à bord.

La felouque était en ce moment fort agitée ; ses deux mâts de *mestre* et de *trinquets* pliaient comme des roseaux. L'ancre de tribord qu'on avait larguée peut-être un peu inconsidérément, faisait *éviter* le navire, et le portait, à chaque abatée, sur les rochers à fleur d'eau dans lesquels il était engagé.

Le capitaine de la felouque, déjà sérieusement inquiet, et redoutant un échouement, fit mouiller une seconde ancre, ce qui maintint un peu le navire ; c'est à ce moment qu'on me héla.

Je compris qu'il était temps de regagner le bâtiment ; je pris donc mes deux avirons en main, mais... oh ! désappointement ! le remous avait tellement poussé mon canot sur le rivage, qu'il était ensablé et cloué là de manière à n'en plus pouvoir bouger.

Et cependant Carcadec s'égosillait à m'appeler ; car déjà une

des ancres venait de déraper, et l'autre menaçait d'en faire autant. De mon côté, je fis tous les signaux possibles pour faire
comprendre qu'il était au-dessus de mes forces de sortir de
l'étau de sable qui me retenait si obstinément fixé sous ce roc
à pic qui surplombait sur ma tête.

— Mais mille bastingages de tribord et bâbord ! s'écriait mon
pauvre matelot, le bourgeois veut donc *avaler sa gaffe* (périr) là-
bas dans sa coquille de noix. Voilà le vent qui a sauté au nordoi,
et nous allons être, avant un quart d'heure, emportés dans la
haute mer comme un cabillau qui échappe à l'hameçon.

Je n'étais pas fort rassuré de mon côté, je vous assure ; la
mer était devenue grosse, le vent soufflait par rafales, et la felouque, mon dernier espoir, était tellement tendue sur son ancre,
que je voyais bien qu'elle allait rompre son câble et s'enfuir.

Pour assombrir le tableau, les nuages *pourris*, comme disent
les matelots pour désigner ces gros nuages bas et gris-plombé
qui sont les précurseurs des violentes averses, ces nuages, dis-je,
crevèrent tout à coup, et des torrents d'eau, tombant en cataractes, voilèrent tellement le ciel et la mer que bientôt je ne pus
plus rien distinguer.

Heureusement que l'énorme rocher sous lequel j'étais abrité
me préservait du déluge. Je m'en félicitais, quand je m'aperçus
que mon canot ensablé, ne pouvant se remettre à flot, commençait à s'emplir et déjà sombrait sous moi.

Voilà, je vous avoue, le plus vilain quart d'heure que j'aie
passé de ma vie; cependant je ne désespérais pas encore tout
à fait de mon salut: car je comptais, à la dernière extrémité,
me jeter à la nage et gagner, en luttant contre les flots, le
revers du rocher qui devait être probablement plus accessible.

J'en étais là de mon projet, quand une grosse masse, lourde comme vingt quintaux, vint à tomber dans mon canot... C'était Carcadec.

Vous vous attendez sans doute à une avalanche de métaphores, d'épithètes, de jurons plus ou moins marinés, n'est-ce pas ? Point du tout. Carcadec était au besoin un homme d'action, et dans ces moments-là il ne savait plus parler... ni chanter surtout.

Sans me dire gare, il me sauta donc sur le corps, m'enleva comme une plume, et me porta, je devrais plutôt dire me jeta dans une embarcation qui longeait la mienne, puis de cette voix que vous lui connaissez : — Oh ! eh ! de la felouque, brasse en double ; amène, amène.

Et à ce commandement notre embarcation, remorquée au moyen d'un câble qui tenait au navire, accosta en un clin d'œil la felouque qui, délivrée de ses deux ancres qui la tenaient captive, filait ses nœuds comme une hirondelle vers le large.

Ce ne fut pas sans peine qu'on nous hissa à bord, car la tourmente faisait danser le navire sur les flots d'une façon désordonnée.

Nous fîmes ainsi dix à douze lieues sans nous arrêter ; la *trinquette* même, petite voile triangulaire, avait été orientée pour fuir devant le vent sans danger.

La bourrasque heureusement tomba tout d'un coup, une acalmie nous rendit notre ciel bleu, et les matelots, avec une insouciance admirable, je dirai sublime, après le danger, remirent gaiement le cap sur Rivesaltes et reprirent en passant ce malheureux petit canot qui m'avait joué un si mauvais tour en s'ensablant.

Et comme s'il était arrivé la chose la plus naturelle du monde, on oublia bien vite ce coup de vent et l'on continua la route sur Marseille.

Plus nous avancions vers le but, plus Carcadec me paraissait soucieux et triste ; le rossignol de la felouque n'avait plus de voix, le beau gabier de tribord ne riait plus.

Qu'avait-il donc Carcadec ? Hélas ! hélas ! il allait pour toujours dire adieu à la mer, à son navire, à ses amis, à sa vie pleine de charme et d'émotions. Carcadec avait fini son temps de service, et rentrait définitivement dans la vie civile.

Voici en trois mots quelle était sa position : son congé de sept ans était fini, sa tante, la marchande de tabac de la grande rue d'Arles, se retirait et lui laissait son fonds, et enfin, de loup de mer qu'il était, Carcadec devenait un *pékin de bourgeois*, comme il le disait dans son langage pittoresque.

— Faire des cornets au lieu de serrer la grande voile ! disait-il, vendre un tas de je ne sais quoi au lieu de donner la chasse aux marsouins et autres écumeurs de mer ! c'est tomber bien bas dans la condition d'homme !

Enfin il me conta son chagrin et ses regrets amers de quitter sa bonne grosse veste ronde et son petit chapeau ciré pour prendre la serpillière et la casquette de loutre.

Je n'ai jamais cru à la métempsycose, et j'étais maintenant plus que jamais éloigné de croire à la transfusion d'un marin en un marchand de tabac. Enfin, je le consolai et l'encourageai de mon mieux, et quand nous arrivâmes à l'embouchure du Rhône, je le vis déjà un peu moins hésitant, un peu moins désespéré. — Ah ! bourgeois, me dit-il, si encore je vous avais pour leur dire là-bas que je ne suis pas tout à fait dépourvu de petits talents de société, car ça n'apprécie pas beaucoup un marin, ces poissons d'eau douce d'Arles, vous, au moins, vous pourriez leur affirmer... — Que vous ne chantez pas mal peut-être? interrompis-je avec vivacité, et tout effrayé de la responsabilité. — Dame! ça me ferait peut-être bien venir... Oh! si vous saviez comme ma petite ville d'Arles est un beau et agréable séjour... pour ceux qui l'aiment; et puis, reprit avec impétuosité le gros sournois, si vous saviez comme il y a de beaux papillons. — Des papillons! fis-je en riant. Cela me décide, je vous accompagne.

Ma promenade dans ces contrées était sans but, et je me dis aussitôt : Autant cette ville-là qu'une autre; autant Arles que Tarascon, Aix ou Marseille.

Le capitaine du lougre, qui aimait beaucoup son gabier, et qui le regrettait énormément, lui fit la galanterie de pousser jusqu'à l'embouchure du Rhône et d'y jeter l'ancre, afin qu'on fît une petite fête d'adieu au bon Carcadec.

Un dîner fut improvisé à bord, la cage à poules et le garde-manger de la *table réservée* fournirent cette fois leur contingent, pour remplacer les gourganes et les fayots quotidiens, et tout cela fut arrosé au dessert de force rasades de rhum et de chansons. Carcadec, encouragé sans doute par ma présence et ma tacite approbation, se surpassa.

Je suis sûr qu'à une lieue à la ronde les tritons et les néréides de la Méditerranée aux flots bleus restèrent bouche béante — *conticuêre omnes* — tant que dura cet étrange concert.

Les adieux furent tendres et touchants, on échangea des poignées de mains à briser les os des mains des amis, et enfin on se sépara.

Arles est une charmante petite ville. — Arles possède dans ses environs, tout plantés d'oliviers, de citronniers, de grenadiers, de magnifiques papillons : c'était tout ce que je voulais de l'endroit.

Ce cadre qui vient après mes chelonia-écailles, en est rempli. Examinons-le un peu.

Voyez cette admirable *noctuelle fimbria* (frangée). La trouvez-vous assez jolie avec ses ailes à fond jaune d'ocre, ornées de charmants dessins bistres fondus avec mollesse, et lustrées d'un glacis carmin qui miroite au soleil. Ses secondes ailes orangées avec deux larges taches noires en demi-lune éblouissent les yeux par leur éclat.

La *noctua janthina* (violette) ne le cède en rien à la fimbria. Du brun violacé sur les ailes, de jolies découpures gris-perle au bord et une frange jaune-pâle, voilà pour les premières ailes, les secondes sont d'un rouge briqueté que fait ressortir un ruban noir chiffonné qui court sur les bords.

Enfin voici les *orbona*. Je demanderai encore — avec tout le respect possible toutefois — au naturaliste qui a donné ce nom étrange à un papillon étourdi et léger, pourquoi il a été l'assimiler à la déesse qu'on invoquait à Rome quand on avait perdu ses parents ou qu'on craignait pour la vie de ses enfants ! Du reste, malgré cela, l'*orbona* est gracieux et joli. Ses ailes supérieures feuille-morte, doucement tigrées de jolies taches ombrées de même teinte, reçoivent comme le reflet orangé des ailes inférieures et plaisent par leur savante harmonie de tons.

Tout autour de ces petits princes aux couleurs éclatantes, j'ai disposé en couronne, comme vous le voyez, une véritable guirlande de gentilles et modestes noctuelles qui semblent leur faire une cour, sinon aussi éclatante, du moins riche d'habillements de bon goût.

C'est d'abord la *noctua ludifica* (la moqueuse) aux ailes gris-jaune-pâle, toutes mouchetées de petites lunules noires. Puis la *noctua Orion* avec les mêmes dessins, mais sur un fond vert-bleu. Ensuite la *noctua Orion* à robe vert-brun tacheté de nuances blanches et toute persemée de singulières taches noires triangulaires et symétriquement disposées, et enfin la *noctua Batis* (de la ronce) à fond olive, ayant sur cette teinte terne des taches blanches rosées au centre desquelles est un œil brun qui fait un fort bel effet. Les ailes de dessous sont gris-jaunâtre rehaussé de brun qui se fond en croissant sur les bords.

Vous concevez maintenant que je ne pouvais me repentir d'avoir suivi mon matelot dans sa ville d'Arles. Je vais donc revenir un peu sur son compte ; car l'amour des papillons me l'a fait, je crois, assez impoliment oublier parmi ses cornets de tabac et les mille petits bibelots qui emplissaient la boutique de la tante.

La veuve Popeline, tante de notre gabier de tribord, reçut son neveu à bras ouverts et l'installa dès le lendemain au comptoir, en l'affublant d'une magnifique serpillière vert-pomme et d'une casquette à côtes de melon, la plus coquette qu'on ait jamais vue dans Arles.

Mademoiselle Angélique, jeune fille qui comptait son dix-septième printemps, fut chargée, comme demoiselle de comptoir, de faire l'éducation commerciale du marin et de lui apprendre comment, en posant brusquement le paquet dans le plateau de la balance, on sollicitait ce plateau à descendre bien plus vite et par là à laisser croire à une pesée avantageuse, ou encore à escamoter prestement le petit poids de 5 grammes quand il s'agissait d'en donner 125 aux gens arriérés qui demandaient encore un quarteron.

Carcadec, avec ses grosses mains maladroites, ou chiffonnait les cornets, ou répandait la marchandise, ou cassait les tuyaux de pipe rien qu'en y touchant, et faisait par là le désespoir de son institutrice... Mais il y avait vraiment bien autre chose qui faisait le désespoir de Mlle Angélique... son futur allait partir, son futur était conscrit !!!.....

La pauvre fille était orpheline depuis son enfance et avait été recueillie et élevée par madame veuve Popeline, bonne femme si l'on veut; mais sévère, raide, positive, et peu sensible aux tourments de cœur, surtout quand ces cœurs avaient dix-sept ans d'une part et vingt-un de l'autre.

Du reste, M. Anatole, le *promis* d'Angélique, ne plaisait pas énormément à Madame Popeline, parce que les dimanches, quand il venait chercher de la pommade au jasmin (la marchande de tabac tenait aussi la parfumerie), il avait des gants jaunes, un binocle et des souliers vernis. Ce luxe offusquait la rigide veuve, qui n'avait jamais vu feu M. Popeline, son mari, qu'en sabots et avec des gants de poils de lapin.

L'expression mélancolique et les larmes de sa demoiselle de boutique ne l'attendrissaient donc guère. — Allez, allez, ma fille, lui disait-elle, vous n'en mourrez pas pour attendre sept petites années, et quand votre M. Anatole aura fait son temps de soldat, il aura peut-être perdu ses habitudes de mirliflor.

— Mais, Madame, répondait la pauvre fille. M. Anatole est professeur de musique, il va donner des leçons dans les meilleures maisons de la ville, et son état exige un peu de toilette.

— Mon mari était bien épicier, Mademoiselle, répliqua aigrement la veuve, et il portait des sabots.

A cet argument écrasant il n'y avait pas de réplique. Aussi Angélique se tut et se contenta de pleurer en murmurant cependant tout bas :

— Je ne pourrai jamais attendre sept ans !

— Eh bien ! dit Madame Popeline, — qui, à ce qu'il paraît, avait en tête certain projet — vous n'attendrez pas, et vous recevrez demain quelqu'un qui ne porte pas de gants jaunes.

— Qui donc ? s'écria la jeune fille effrayée.

— Suffit, dit la marchande de tabac, en lui tournant les talons ; nous causerons de cela plus tard.

Angélique demeura là toute bouleversée, toute inquiète des dernières paroles qu'elle venait d'entendre.

— Qui donc, qui donc est-ce ?... répéta-t-elle plus de vingt fois. En ce moment, M. Anatole entra dans la boutique pour acheter du philocome pour ses blonds cheveux dont les indiscrets zéphyrs dérangeaient sans cesse l'économie.

En deux mots, et tout en le servant, sa promise le mit au fait.

Disons vite que M. Anatole était jaloux comme un tigre. Dans les théâtres de société, c'était toujours lui qui remplissait le mieux les rôles d'Orosmane ou d'Othello.

A l'affreuse idée qu'on pouvait disposer de son Angélique, il serra les poings si fort que tous les doigts de ses gants en craquèrent.

— C'est ce butor, pensa-t-il en voyant l'ex-marin au comptoir.

Puis lançant un terrible regard à Carcadec, qui, accroupi sur la banquette, s'occupait à recoudre un bouton à sa veste, il lui jeta d'une voix étranglée ce peu de mots :

— Je ne vous dis que cela..... à bientôt.

— Il est gentil, ce petit, dit l'ex-marin, quand Anatole fut sorti; c'est dommage, qu'il fait des contorsions qui lui gâtent la figure. Vous le connaissez, Mademoiselle?

— Oui, dit séchement la jeune fille.

— Qu'est-ce que cela a, un blanc-bec comme cela? dix-sept ans?

Pour toute réponse, Angélique haussa les épaules.

— Qu'est-ce que cela fait, à son âge? ça est garçon perruquier peut-être, ou souffleur dans quelque théâtre.

— Non..... Monsieur..... dit, mademoiselle Angélique, en scandant ses mots, tant elle étouffait de colère, monsieur Anatole.... est musicien.

— Tiens, fit Carcadec, avec un gros rire de bonhomie, voilà une idée qui me passe. Dites donc, Mademoiselle chose, voulez-vous garder un instant la satanée boutique, je vais courir après le petit.

Puis, sans attendre la réponse, il s'élança sur les traces d'Anatole, qu'il eut bientôt réjoint.

— Dites donc, monsieur..... machin. Est-ce bien vrai que vous connaissez la musique?

Anatole se retourna, et toisant des pieds à la tête le gros hercule, comme aurait fait un petit coq monté sur ses ergots :

— Monsieur, dit-il, de sa voix la plus aigre, que signifie cette mauvaise plaisanterie?

— C'est que, voyez-vous, petit, continua Carcadec sans remarquer seulement l'expression de colère du jeune homme en gants jaunes ; j'ai là une certaine romance de bord dont l'air aurait besoin d'être rafraîchi ; voudriez-vous que nous chantions ensemble.

Anatole, exaspéré par ces innocentes paroles qu'il considérait, dans son aveuglement, comme une grave injure, devint pâle et tremblant de fureur ; il fouilla dans toutes ses poches pour chercher un poignard ou un pistolet.

Carcadec ne remarqua encore rien de tout cela, et se mit à lui beugler aux oreilles.

> « Eh ! cocodai, bonhomme
> Tu n'es pas maîtr' dans ta maison
> Quand nous y sommes. »

— Hein ! est-ce cela, petit ? suis-je dans l'air ? Il y a bien un bourgeois qui me l'affirmait. Mais depuis on m'a dit que le pauvre cher homme y mettait pas mal de complaisance. Or, depuis que la petite Angélique, — savez-vous qu'elle est joliment bien, cette petite Angélique ? — depuis donc qu'elle m'a dit, de son petit air câlin.....

— Assez, assez, Monsieur, interrompit impétueusement le bouillant Anatole. Je ne vois que trop les horribles intentions qu'on a sur mademoiselle Angélique..... et ce n'est que l'épée à la main.... le poignard, le pistolet, le.....

Le pauvre jeune homme étranglait de colère en prononçant ces furibondes paroles.

Carcadec, qui n'avait toujours rien compris, eut pitié de son état.

— Vous avez un duel, petit ? lui dit-il.

— Oui, un duel, un duel à mort, exclama le professeur de musique.

— Où? quand? avec quoi? demanda Carcadec un peu abasourdi des cris d'aigle que poussait le malheureux musicien.

— A l'épée, sur les bords du Rhône, au pied de l'amphithéâtre romain, demain au lever du soleil, répliqua Anatole.

— Eh bien! mon petit, si vous avez besoin d'un témoin solide, j'y serai, comptez sur moi ; mais tâchez d'être un peu moins rageur ; et vous ne vous en trouverez pas plus mal ; mais je vous quitte, faut pas laisser cette pauvre mademoiselle Angélique toute seule à la boutique.

Carcadec rentra en courant.

— Eh bien! il est gentil, votre petit enragé de musicien, dit-il à la mademoiselle de boutique ; il a déjà un duel.

A cette terrible nouvelle Angélique pâlit, chancela et se trouva mal.

Cependant quand le plus fort de l'émotion fut calmé, elle se rapprocha instinctivement de l'ex-marin. — Une idée venait de surgir dans sa tête, et mettant, pour cette fois tout amour-propre de côté, elle lui prit sa grosse main rude et basanée.

— Monsieur Carcadec, lui dit-elle, je vous demande pardon de vous avoir un peu brusqué quelquefois, d'avoir trouvé vos cornets horriblement mal faits, de vous avoir donné à fumer le tabac passé, pour laisser le frais à la pratique; de vous...

— Ah çà! Mademoiselle Angélique, dit l'ancien gabier, est-ce que je deviens plus stupide qu'un colimaçon à présent? car je veux bien que le *goguelin du bord* [1] m'apparaisse toutes les

____

[1] Sorte d'épouvantail dont les marins effrayent les mousses.

nuits, si je vous comprends ; vous, qui me faites les doux yeux, ainsi que cet autre qui me grinçait des dents au nez tout à l'heure.

— Ah ! monsieur Caracdec, dit la jeune fille, si vous saviez notre position actuelle ! Vous qui avez bon cœur, vous en auriez vraiment pitié.

—Contez-moi donc cela, mam'selle, dit le marin en s'asseyant au comptoir, près d'Angélique.

— Je le veux bien ; mais avant tout il faut me promettre de tout faire pour empêcher monsieur Anatole de se battre.

— Dame ! ça sera difficile ; car je ne m'oppose jamais à ces choses-là ; mais enfin, comme il m'a pris pour témoin, je verrai à arranger cela de manière à ce que les deux parties soient contentes, si toutefois ce petit rageur veut s'y prêter.

— Eh bien ! voilà, reprit la jeune fille avec volubilité. Nous devons nous marier, nous n'avons pas d'argent, monsieur Anatole vient de tomber au sort, madame Popeline veut......

A cet endroit de son récit, une figure bouffie, grimaçante, violacée, bourgeonnée, se présenta inopinément à la porte.

C'était Mme Popeline.

Les deux causeurs se séparèrent involontairement.

— Ah ! peste ! fit la veuve. Puis se reprenant : — Au fait, ça rentre dans mes idées.

— Monsieur mon neveu, dit-elle de sa voix la moins maussade, approchez ici.

— Présent ! mon major, fit Caradec en portant le revers de sa main à son front.

— Et vous, pimbêche, continua-t-elle en s'adressant à Angélique, allez un peu dans cette arrière-boutique voir si j'y suis.

Tous ces ordres s'exécutèrent comme une manœuvre à bord. Carcadec resta au port d'armes devant sa tante, et la demoiselle s'éclipsa.

— Mon neveu, dit la veuve du ton que prenait Napoléon avec ses soldats. Je suis contente de vous. Le débit va bien par vos soins. Vous poussez fort bien à la consommation..... Cependant vous en prenez quelquefois un peu trop largement votre part. Vous êtes engageant, de belle humeur avec la pratique, quoique de temps en temps vous soyez un peu trop vif, témoin le voisin Cadet Bourlès, que vous avez si bien bourré pour avoir trouvé votre anisette trop fade. que le médecin lui croit deux côtes renfoncées.

— A part toutes ces misères, le commerce va bien par vos soins, et pour vous prouver ma satisfaction, je vous apporte l'acte de donation de mon fonds..... ce qui vous rend à tout jamais possesseur de l'établissement, et moi..... bourgeoise d'Arles.

— Quant à cette petite péronelle qui est là-dedans, elle vous épousera malgré son dandy à gants jaunes, malgré elle..... et malgré vous. J'ai dit.

Et après cette belle péroraison, dame Popeline tourna sur ses talons et alla droit chez sa couturière se commander une jupe et un casaquin de bourgeoise cossue.

Carcadec, abasourdi par cette volubilité de paroles qu'il comparait à la mer quand elle est clapoteuse, regarda son acte de donation d'un air hébété, et chercha à bien comprendre qu'il était enfin propriétaire de quelque chose; mais il ne serait jamais venu à bout d'en être bien sûr sans Angélique qui sortit de l'arrière-boutique et qui vint jusqu'à lui, comme un véritable fantôme. Elle était pâle, tremblante, toute ruisselante de larmes.

— Monsieur Carcadec, dit-elle au marin..... pardonnez-moi, je vous prie, ce que je vais vous dire; mais..... mais, ajouta-t-elle en éclatant en sanglots, je ne vous épouserai jamais.

— Et qui vous dit que je veux de vous, ma chère? répondit naïvement le neveu de dame Popeline.

— J'épouserai Anatole ou je mourrai.

— Tout de bon?

— Je vous le jure.

— Il est pourtant bien rageur, votre Anatole.

— C'est qu'il m'adore.

— Mais je ne veux pas que vous mouriez, mademoiselle Angélique.

— Dites-en autant à Anatole, M. Carcadec, et il vous répondra que notre parti est arrêté et nos précautions prises.

Le gabier ne répondit plus et tomba dans une profonde rêverie; puis se retirant dans un coin de la boutique, il se parla à lui-même, et tout ce qu'on put entendre ce furent quelques exclamations sans suite, telles que « boutique... comptoir, ignobles cornets, — mât de beaupré... mers polaires, noble pavillon de France, etc., etc.....

— Allez vous reposer, mademoiselle Angélique, dit-il enfin, nous recauserons de tout cela demain... Moi aussi j'ai mon projet.

La soirée se passa tant bien que mal; la nuit vint, et enfin le soleil se leva le lendemain brumeux et triste. Carcadec sauta en bas de son lit, ouvrit *sa boutique*, et sitôt que la demoiselle de comptoir fut arrivée, il s'éclipsa et courut au bord du Rhône, derrière l'amphithéâtre romain. Il savait qu'il devait *servir de témoin* à ce rageur d'Anatole, et il tenait à ne pas se faire attendre.

Le maître de musique arriva quelques minutes après lui. Il était accompagné de deux de ses amis qui portaient de épées.

— Le voilà! s'écria le professeur de musique, en désignant Carcadec; finissons-en vite.

Et il mit aussitôt habit bas.

— Oh! oh? vous êtes exact, petit, dit le marin en donnant une bonne grosse tape sur l'épaule d'Anatole, mais où donc est celui avec qui vous allez vous frotter?

— Monsieur? dit le jeune homme, cette mauvaise plaisanterie sera donc éternelle?

— Comprends pas, dit le marin; mais tenez, vous avez quel-qu'un là-bas, — vous savez, à la boutique, qui m'a tout remué le cœur...

Anatole fit un bond comme un tigre touché par le chasseur, et mit l'épée au vent.

— Allons, allons, dit Carcadec, le voilà encore avec ses cris-pations. Attendez donc au moins que je m'explique. Vous êtes conscrit, n'est-ce pas? moi, je suis libéré; vous aimez Angé-lique; moi, je déteste les serpillières, les cornets de papier, les pratiques et la vie de pékin...

— Où en voulez-vous venir avec tout ce verbiage? dit Anatole impatienté.

— J'en veux venir à mon honneur et vous rendre tout entier à votre petite demoiselle. Tenez, prenez ces deux chiffons de papier; mais, auparavant, promettez-moi de ne pas vous battre.

— Mais... fit le jeune musicien, vous avez donc la raison égarée?...

— Allons, allons, fit Carcadec, c'est une affaire entendue ; du reste, votre clampin d'adversaire ne vient pas : c'est un fameux... suffit.

Voilà toujours mes papiers ; retournez porter vos deux flamberges chez vous, et laissez-moi courir rassurer votre petite future qui se meurt d'impatience de savoir que vous n'êtes pas mort.

A ces mots, Carcadec fourra de force ses deux chiffons dans la main du jeune homme stupéfait de tout ce qui se passait, et disparut comme un brick poussé par la tempête.

Pour abréger ce récit déjà un peu long, nous dirons en quelques mots ce que c'était que ces deux papiers que notre ex-gabier de tribord avait glissés dans les mains du jeune musicien.

Le premier, c'était l'avis qu'il lui donnait que, ne pouvant vivre en épicier sur le plancher des vaches, il allait reprendre sa vie aventureuse de soldat, et s'engager à sa place.

Le second était l'acte de donation, reçu la veille même des mains de sa tante Popeline, et dont il faisait hommage à Mlle Angélique, comme cadeau de noce.

Ces deux choses furent en effet régularisées quelques jours après, et j'ajouterai qu'aujourd'hui le plus beau, le plus achalandé des bureaux de tabac d'Arles est celui tenu par les époux Anatole et Angélique. J'ajouterai que la bourgeoise la plus coquette et toujours la plus grognon de la ville est tante Popeline, et qu'enfin, par delà la Nouvelle-Hollande, tout près des antipodes de Paris, se trouve sur un bâtiment de haut-bord le plus jovial, le plus heureux et le meilleur des hommes, que ses camarades du bord appellent le gros *Sans-Souci*, et que nous connaissons, nous, sous le nom de Carcadec.

Le midi de la France nous a fait connaître de fort beaux papillons, comme vous voyez, et certes je n'ai pas eu à regretter ma tournée dans les environs de Marseille.

Passons maintenant à d'autres lépidoptères venant de plus loin. Je n'en parlerais pas et ne les aurais pas dans ma collection d'Europe, si ces individus ne se trouvaient pas à la fois en France et dans presque tous les pays chauds. Passons donc à cet autre angle de mon cabinet, et regardons, ou plutôt admirons encore.

Voici d'abord le papillon *buveur* ou *bombyx potatoria*. Ne lui trouvez-vous pas quelque chose d'étrange ou plutôt d'étranger, d'américain, de tropical. Bien que ce beau lépidoptère se trouve dans le midi de l'Europe, il habite aussi par delà l'Atlantique. A ce ton bronzé-or, à ces nuances chaudes d'ocre et de safran brûlé, semblables à ces reflets basanés de la peau d'une créole, on voit qu'il n'est pas étonnant de le rencontrer aussi devers Rio-Janeiro.

Celui-ci, en effet, m'a été rapporté de la capitale du Brésil par une capitaine espagnol qui m'a raconté, en me le donnant, une singulière histoire de ce pays.

Le *bombyx potatoria* en est le héros. Ainsi, je saisirai cet à-propos pour vous la dire.

Rio-Janeiro a beau s'enorgueillir de son port de mer le mieux fortifié de toute l'Amérique, de ses maisons blanches à demi-cachées sous les arbres verts et groupées en amphithéâtre, comme *Stamboul la bien gardée* ; Rio-Janeiro a beau montrer au monde ses gracieuses et jolies femmes emplissant les maisons, les varangues, les pampas à la luxuriante végétation, de chants joyeux, de danses, de doux concerts montant sans cesse vers le ciel bleu, elle ne peut cacher, l'orgueilleuse et folâtre ville, la plaie qui la ronge ; c'est bien d'elle, en un mot, que l'on peut dire, que si elle est le paradis des femmes, elle est l'enfer des esclaves.

Voyez-les, ces parias de la société, traîner dans les rues de Rio leurs misères, leurs corps amaigris et cicatrisés par la lanière aux pointes d'acier des commandeurs, leur honte..... et leurs regrets pour la patrie lointaine.

Leurs regrets !.... c'est de là qu'est venu l'épisode que je vais rapporter. — Cette fois, je vous en préviens, tout est authentique, tout est vrai, et malheureusement trop vrai.

Mais je laisse à mon capitaine espagnol prendre la parole ; écoutez-le.

J'avais eu, à mon dernier voyage en France, mission, d'un pourvoyeur du muséum de Paris, de faire quelques collections d'oiseaux et de papillons du Brésil, et n'ayant pas trouvé suffisamment de ces derniers à Rio, je m'amusais, en attendant l'époque de mon retour en Europe, à chasser moi-même aux alentours de la ville les plus beaux papillons que je pouvais trouver.

Cet exercice me faisait du bien, me plaisait et quelquefois m'entraînait assez loin dans la campagne.

Un jour, ou plutôt un matin, car il était à peine quatre heures, j'étais déjà sur la lisière d'un bois de citronniers à quelques milles de mon habitation, poursuivant un *bombyx potatoria* qui manquait à ma collection, quand je vis arriver à moi un nègre coureur (de ceux qui précèdent les voitures des gens riches, le jour, avec un rotin pour écarter la foule, le soir, avec une torche pour éclairer).

— Maître ! me cria-t-il du plus loin qu'il me vit, n'as-tu pas vu passer par ici une négresse du palais Lopez de Acuhnia.

— Une négresse? fis-je, une esclave? Que m'importe? Passe encore pour m'occuper de la signora Lopez, si elle était perdue; mais sa négresse!... fi! Passe ton chemin.

— Cent cruzades d'or, continua l'esclave, à qui la retrouvera.

— Cent coups de rotin sur tes épaules, si tu me fatigues plus longtemps, ajoutai-je en le menaçant du manche de mon filet à papillons, ne vois-tu pas ceci? dis-je en lui brandissant mon bâton sur la tête.

— Oui, dit le nègre dans son patois de créole, et en se sauvant en maugréant — *Où ça voit tigue, ou ça demande si l'a zongue* [1]?

Il disparut et je continuai ma chasse. La signora Lopez d'Acuhnia, est, par saint Jacques, assez riche pour perdre une esclave, et je m'étonne qu'elle aille jusqu'à offrir cent cruzades d'or pour une méchante moricaude..... à moins, repris-je mentalement, que ce ne soit quelque esclave favorite de la gentille signoretta Maria, et qu'on ne craigne de faire couler des larmes des beaux yeux de la divine enfant.

J'interrompis là mon Espagnol, et lui demandai ce que c'était que cette signoretta Maria.

— Une négresse, me répondit-il; mais la perle des négresses, si toutefois il y a des perles noires. Tout Rio-Janeiro la connaissait, l'admirait et l'aimait. S'il était une fête splendide dans la ville, Maria en faisait le plus bel ornement; esprit, grâce, instruc-

---

[1] Proverbe créole qui signifie : « Quand on voit le tigre, faut-il demander s'il a des ongles? »

tion, douceur, elle réunissait tout en elle; vingt partis se sont déjà présentés, — et ce sont des gens de la plus haute condition, croyez-le, — pour épouser l'heureuse fille adoptive de la signora Lopez; mais la belle négresse les dédaignait tous.....

— Enfin, s'est-elle mariée? Dites-moi donc vite son histoire; cette merveille d'ébène m'intéresse.

— Raison de plus pour que je ne vous dise les choses qu'à mesure; attendez donc. Voici d'abord comme elle en est arrivée à ce point d'excellence et de supériorité.

Mme d'Acuhnia avait épousé un des plus riches planteurs du Brésil; un accident, une chute de cheval, je crois, le mit au tombeau un an après son mariage. Vous savez qu'un malheur arrive rarement sans être suivi d'un autre; le petit enfant qu'avait eu de ce mariage la signora Lopez mourut quelques jours après son père.

La douleur de la pauvre veuve fut immense, affreuse. On craignit longtemps qu'elle n'en perdît la raison ou la vie.

Le temps enfin adoucit ce chagrin sans le faire entièrement passer. Il resta à la signora ce vide cruel, insupportable, qu'on veut et qu'on ne peut jamais remplir. Elle avait goûté les douces jouissances d'une mère, et ses aspirations les plus ardentes étaient de ressaisir un jour ce bonheur qu'elle n'avait fait qu'entrevoir.

Elle eut l'idée d'adopter une enfant et en fit plusieurs fois l'essai... Cela ne put réussir. Ceux qu'elle recueillait participaient tous plus ou moins des vices de leurs parents, et la signora Lopez, qui avait rêvé un enfant sans défaut, comme elle pensait qu'aurait été sa fille, perdait une à une toutes ses illusions à chaque épreuve qu'elle faisait.

Enfin, lasse de chercher, lasse d'être trompée sans cesse, Mme d'Aculmia, la pauvre mère, finit par y renoncer. On ne parvient pas facilement à tromper son cœur.

Un jour cependant qu'elle passait par hasard sur le marché aux esclaves, elle fut attirée par une altercation assez violente en langue africaine; une voix d'enfant semblait en ce moment dominer toutes les autres, et cette voix avait une fermeté, une pureté d'expression, une assurance telle que Mme d'Aculmia ne put manquer d'en être vivement frappée. Elle s'approcha.

Un planteur à la voix rude et brutale, son fouet à lanières pendu à sa boutonnière, était là planté sur ses deux jambes, les bras croisés et la tête haute, en face d'une petite négresse de neuf ans, qui, nonchalamment accoudée sur un monceau de nattes, ripostait bravement à tout ce qu'il lui disait de dur et d'insultant.

— Par saint Sébastien, mon patron, exclamait le planteur, je n'ai jamais vu une tête de fer comme celle de cette petite sauvage. Comment! je te paye dix bons dobras [1] en bon or portugais, et je ne puis t'avoir.

— C'est dix dobras que tu perdrais, comme si tu les jetais à la mer, répondait la petite négresse.

— Enfin, je le veux ainsi, et le commissaire de la vente, et ton vendeur Niokor-Baï ont ratifié le marché.

— Le commissaire et Niokor-Baï t'ont trompé, je ne vaux pas un risdale (3 fr.) pour toi.

— Tu sauras toujours bien garder un troupeau de chèvres peut-être?

[1] Le dobra vaut 90 fr. 43 cent. — Cela faisait environ 900 fr. 30 cent.

— Je n'ai jamais appris le métier de chien de berger. Au Bambara, mon pays, les chèvres, comme les femmes, sont libres... je traiterais peut-être les troupeaux comme ceux de là-bas, et le soir tu risquerais trop de ne plus avoir ton compte.

— Et ce fouet de cuir ! dit le planteur exaspéré, en montrant le terrible instrument dont chaque branche avait un nœud ferré.

— Essaye, dit l'intrépide petite négresse en lui présentant son épaule, tu verras si Koré-Aldionna sait céder aux mauvais traitements.

— Enfin tu viendras, fit le Brésilien plus furieux que jamais de l'insultante résistance de l'esclave et faisant un pas vers elle.

— Emporte-moi si tu veux, dit la jeune Koré ; car tu es le plus fort, mais en arrivant chez toi, il ne te restera que deux partis à prendre ; ce sera de me tuer ou de me rendre à mes champs du Bambara. Le planteur ne se souciait peut-être plus au fond d'avoir parmi son personnel d'esclaves une telle petite entêtée ; cependant cette résistance froide, systématique, cette volonté indomptable auxquelles il n'était pas accoutumé l'avaient tellement piqué au vif qu'il en voulut venir bon gré mal gré à son honneur. Il saisit la négresse par un bras et la jeta rudement sur le chariot traîné par deux buffles qui l'avait amené, puis saisissant à deux mains son fouet....

Mais la signora Lopez lui retint le bras à temps.

— Combien te coûte cette enfant ? lui dit-elle.

Le planteur reconnut aussitôt la dona Lopez dont il gérait une propriété à vingt lieues de Rio.

— Signora.... dit-il, un peu honteux de sa brutalité ; cette

mauvaise petite fille m'a bien coûté dix bons dobras d'or ;
mais c'est une pauvre acquisition que j'ai faite là..... cependant il ne sera pas dit que Perez-y-Zambuco-y-Souza aura été
dominé par la volonté d'une petite misérable de cette espèce, et
je la garde.

— Me la céderais-tu bien pour quinze dobras ?

Le planteur ne se fit pas répéter l'offre deux fois, et trop
heureux de se voir débarrassé de ce petit démon, avec surtout un si beau bénéfice, il prit la signora au mot et aida
même Koré-Aldionna à descendre du chariot.

Madame d'Acuhnia se retira à quelques pas sous l'ombre d'un
berceau de palétuviers, avec la négresse qui la suivit assez
docilement.

— Tu regrettes donc bien ton pays? lui dit-elle en ioloff,
langue qu'elle connaissait pour avoir habité quelques années
la Sénégambie.

— A dire vrai, répondit l'enfant, le Bambara ne me laisse
plus d'autre souvenir que celui de ma liberté que j'y ai laissée.
Ma mère y est morte en me défendant contre l'indigne avarice
de mon père et de mes frères qui, pour un baril de tafia et
quelques charges de poudre, m'ont entraînée au comptoir
européen où l'on trafique des esclaves. Et vous le savez, signora, après sa liberté, c'est sa mère qu'on doit le plus regretter.

— On pense ainsi du moins au Bambara, dit madame d'A-
cuhnia. Eh bien! Koré, veux-tu être pour moi une bonne fille ?
je serai ta mère.

La négresse tourna aussitôt sur celle qui lui parlait ainsi ses
grands yeux noirs, intelligents et doux, et la regarda longtemps
avec étonnement.

Elle pensa avoir mal compris et se fit répéter les mêmes paroles.

— Tu aimais donc bien ta mère? lui dit la riche Brésilienne.

— Comme Yallah, le grand fétiche, qui nous donne le lait de palmier, les dattes, le couscous et la liberté sous son ciel bleu.

— Et si je savais la remplacer, saurais-tu me tenir lieu de l'enfant que j'ai perdue?

— Oui, fit la négresse en donnant à son regard cette expression de vérité, de franchise, d'amour, qu'une âme neuve et vierge sait inspirer.

— Tu seras toute à moi, n'est-ce pas?

— Payez cet homme, dit la jeune Africaine; mais que ce marché soit de vous à lui. Ne dites pas que vous m'achetez quinze dobras d'or, ne me dites pas que Koré est votre esclave; vous serez bien plus sûre que je serai toute à vous.

Comment ne pas céder à l'entraînement? comment ne pas être confiante, heureuse, après d'aussi franches, d'aussi nobles protestations?

Mme d'Acuhnia prit l'enfant dans ses bras, la serra sur son cœur, et, toute baignée de douces larmes, elle s'écria :

— A toi donc tout mon amour de mère! à toi la liberté dès aujourd'hui même!

Koré l'africaine tint tout ce que le début de cette tendre liaison semblait promettre. Elle se montra tendre, attentionnée, docile envers sa mère adoptive; son intelligence, qui était vraiment extraordinaire, se développa d'une manière prodigieuse; les maîtres qu'on lui donna pour faire son éducation étaient émerveillés de voir avec quelle facilité elle surmontait toutes les difficultés des sciences qui lui étaient enseignées. La musique surtout était la passion favorite de Koré (ou plutôt de Maria, car disons que ce fut le nom qui lui fut donné lorsque Mme Lopez d'Acuhnia lui fit embrasser sa religion).

Il n'y avait donc pas de fête, de concert, de brillante réunion dans la ville de Rio-Janeiro que Maria n'y fût invitée. Elle en faisait l'ornement et les délices; elle faisait surtout le bonheur de l'excellente signora Lopez, qui s'applaudissait chaque jour d'avoir enfin trouvé l'enfant qu'avait rêvé son cœur.

— Et Maria, la négresse du Bambara, Maria, était-elle heureuse? demandai-je.

Tout devait porter à le croire. Fêtée, recherchée, aimée de tout le monde, elle devait éprouver toutes les joies que donne l'amour-propre satisfait; elle ne devait plus rien envier au monde..... Et cependant on voyait parfois, rarement, il est vrai, ses yeux ordinairement pétillants de cet enthousiasme que donne une position aussi élevée, aussi flatteuse, on les voyait, dis-je, perdre instantanément leur vif éclat et se voiler de nuages.

Mais arrivons à la partie capitale de ce récit. Un jour, Mme d'Acuhnia fut invitée à une fête splendide que donnait le gouverneur de Rio-Janeiro pour la naissance d'un de ses enfants. — Il n'y avait pas de belle fête sans Maria; — aussi la signora Lopez y mena-t-elle sa fille adoptive, son trésor.

Cette fête avait eu lieu à une maison du gouverneur, à quelques milles à peine de la ville. Notre jeune Africaine n'eut jamais succès plus complet; c'était à qui admirerait le plus son esprit, sa grâce, son talent éminent sur le piano, sa légèreté à la danse, en un mot, sa prééminence en tout.

Il était minuit. La fête était alors dans toute son animation, dans toute sa splendeur. Maria, un peu fatiguée de la part active qu'elle avait prise à la danse, se retira, pour se reposer quelques instants, dans un salon contigu à celui du gouverneur.

Elle était dans une admirable toilette. Etoffe somptueuse, torsades d'or, fleurs, diamants, rien n'avait été ménagé.

La gracieuse enfant, un instant vaincue par la fatigue, s'était assise sur un divan, et sommeillait mollement appuyée sur deux coussins.

Un doux rêve venait de la transporter dans son pays natal. — Elle revoyait en songe ses sauvages compatriotes, ses amies d'enfance, sa mère, sa bonne mère surtout, comme au temps où elle était si heureuse avec elle... Bientôt un bruit de pas et de voix se fit entendre autour de la dormeuse. Maria, anéantie dans son sommeil, ouvrit d'abord faiblement les yeux, puis promena ses regards tout autour d'elle.

O surprise !... que voit-elle? Un groupe d'hommes à la taille élevée et fière, au corps tatoué, en un mot, des naturels du Brésil dans leur costume pittoresque et étrange de sauvages.

C'étaient en effet des Américains de la Sierra-Espinhaço, dans la province de Minas. Ils arrivaient en députation de leurs montagnes pour s'entendre avec les autorités de Rio-Janeiro au sujet de délimitations de territoire qui leur était contestées par le gouverneur de Villa-Rica.

Parmi ces sauvages se trouvaient quelques nègres marrons, quelques Africains sénégalais. Tous avaient cette mine fière, ce regard assuré, ce front haut, altier, superbe, qu'il est permis à l'homme libre seul d'avoir.

Ces hommes attendirent là que le gouverneur qu'on était allé prévenir pût les recevoir dans son cabinet. Ils restèrent donc dans ce salon d'attente une demi-heure au plus. Puis leur mission une fois remplie, ils reprirent le chemin de leur sierra.

Le bal dura deux heures encore. Enfin de guerre lasse, les danseurs se retirèrent.

Madame d'Aculmia, qui n'avait pris part à la fête qu'en faisant la conversation avec la femme du gouverneur et quelques amies intimes, pria quelqu'un qu'on voulût bien prévenir sa fille qu'elle allait se retirer et qu'elle l'attendait.

On appela Maria dans la riche warangue toute pavoisée de fleurs, de tentures et de lustres où se faisaient les danses.

Maria n'était pas là.

On vit dans les salons, dans le jardin, dans les bosquets illuminés de verres de couleurs.

Personne ne répondit à ce nom tant de fois répété de Maria. Une vague inquiétude commença à prendre tout le monde.

Madame d'Aculmia, qui ne savait encore rien de cette absence extraordinaire et prolongée, s'impatientait vivement de ne pas embrasser sa chère enfant.

— Cherchez dans quelque salon bien retiré, dit-elle aux personnes qu'elle envoyait ; elle est là, un livre à la main, lisant quelque traduction française ou déchiffrant une partition des grands maîtres.

Enfin on lui dit la terrible vérité : Maria n'était plus dans la maison ; Maria était introuvable.

Peindre son désespoir, ses angoisses et l'état affreux où la plongea cette nouvelle serait chose impossible. Immédiatement on mit tous les domestiques sur pied, tous les gens de bonne volonté furent expédiés dans toutes les directions.

Ce fut à cette époque qu'un nègre, comme je l'ai déjà dit, était venu m'offrir cent cruzades d'or, tandis que j'étais à la chasse de ce *bombyx potatoria*. Comme il ne pouvait me venir à la pensée que l'esclave perdue était la divine Maria, je reçus assez mal cet importun et ne m'occupai plus de cette affaire.

Je chassai encore une heure, et comme ma provision de papillons était à peu près complète, je songeai à reprendre le chemin de mon habitation.

J'avais à peine fait quelques pas dans cette direction que je vis accourir à moi, à fond de train, une voiture que je reconnus aussitôt pour être celle de la signora Lopez. Quand l'équipage fut près de moi, il s'arrêta, et la malheureuse madame d'Acuhnia m'appela et me demanda, comme elle demandait à tous ceux qu'elle rencontrait sur son chemin, si je n'avais pas de nouvelle de sa fille.

Je lui répondis négativement et lui offris de l'accompagner, pour plus de sûreté, dans une gorge de rochers où elle voulait s'enfoncer seule avec son cocher.

Elle accepta et nous fîmes à peu près une lieue ensemble dans un ravin pierreux et inégal, puis nous fûmes obligés de mettre pied à terre, la nature du terrain ne permettant plus de continuer la route en voiture.

— Mais, dis-je à cette pauvre mère éplorée, pourquoi donc, Signora, choisissez-vous cette direction-ci de préférence à toute autre ?

— Je cède, me répondit-elle, à une sorte de pressentiment qui m'obsède, qui me domine. Je ne sais quelle affreuse prévision me passe par la tête. Je rougis pour Maria et pour moi de m'y arrêter ; mais c'est comme un fantôme dans un pénible cauchemar, je l'ai toujours debout et menaçant devant mes yeux.

Comme cette pauvre femme achevait ces mots, nous tournions un angle du ravin et arrivions à un petit vallon encaissé dans des montagnes. A une portée de fusil à peu près, j'aperçus un groupe de monde.

— Tenez, Signora, dis-je à Mme d'Acuhnia, si mes yeux ne me trompent, je vois là-bas ces sauvages de la Sierra Espinhaco qui sont venus si malencontreusement déranger, à ce qu'on m'a dit, le gouverneur au beau milieu de sa fête de nuit.

A ces mots, j'entendis la mère adoptive de Marie jeter un faible cri, en s'affaissant sur mon bras qu'elle serra avec un tremblement convulsif.

— Qu'avez-vous ? m'écriai-je.

— Rien... reprit cette malheureuse femme, rien ; avançons. Il faut du courage.

Jusqu'alors nous n'avions vu qu'un groupe d'hommes et de femmes au loin, sans pouvoir encore rien distinguer.

La signora Lopez avança avec une fiévreuse impatience.

Puis enfin s'arrêtant tout à coup :

— C'est elle ! ! !.... s'écria-t-elle, avec un immense éclat de voix.

Puis elle tomba inanimée sur le sol.

Je la crus frappée d'une atteinte d'apoplexie foudroyante, je la crus morte.

J'étais là seul, sans moyen de lui porter secours, s'il en était temps encore. Ce n'était pas certes à ces sauvages, qui, du reste, étaient encore trop loin pour m'entendre, que j'aurais pu en demander. Je me retournai donc du côté par où nous étions venus, et appelai le cocher de Mme d'Acuhnia, qui, heureusement, nous suivait de loin à petits pas. Il accourut, et, avec son aide, nous transportâmes sa maîtresse dans la voiture, et reprîmes le chemin de Rio-Janeiro.

Maintenant je vais vous dire le motif de son exclamation et de ce coup terrible qui l'avait ainsi foudroyée.

Parmi ce groupe de sauvages qu'une autre bande, composée de femmes en partie, était venue rejoindre, se trouvait..... Maria, en effet !.....

Elle était là au milieu des femmes assises en cercle autour d'un feu. Ses riches habits étaient en partie déchirés, ses joyaux, ses diamants avaient été jetés au loin. Un pague grossier et une coiffure de plumes remplaçaient son riche costume; son rire, ses gestes, son allure, tout était changé, tout était effrayant..... Ce n'était plus la douce et charmante fille de Mme d'Acuhnia, cette idole de Rio-Janeiro, cette perle noire du Brésil; c'était la fille du désert, la sauvage du Bambara, déchirant à belles dents, avec ses dignes compatriotes, un agouti et quelques quartiers de venaison rôtissant sur des charbons.

Maria était redevenue la Koré Aldiourna du Bambara.... L'élève de la signora d'Acuhnia était redevenue l'élève de la nature.

Elle était perdue à tout jamais; ce fait était irrévocablement accompli.

Huit jours après, on inhumait le corps de sa pauvre mère adoptive au cimetière de Rio-Janeiro.

L'épisode que je viens de vous conter nous a peut-être un peu détournés de notre but, bien que nous ayons eu l'occasion de dé-

crire le magnifique papillon potatoria. Revenons donc au point
où nous étions, c'est-à-dire dans la Provence.

Je ne séjournai à Arles que le temps qu'un touriste, toujours
pressé, peut mettre à examiner ce qu'il y a de plus curieux à voir.
Mon désir satisfait, je fis donc mes adieux au bon Carcadec qui
me régala encore d'une chanson avant mon départ. En remontant
le Rhône jusqu'à l'embouchure du Gard, je me trouvai bientôt à
Nîmes, c'est-à-dire en plein Languedoc. Je désirais ardemment
voir cette ancienne colonie romaine, fameuse par ses monuments
que ces maîtres du monde d'autrefois y ont bâtis et dont on ad-
mire encore les ruines.

Le vieux pont du Gard, avec ses trois arcades superposées me
sembla un travail gigantesque. Les Arènes, magnifique amphithéâtre disposé pour vingt mille personnes, me rappela avec une
pénible émotion que ce ne fut pas toujours des spectacles et des
jeux qui se donnaient dans son enceinte, mais bien les drames les
plus sanglants. La Maison carrée, avec ces trente colonnes dont
les chapiteaux sont des feuilles de laurier, est un magnifique morceau d'architecture. J'allai voir avec intérêt les ruines de la porte
de César, et passai avec un certain plaisir sous cette voûte en me
disant que les légions romaines, puis les fiers Sarrasins avaient,
au moyen âge, posé leurs pieds où les miens se trouvaient en ce
moment.

Quand j'eus bien donné amplement satisfaction à mes fantaisies
archéologiques, je m'occupai de cette autre passion qui m'amenait dans ces parages, c'est-à-dire de la chasse aux papillons.

Voici le cadre qui provient seulement des environs de Nîmes; vous voyez qu'il est assez fourni pour que je puisse vous
dire, sans forfanterie, que je m'entends un peu à ce genre de

moissons, et que je ne choisis pas toujours les plus vilains.

Voilà d'abord..... mais, pardonnez-moi encore cette interruption. Il me prend en ce moment une terrible démangeaison de vous raconter un tout petit épisode qui venait de se passer, non pas précisément à Nîmes, mais à quatre lieues de là, à Beaucaire, cette petite ville célèbre par l'immense et curieuse foire qui s'y tient tous les ans à la Madeleine.

J'avais eu la curiosité d'aller me promener jusque-là pour jouir du spectacle animé et pittoresque de ce champ de foire dans lequel se trouvent réunies les provenances des quatre parties du monde et un échantillon de tous les peuples commerçants du monde; Russes d'Archangel, Syriens d'Alep, Asiatiques de Bombay, Africains du Caire etc..... Beaucaire, à cette époque, est triplée, quadruplée, car l'espace manquant sur ses places, dans les rues; les boutiques de ces myriades de marchands s'étendent tout autour de la ville dans une plaine magnifique et font en quelque sorte d'immenses faubourgs à la cité languedocienne.

Au moment où j'entrai dans ce bazar universel, il s'y faisait une grande et étrange rumeur; je voyais un groupe nombreux d'hommes et de femmes qui suivaient avec de grandes démonstrations de joie un brancard orné de feuillages sur lequel était assise une petite fille de sept ans, misérablement vêtue, mais à la mine la plus décidée, la plus ouverte que j'aie jamais vue.

Je demandai ce que cela signifiait, cette ovation et ces cris de joie.

— C'est toute une histoire, me dit un honnête Nîmois à qui je m'étais adressé; mais laissons passer ce cortége qui se dirige vers la mairie, je crois, et si vous avez un moment à perdre, venez vous asseoir à l'ombre et je vous conterai cela ; j'en sais quelque chose, ajouta mon interlocuteur, car cette enfant est ma nièce, et je prône l'acte de courage et de présence d'esprit qu'elle vient de faire, à qui veut l'entendre , tant j'en suis glorieux moi-même.

Je dois d'abord vous faire savoir que mon frère est marchand d'étoffes de laine, comme il s'en fabrique dans le pays; et bien qu'il ne soit pas riche et qu'il mette difficilement les deux bouts ensemble, il vivote tout doucement et ne se trouve pas trop malheureux avec ses quatre enfants et sa femme. Tous les ans, à la Madeleine, mon frère sépare sa maison de commerce en deux; il laisse sa femme et deux de ses enfants à la ville et se bâtit pour tout le temps de la vente de Beaucaire une baraque sur le champ de foire où il se tient avec ses deux aînés.

Ordinairement il réalise là un joli petit bénéfice; cette année tout a été malheureux, pitoyable. La vente a été si mal qu'il se voyait hier encore à la veille de manquer à ses engagements envers la fabrique qui lui avait fourni des marchandises.

Tous les soirs, on fermait, on cadenassait avec soin la baraque, et le père et les deux enfants revenaient à la ville. Avant-hier, cependant, mon frère, tourmenté au dernier point de l'état de ses affaires, renvoya ses deux enfants et leur dit qu'il les rejoindrait bientôt.

Il courut toute la soirée chez ses confrères et ses amis, pour voir s'ils pourraient lui venir en aide; car l'époque des payements approchait et rien n'était vendu.

Mais la stagnation des affaires cette année ne mettait pas les autres négociants plus à leur aise que lui, et les ressources ne semblaient pas devoir lui venir abondamment de ce côté.

Une autre chose encore inquiétait le commerce. D'adroits voleurs exploitaient en grand le champ de foire, et il n'y avait pas de jour où l'on n'eût à constater la disparition de quelque ballot de toile ou d'objets précieux. Les petits marchands surtout, qui n'avaient qu'une petite baraque isolée, étaient sans cesse sur le qui-vive.

Les choses en étaient là quand mon frère, comme je viens de vous le dire, tout en visitant ses amis, s'était trouvé si en retard contre son ordinaire. Sa femme, qui l'avait attendu d'abord avec patience, voyant la nuit arriver, commença à être dans une mortelle inquiétude. Elle députa ses enfants après lui dans toutes les directions, et voulut elle-même se mettre en quête pour le trouver.

La petite fille de sept ans que vous venez de voir passer triomphante sur ce pavois de feuillage était restée seule à la maison.

Elle s'appelle Marinette ; ce joli petit nom est le diminutif de Marie. C'est la plus drôle, la plus fûtée, mais aussi la plus naïve des enfants.

Quand donc Marinette se vit seule, elle fit cette réflexion dans son petit cerveau.

— Ils courent tous après papa par toute la ville ; qu'ils sont donc drôles ! Moi, je suis bien sûre qu'il est retourné faire un bon somme dans sa baraque de la foire. Il a là un si bon petit lit de repos. Je vais bien les attrapper tous, moi ; je vais aller le réveiller et je le ramènerai bien vite.

Marinette savait où se mettait la seconde clef de la baraque ; elle monta sur une chaise, la décrocha et partit à onze heures du soir.

Mais la pauvre enfant, qui connaissait parfaitement le chemin pendant le jour, ne se doutait pas qu'il n'en serait pas de même pendant la nuit; aussi ne tarda-t-elle pas à s'égarer dès qu'elle fut hors des murs.

Marinette ne perd pas facilement la tête et ne s'émeut jamais de rien; aussi continua-t-elle à marcher toujours, pensant bien que la baraque finirait par arriver.

Après une heure de marche, elle se trouva complétement perdue. Elle s'arrêta tout court.

— Allons, se dit-elle, je n'ai pas pris le bon chemin, il faut retourner.

C'était facile à dire, mais ce n'était pas facile à faire; car elle était en ce moment enchevêtrée dans un petit bouquet d'arbres qui était attenant au champ de foire.

— Bon! fit-elle en tapant dans ses mains, je vois là-bas une petite lumière; — je suis absolument comme le Petit-Poucet. — Allons-y.

Mais, crac! voilà mon étourdie qui heurte contre quelque chose et qui se jette sur le gazon.

Ce quelque chose était un homme couché à plat ventre. Un homme qui ne dormait pas et qui était là comme un renard à l'affût, guettant quelque victuaille.

— Tiens, je vous ai marché sur le pied, je crois, lui dit Marinette en se relevant.

— Passe ton chemin, petite fille, dit une grosse voix.

— Ah! mais non, je ne vous quitte pas, parce que si vous êtes bien gentil, vous me conduirez à la baraque de papa.

— Y est-il, ton père? dit l'homme.

— Je ne sais pas; mais cela me sera bien facile de m'en assurer, j'ai la clef.

A ce mot, le faux dormeur fut aussitôt debout.

— Mais certainement, dit-il, je vais te conduire ; donne-moi toujours la clef. — Maintenant, marchons ; où est-elle, cette cabane ?

— Ligne des étoffes, au n° 65, la première baraque qui fait le coin du fossé d'enceinte.

— Je connais cela ; c'est à deux pas du Rhône, n'est-ce pas ?

— Tout juste ! Allons donc vite, Monsieur, puisque vous êtes assez gentil pour m'accompagner jusque-là.

— Comment s'appelle ton père ?

— Laurent Calmetz, pour vous servir.

— Lau..... rent Calmetz, s'écria l'homme ; mais je connais énormément ton père. J'ai fait une affaire magnifique avec lui aujourd'hui. Je lui ai acheté presque toute sa boutique.

— Et vous lui avez donné beaucoup d'argent ?

— Plein ses poches.

— Oh ! quel bonheur ! Papa va-t-il m'acheter des gâteaux !

— Mais, reprit l'inconnu, je n'ai pas encore enlevé toute la marchandise que je lui ai achetée. Je devais emporter tout cela demain matin.

— Eh bien ! dit Marinette avec une charmante bonne foi, vous l'enlèverez ce soir... J'ai eu une bien bonne idée tout de même de prendre la clef.

L'homme et la petite fille se mirent donc en marche ; cependant, ce ne fut pas avant que l'obligeant conducteur de Marinette n'eût sifflé trois ou quatre grands gaillards qui arrivèrent aussitôt à pas de loup.

— Prenez vos brancards et vos crochets, leur dit-il à voix basse, et suivez-moi.

On arriva à la baraque n° 65, et Marinette entra la première

pour voir si son père ne dormait pas encore sur le petit lit de
repos.

Tout était parfaitement vide.

— Oui, dit l'homme, en promenant tout autour de lui une
petite lanterne sourde qu'il avait allumée, voilà bien les ballots
que j'ai achetés.

— Vous les reconnaissez, Monsieur? dit la petite fille.

— Parfaitement, ainsi que ces marchandises étalées dans ces
rayons.

— Eh bien! prenez donc, ça fait que vous n'aurez pas la
peine de revenir demain.

— En effet, dit l'hypocrite, ne pouvant s'empêcher de rire, je
ne reviendrai pas ici demain.

En un clin d'œil toute la baraque fut vidée. Les bons amis qui
avaient suivi le compagnon de voyage de Marinette n'y allèrent
pas de main morte.

— Allons, dit la petite fille, papa n'est décidément pas à la
baraque. Il faut maintenant que je retourne à la maison; il sera
sans doute revenu.

— Tiens, vois-tu cette grande avenue qui conduit juste à la
porte de la ville dont on aperçoit le reverbère d'ici, eh bien! dit
l'homme, c'est ton chemin; va, va, ma petite fille..... ton père
te payera un gâteau en arrivant.

Puis il la poussa en ricanant dans cette direction.

Marinette fit une centaine de pas en avant en prenant pour
point de mire le reverbère de la porte de ville. Puis elle s'arrêta
tout à coup. Une réflexion venait de surgir dans sa tête de
linotte.

— Pourvu, dit-elle que tous ces gens qui ont si vite emporté leur marchandise, n'aient pas touché ou peut-être pris ma grande poupée qui était sur le deuxième rayon, auprès du comptoir.

— Oh ! fit elle en hésitant, il n'y aurait pas encore grand mal ; c'est celle qui a un œil et une jambe de moins.... C'est égal, je vais toujours y voir.

Elle retourna donc sur ses pas. Tout le monde avait disparu... la poupée borgne et boiteuse aussi.

— Ah ! par exemple, fit l'enfant, en voyant le rayon vide qu'un magnifique clair de lune éclairait. C'est bien vilain de la part de ce grand Monsieur ! Passe encore pour les marchandises qu'il a payées ; mais ma poupée ! Je ne la lui ai pas vendue.

— Où sont-ils donc ces vilaines gens-là ? reprit-elle tout irritée, en courant de droite et de gauche.

Elle ne vit rien d'abord ; mais bientôt elle distingua sur le Rhône une file de batelets remorqués les uns aux autres et complétement chargés de ballots. A la tête de cette enfilade de batelets étaient quelques hommes qui s'apprêtaient à quitter le rivage.

— Je vais leur faire une belle peur, dit-elle en riant en elle-même, d'une lumineuse idée qui venait encore de lui passer par la tête. Je vais me cacher dans le dernier de ces bateaux et quand ils seront arrivés où ils vont, je courrai à eux et leur dirai avec une grosse voix :

— Où est ma poupée ?

Puis, leste comme un écureuil, elle s'élança dans le dernier batelet au moment où celui-ci s'ébranlait pour suivre les autres auxquels il était attaché.

Elle se coucha sur les ballots, pour mieux jouer sa petite comédie et se laissa aller avec la petite flottille.

Le voyage ne fut pas long. A une portée de fusil de là, les bateaux s'arrêtèrent, puis entrèrent dans une petite anse au fond de laquelle était un groupe de rochers.

Les nocturnes voyageurs sautèrent sur les aspérités de ces rochers, et à l'aide d'anspects et de crocs retirèrent une grande quantité de joncs et d'herbages, ce qui laissa voir l'entrée d'une profonde excavation qui se trouvait sous ces rochers, à un mètre ou deux au-dessus du niveau du fleuve.

Ils commencèrent à décharger le premier bateau et à jeter dans ce souterrain tout ce qu'il contenait.

Marinette attendait toujours qu'on en vînt à son bateau pour faire son coup de théâtre en demandant tout à coup sa poupée ; mais les choses ne se passèrent pas ainsi qu'elle les avait arrangées ; car ces mystérieux rôdeurs de nuit firent là un temps d'arrêt et se mirent à boire force rasades d'eau-de-vie pour célébrer dignement leur riche capture.

Ah ! cette fois-ci Marinette commença à avoir peur... Elle n'aimait pas les gens ivres, et ceux-ci par leurs extravagances, leurs mots grossiers et leur allure non équivoque effrayèrent tellement l'enfant, qu'elle sauta en bas de son batelet, qui était bord à bord du rivage, et s'enfuit dans la campagne, renonçant cette fois sérieusement à sa poupée borgne et boiteuse.

— Enfin, Monsieur, continua mon narrateur, j'abrégerai et vous dirai que Marinette, rentrée chez elle, — où tout le monde se mourait d'inquiétude de son absence si prolongée, — raconta à son père tout ce qui lui était arrivé.

La police fut aussitôt mise sur pied, et guidée par ma petite nièce elle-même, fit main basse non-seulement sur toute une bande de voleurs qu'on prit tous au trébuchet, mais sur ce souterrain qui contenait un amas inouï de marchandises volées.

Des centaines de marchands de la foire y reconnurent une notable quantité de toutes leurs marchandises volées depuis plusieurs années.

Tout ce monde fut trop heureux de rentrer ainsi dans son bien, pour se montrer ingrat envers celle qui le leur avait fait retrouver. Les négociants de la foire se cotisèrent et firent à Marinette un cadeau en argent qui valait six fois plus que toute la fortune de son père.

On a fait plus encore, comme vous venez de le voir, — car c'est hier que l'affaire s'est terminée; on a élevé ma nièce Marinette sur un brancard de feuillage et on la porte en triomphe chez le maire, qui veut la féliciter et la récompenser encore.

C'est le cas pour elle, n'est-ce pas, de compter cette fois sur un joujou plus magnifique que jamais, et le gouvernement devrait en vérité lui voter une poupée d'honneur?

— Allons, me dis-je en retournant à mes papillons (car on venait de me signaler un *satyre tircis* non loin de là), voilà une petite fille de sept ans qui, avec Jeanne d'Arc et Jeanne Hachette, augmentera le nombre des héroïnes françaises.

Je courus là où mon *tircis* devait se trouver et ne tardai pas à mettre la main dessus; ce fut en vérité une belle conquête. Voyez-le avec ses ailes fond-brun velouté, toutes parsemées de taches d'or et ornées à la partie supérieure d'une belle lunule bleu-lapis encadrée dans un cercle noir.

Cette capture me fit un plaisir infini et m'engagea à m'enfoncer dans un petit bouquet d'arbres où papillonnaient encore d'autres proies.

Un reste d'antiquité du moyen âge s'offrit bientôt à ma vue;

rien n'y manquait pour rappeler à l'esprit ces tristes époques où la féodalité toute-puissante écrasait si cruellement les pauvres habitants des campagnes; c'étaient des tourelles crénelées, des machicoulis avec leurs meurtrières, des restes de grosses chaînes semblables à celles que sous Louis XI on appelait les *fillettes du roi*...

— Parbleu! me dis-je en entrant dans cette enceinte délabrée, si je ne vois pas ici Louis XI en personne, voici du moins l'âme de son infernal ministre! Effectivement, un *tristan* dans ses sombres atours, ailes noir-brun, ternes, sinistres, vol ambigu, allure sournoise, vraie figure du compère de l'hôte de Plessis-les-Tours, venait d'apparaître.

Vous dire ce que le vilain petit animal me donna de peine pour l'attraper, les courses à travers tant d'obstacles réunis, chapiteaux brisés, troncs d'arbres, flaques d'eau, les écorchures et les contusions qu'il me valut, ce serait trop long à énumérer. Enfin, je mis la main dessus, et sans pitié je le fourrai dans ma boîte, en faisant cette réflexion que même après leur mort les méchants sont encore nuisibles.

Ce fut la dernière conquête de la campagne; les vents d'automne arrivant, on doit dire adieu pour l'année à tous les lépidoptères possibles.

CONCLUSION.

J'allais clore ce livre et reposer ma main fatiguée, disant enfin,
comme l'architecte qui voit flotter le drapeau sur la modeste
habitation qu'il vient de bâtir « *exegi monumentum* » quand je
pensai qu'à tout ouvrage il faut une conclusion, un adieu au lecteur.... ne serait-ce que pour m'excuser près de lui d'avoir été
un peu causeur peut-être, un peu trop sans gêne de lui avoir
conté tant de choses à propos de papillons ; quand, — je ne sais
en vérité comment cela se fit, — cédant tout à coup à cette douce
et irrésistible influence qu'une tiède chaleur d'un beau jour d'été,
qu'une atmosphère embaumée, qu'un mystique silence de la nature au milieu d'un bois, ont sur la volonté de l'homme, je me
laissai emporter loin des choses de ce monde sur les ailes, —
non pas de mes papillons, — mais d'un rêve, ou si vous aimez
mieux d'un cauchemar fantastique.

Vous le savez, le guerrier rêve bataille, embuscade, victoire,
le marchand rêve navire fendant l'Atlantique, produits exotiques,
sucre, café, thé ou cacao ; l'avare rêve sequins guinées, louis d'or
ou Californie.

Moi je rêvai papillons.

On a beau dire, les songes participent toujours des goûts ou des habitudes des gens, et l'on trouvera tout naturel, n'est-ce pas, mes jeunes lecteurs, que j'aie rêvé papillons?

Dans ce singulier rêve, je me trouvais transporté, où!.... aux cieux, pensez-vous, ou tout au moins dans l'empyrée?... nullement; mais bien dans les magasins de mon éditeur, lui livrant ma dernière copie.

Puis tout à coup un nuage se fit entre nous deux, et dans ce nuage miroitaient des myriades des papillons bourdonnant, voltigeant, s'entre-croisant à qui mieux mieux.

Tout avaient l'air irrité, et laissaient entendre dans leur assourdissant bourdonnement, comme des accents de voix humaines, les uns glapissants, les autres graves et tous avec une inflexion de reproches qui ne pouvait pas me tromper.

—Que me veulent-ils donc? me dis-je, tout effaré. Est-ce que nous en serions aux récriminations après tout le bien que j'ai dit deux? Certes je n'ai rien à me reprocher envers tout ce petit monde-là....

— Ingrat! ingrat! ingrat! bourdonnèrent les papillons tous en chœur.

— Ah çà! entendons nous, Messieurs, fis-je, et veuillez me dire en quoi je suis entaché envers vous du noir péché d'ingratitude.

Un beau *morio antiopa* de la nombreuse famille des *vanesses* se détacha du groupe.

— Oui, ingrat, et mille fois ingrat, me dit-il, ton amour-propre d'auteur, dans le livre que tu viens de faire, t'a guidé bien plus que ton amour pour la gent lépidoptérienne. Tu as voulu présenter à tes lecteurs les plus brillants de notre race, les princes de la nation, et tu as laissé de côté les gens modestes qui ne t'auraient fait broyer que de pâles couleurs.

— Vois pourtant mes ailes à large envergure, ne font-elles pas un bon effet, quand, posées sur un lis blanc, leur teinte noire glacée de pourpre, leur large bande jaune-jonquille et leur huit taches bleues enchâssées là comme des saphirs, font ressembler la royale fleur à une coiffure de reine surmontée d'un diadème.

— Pauvre *Morio*, dis-je un peu confus, et grandement étonné, c'est vrai, je l'avoue, je t'avais oublié. Tu m'as pourtant bien souvent récréé la vue.

— Et moi, dit une *Piéride-gaze*, n'ai-je donc rien à te reprocher aussi? Te souviens-tu de ce jour où, cloué dans ton lit par la fatigue et la fièvre, tu t'extasiais sur le charmant spectacle que t'offraient les mille zigzags de notre vol capricieux, sur les liserons et les pois de senteur qui grimpaient à ta fenêtre? Mes sœurs et moi, heureuses de te plaire, nous te faisions un voile blanc sur les vertes draperies de tes arbustes. Alors tu pris un crayon et tu te plus à décrire sur le papier nos ailes gracieusement arrondies, nos nervures noires sur la gaze de nos ailes blanches légèrement teintées de vert. De ces premières études naquit, conviens-en, l'idée de faire ce livre..... Et tu l'apportes ici, sans avoir dit un mot des pauvres *Piérides-gaze*, tes consolatrices d'autrefois.

Je n'avais rien de bon à répondre à cette accusation d'ingratitude faite à brûle-pourpoint, et je baissai la tête. Mais bientôt je la relevai; car une *nymphale* d'un autre genre vint se présenter majestueusement devant mes yeux.

— On m'appelle *Camille*, me dit-elle; c'était aussi le nom de la fille du Romain Horatius, et je viens à toi le cœur ulcéré et plein d'indignation; mais rassure-toi, les papillons reçoivent les blessures et n'en font pas. Écoute donc ce qu'un jour je fis pour toi : Tu errais, incertain de la route, dans la plaine embaumée de

Montmorency. Le désœuvrement te porta à arracher une pauvre violette qui, pour te demander grâce, t'envoyait tout le parfum dont elle était saturée ; tu te baissais déjà pour la cueillir, quand une *nymphale* aux ailes noires tout enrubannées de festons blancs sortit brusquement du calice de cette fleur... La surprise te fit retirer la main... puis tu oublias la violette. Eh bien ! cette nymphale c'était moi, *la Camilla*, et sous cette fleur était un serpent. J'ai honte aujourd'hui pour toi et pour moi de te rappeler ce service, mais ton oubli m'y force enfin. Adieu, mon cœur est soulagé ; puisse le tien être sans remords !

C'était dur à entendre, convenez-en ; aussi ne répliquai-je rien à cette fière descendante de l'amant de Curiace.

L'essaim tourbillonnait toujours autour de moi ; je n'osais plus trop fixer mes regards dessus, m'attendant toujours à quelque nouvel assaut, quand un *sphinx cendré*, le *vespertilio*, vint se poser bravement sur ma main.

— Je ne te crains pas, me dit-il ; tu es trop enthousiaste, trop amoureux de ta science pour penser à moi, pauvre vespertilio obscur et abject ; — car mon nom signifie chauve-souris. Il te faut des ailes incarnat glacées d'or ou d'argent ; il te faut des rubis ou des topazes enchâssées dans le velours ou la soie ; il te faut l'exagération de l'admiration... et moi, moi, avec mes ailes supérieures couleur de cendre avec deux taches noires, et mes ailes inférieures d'un rouge douteux avec leur bordure gris fané, j'étais bien sûr de n'avoir pas avec toi les honneurs de la description.

— Mais j'étais bien aise toutefois de te dire ton fait ; tu t'es tellement extasié sur nos notabilités lépidoptériennes, qu'il n'est plus resté d'encre dans ta plume pour les pauvres *vespertilios* de mon espèce.

La leçon était rude, avouons-le ; cependant j'eus la patience d'écouter l'orateur jusqu'au bout et de ne point me fâcher.

Il s'envola enfin, tout en déblatérant encore sur mon ingratitude, et il fut bientôt remplacé par un autre.

— Je suis le *phénix célério*, me dit-il d'une voix haute et moqueuse. Je viens à mon tour te dire que ton ouvrage est incomplet... puisque je n'y suis pas.

— Parbleu ! dis-je en m'allongeant une immense taloche sur la main pour attraper l'effronté coquin qui venait me narguer ainsi, je te ferai bien mentir, car... Mais mon phénix était déjà à dix mètres de moi, et j'en étais pour ma honte et ma main rougie.

— Un phénix est immortel, me dit-il avec un rire strident, et je ne m'appelle pas *célério* pour rien. Jamais tes horribles cadres, vraies catacombes de mes frères, ne seront parés de la personne d'un phénix, et toi-même, réduit à m'entendre et à me désirer sans cesse, tu seras forcé de dire à tes semblables, en leur montrant tes dépouilles opimes : « Je les ai tous... excepté le phénix des crépusculaires. »

— Reste donc avec tes regrets et ta quasi-monographie.

Et à ces mots l'insolent disparut.

J'étais resté là, bouche béante et toujours la main levée pour saisir mon insaisissable sylphe... Mais je dus en effet renoncer à me l'accaparer ; car tel que ces *celeres* ou cavaliers romains qui apparaissaient ou disparaissaient comme l'éclair, mon *sphinx célério* me passa encore trois ou quatre fois devant les yeux et s'évanouit dans l'espace.

Toutefois, malgré sa jactance et ses moqueries, je n'en saisis pas moins assez de détails sur son petit individu pour ne pas vous le décrire fidèlement. Il est beau, magnifique, admirable, j'en conviens. Ses ailes de dessus ont la douce teinte de l'olive provençale dorée des chauds rayons du Midi; deux rubans de soie les divisent symétriquement en deux parties, et un bel œil noir posé sur un disque d'or pâle jette tout à l'entour un reflet doux et brillant tout à la fois.

Les ailes inférieures sont ce qu'il y a de plus doux et de plus harmonieux à l'œil; c'est un joli gris-perle agréablement mélangé de rose et bordé d'une tranche sévère de noir, qui fait de tout cela un ensemble riche et de bon goût.

Convenez que si mon *sphinx célério* savait que je l'ai si bien vu, lui qui a la prétention d'être invisible, il serait furieux de me savoir ainsi vengé de l'algarade qu'il est venu me faire.

Mais en voici bien d'une autre, en vérité; qu'est-ce que ce collet monté qui vient se planter là, à quelques pas de moi? Tout est raide, pincé, déplaisant dans cet étrange papillon. On dirait une quakeresse en béguin s'avançant dans une assemblée de doctoresses, pour pousser quelque virulente argumentation sur les mœurs.

Je le reconnais cependant; c'est le *bombyx pudibond*. Ce mot peint son caractère, ses habitudes, son langage, sa vie.

— Ah! tu as écrit un livre sur les papillons! me dit ce nouvel instrus, et tu viens audacieusement le livrer à ton éditeur pour qu'il le lance lui-même dans le public. Je sais déjà tout ce qu'il contient; d'obligeants nocturnes qui le soir te voyaient travailler à cet ouvrage, m'ont rapporté bien des choses. Tu as voulu, m'a-t-on dit, plaire à tes lecteurs et les amadouer avec des histoires.

Où les as-tu puisées ces histoires, mon beau conteur? Dans tous les coins de la France, répondras-tu, voire même en Amérique.

— Sont-elles authentiques ou bien le fruit hasardé de ton imagination vagabonde? Songe bien, trop hardi narrateur, que la vérité est une éminentissime vertu, sans laquelle il n'y a pas de salut; songe bien encore que pour se faire écouter avec quelque complaisance, il faut être Hermès en personne, ce dieu de la bouche duquel sortaient des chaînes d'or qui allaient de là s'attacher aux oreilles de ses auditeurs.

— Es-tu......

— Hélas ! m'écriai-je à cette aigre personne lépidoptérienne, je ne suis pas Hermès aux chaînes d'or, et je n'ai jamais eu d'autre prétention que celle de me faire appliquer cette épigraphe que j'ai oublié de mettre au frontispice de mon livre :

« Le conte fait passer la morale avec lui. »

Mon cher bombyx pudibond, ne m'en demande pas d'avantage, et fais-moi grâce, je te prie, des autres points de ton sermon que j'ai trouvé déjà passablement long.

Mon intolérant orateur fut probablement piqué au vif de la réplique; car il me tourna le dos, et me laissa voir son singulier accoutrement. C'était du gris fade et terne, sali de quelques taches blanc-vineux; c'étaient de larges antennes bien touffues, bien frisées, comme les épais favoris d'un cocher de bonne maison.

— A la bonne heure, me dis-je; si après avoir vu tous mes petits péchés d'auteur épluchés ainsi les uns après les autres, j'ai l'outrecuidance de conserver encore le plus petit grain de vanité, c'est que je serai décidément incorrigible.

Oh ! certes non, mes chers lecteurs, mon amour-propre ne m'a jamais aveuglé au point de ne pas savoir profiter des bonnes leçons qui m'arrivent n'importe de quel côté ; je vous livre donc ce gros volume tel qu'il est sorti de ma plume, au bec délié et causeur, qui n'a eu d'autre ambition, en vous disant tout ce que mon expérience m'a appris sur la chasse aux papillons, que d'atténuer par quelques causeries ce que la partie didactique de ce traité aurait pu avoir de monotone et d'abstrait.

FIN.

TABLE DES MATIÈRES.

2e PARTIE.

FIN DE LA TABLE DES MATIÈRES.

Saint-Denis. — Typ. de Drouard.

SAINT-DENIS. — TYPOGRAPHIE DE DROUARD.

www.ingramcontent.com/pod-product-compliance
Lightning Source LLC
LaVergne TN
LVHW020558180726
843502LV00002B/280